U0322166

卓越工程师教育培养机械类创新系列规划教材

现代机械设计基础

主　编　张洪丽　　王建胜　　薛云娜

副主编　任升峰　　薛凯峰　　刘爱华　　周淑霞

科学出版社

北京

版权所有　侵权必究

举报电话：010-64034315；010-64010630（传真）

内 容 简 介

　　本书是编写团队根据近年来相关课程教学改革的实践经验，并参照教育部高等学校机械基础课程教学指导分委员会制定的"机械设计基础课程教学基本要求"组织编写的。内容编排上，注重理论与实际应用相结合，注重学生能力的培养与职业素质的养成。全书共 14 章，内容包括：绪论，平面机构运动简图和自由度，平面连杆机构，凸轮机构，间歇运动机构，带传动和链传动，齿轮传动，蜗杆传动，轮系，轴，轴承，联轴器、离合器和制动器，螺纹连接，键和销。每章后均附有习题以供选用，书后还配有相应的习题参考答案，以便学生参考学习。另外，本书还可为任课教师提供电子课件，以便教学使用。

　　本书结构清晰、图例丰富、综合性强，可作为普通高等工科院校近机类和非机类专业的基础课教材使用，也可供有关工程技术人员参考。

图书在版编目（CIP）数据

现代机械设计基础 / 张洪丽，王建胜，薛云娜主编. —北京：科学出版社，2015.2
卓越工程师教育培养机械类创新系列规划教材
ISBN 978-7-03-042052-7

Ⅰ. ①现… Ⅱ. ①张… ②王… ③薛… Ⅲ. ①机械设计—教材 Ⅳ. ①TH122

中国版本图书馆 CIP 数据核字（2014）第 225432 号

责任编辑：邓　静 / 责任校对：郭瑞芝
责任印制：霍　兵 / 封面设计：迷底书装

科 学 出 版 社 出版
北京东黄城根北街 16 号
邮政编码：100717
http://www.sciencep.com

三河市骏圭印刷有限公司 印刷
科学出版社发行　　各地新华书店经销

*

2015 年 2 月第 一 版　　开本：787×1092　1/16
2018 年 1 月第五次印刷　　印张：19　彩插：1
字数：468 000

定价：49.80 元
（如有印装质量问题，我社负责调换）

《卓越工程师教育培养机械类创新系列规划教材》

组织委员会

主　任：芮延年　胡华强

委　员：（以姓名首字母为序）

陈　炜	冯志华	郭兰中	花国然	匡　敏	刘春节	刘　忠
秦永法	石怀荣	唐文献	王广勋	王树臣	谢志余	郁汉琪
曾亿山	张秋菊	朱　伟	周　海	左晓明		

编写委员会

顾　问：闻邦椿（院士）

主　任：芮延年　陈　炜　张秋菊

副主任：（以姓名首字母为序）

郭兰中	刘会霞	刘　忠	秦永法	唐文献	谢志余	曾亿山
朱瑞富	左晓明					

委　员：（以姓名首字母为序）

戴立玲	封士彩	高征兵	龚俊杰	顾　锋	顾　荣	管图华
何高清	侯永涛	华同曙	化春键	黄　娟	刘道标	刘　新
刘征宇	马伟民	毛卫平	倪俊芳	平雪良	齐文春	钱　钧
盛小明	宋昌才	孙　进	唐火红	田玉冬	王德山	王汉成
王建胜	卫瑞元	吴朝阳	解乃军	薛云娜	杨　莉	姚辉学
袁　浩	张　洪	张洪丽	张建梅	张兴国	仲高艳	周建华
朱益民	竺志大					

秘　书：邓　静

总　序

　　"卓越工程师教育培养计划"是贯彻落实《国家中长期教育改革和发展规划纲要（2010—2020 年）》和《国家中长期人才发展规划纲要（2010—2020 年）》的重大改革项目，也是促进我国由工程教育大国迈向工程教育强国的重大举措。旨在培养造就一大批创新能力强、适应经济社会发展需要的高质量各类型工程技术人才，为国家走新型工业化发展道路、建设创新型国家和人才强国战略服务，对促进高等教育面向社会需求培养人才，全面提高工程教育、人才培养质量具有十分重要的示范和引导作用。

　　科学出版社以教育部"卓越工程师教育培养计划"为准则，以面向工业、面向世界、面向未来，培养造就具有工程创新能力强、适应经济社会发展需要的卓越工程技术人才为培养目标，组织有关专家、学者、教授编写了本套《卓越工程师教育培养机械类创新系列规划教材》。

　　本系列教材力求体现的最大特点是，在每本教材的编写过程中，根据授课内容，引入许多相关工程实践案例，这些工程实践案例具有知识性、典型性、启发性、真实性等特点，它可以弥补传统教材森严乏味的局限性，充分调动学生学习的积极性和创造性，引导学生拓宽视野、重视工程实践、培养解决实际问题的能力。通过编者精心收集组织的实际工程案例让学生明白为什么学习、学成能做什么，从而激发学生学习的内在动力和热情，使学生感到学有所用。

　　本系列教材除了主教材之外，还配套有多媒体课件，以后还将逐步完善建设配套的学习指导书、教师参考书，最终形成立体化教学资源网，方便教师教学，同时有助于学生更好的学习。

　　我们相信《卓越工程师教育培养机械类创新系列规划教材》的出版，将对我国普通高等教育的发展起到创新探索的推动作用，对机械工程人才的培养以及机械工业的发展产生积极有效的促进作用。

中国科学院院士、东北大学教授　闻邦椿

2014 年 5 月 10 日

前　言

2010 年，教育部启动了"卓越工程师教育培养计划"，许多大学在多个学科进行了卓越计划的规划和实施。"卓越工程师教育培养计划"的主要目标是，面向工业界、面向世界、面向未来，培养造就一大批创新能力强、适应经济社会发展需要的高质量工程技术人才，为建设创新型国家、实现工业化和现代化奠定坚实的人力资源优势，增强我国的核心竞争力和综合国力。《现代机械设计基础》正是在这个大环境下根据教育部有关机械设计基础课程教学基本要求以及教育部"卓越工程师教育培养计划"的要求，结合近几年对本课程的教学改革实践经验编写的。

"机械设计基础"是高等院校近机械类及非机械类专业骨干技术基础课之一。2013 年 5 月，科学出版社主办、苏州大学机电学院承办了"卓越工程师教育培养机械类创新系列规划教材编写会"二次会议，根据参加《机械设计基础》教材编写小组的多所高等学校教师在专业建设和课程教学改革实践的基础上，认真讨论了拟定的《现代机械设计基础》编写大纲并达成共识，经过通力合作，精心编写了本书。

本书采用《卓越工程师教育培养机械类创新系列规划教材》的编写理念和模式，旨在弥补传统教材的局限性，充分调动学生学习的积极性和创造性，激发学生学习的内在动机和热情，使学生感到学有所用，从而提高学生的工程应用能力和实践创新能力。

在本书的编写过程中，编者从培养学生实践能力出发，对本书的体系和内容进行了适当的重新组合。以"案例导入"→"基本理论"→"经典方法"→"典型应用"为每章主线，以"提出问题"、"分析问题"、"解决问题"为要务进行编写，主要具有以下特点：

（1）加强绪论部分的作用，使绪论真正起到提领全书的作用，在绪论中用一张工程实例大图统领全书的知识结构。

（2）每章开始都是从日常生活的实际案例引出，使学生从感官上认识即将学习的内容，通过实践问题的提出，激发学生思考问题的积极性与主动性。

（3）采用正文引导案例的方式，每章都设置了贴近日常生活和工程实际的案例，有利于激发学生学习的兴趣，引导其将理论内容用于机械设计实践。

（4）在关键知识点设置了"小思考"或"小提示"，加深相关知识的印象与实际应用。

（5）每章的最后一节均为综合性与应用性很强的工程应用案例，用工程案例综合本章的知识点，利于学生对所学理论知识的深入理解与巩固，使学生能够学会运用理论知识解决实际问题，以达到让学生"会运用"的最终目的。

本书共分为 14 章，参加本书编写工作的有山东交通学院张洪丽（绪论、第 3 章、第 7 章）、济南大学任升峰（第 1 章、第 2 章、第 4 章）、苏州大学王建胜（第 5 章）、齐鲁工业大学薛云娜（第 6 章 1-7 节、第 12 章、第 13 章）、山东交通学院周淑霞（第 6 章 8-13 节）、山东交通学院刘爱华（第 8 章、第 9 章）、临沂大学薛凯峰（第 10 章、第 11 章）。张洪丽负责全书的统稿。全书由张洪丽、王建胜、薛云娜担任主编，任升峰、薛凯峰、刘爱华、周淑霞担任副主编。

在本书的编写过程中，相关院校的领导和老师们给出了许多宝贵的意见和建议，为本书的编写给予了很大帮助；科学出版社的编审人员也为本书质量的提高和出版花费了大量心血，在此一并致以衷心的感谢。

限于作者水平有限，书中难免有欠妥之处，敬请广大读者批评指正！

作　者

2014 年 9 月

目　　录

绪　　论

现如今，我们的生活离不开各种机械，无数复杂的机械走进了寻常百姓的生活中，小到随身携带的腕式手表，大到上班用以代步的汽车，如图 0-1 所示，都离不开机械的默默工作。你是否思考过：究竟什么是机械？为了让我们的生活更加便利，机械按怎样的程序进行设计，又通过怎样的方式运转？作为 21 世纪的青年，想要更清晰地认识我们的世界，就应该了解和掌握一些机械设计基本知识。这需要学习哪些知识呢？通过本章的学习，你会找到答案。

（a）手表

（b）公共汽车

图 0-1　日常生活中的机械

🔖 本章知识要点 ▶▶

（1）机械、机器、机构、构件、零件和部件的概念与分类。

（2）机器应满足的要求和设计程序。

（3）传统设计方法和现代设计方法概述。

（4）本书的内容、性质和任务。

🔖 兴趣实践 ▶▶

观察日常生活中各种机器的组成和工作过程，例如，洗衣机、自行车、汽车等。

🔖 探索思考 ▶▶

（1）机器除了完成相应功能外，还需要一定的使用寿命，影响机器寿命的因素有哪些，如何提高机器工作的可靠性，延长其工作寿命？

（2）现如今，国内外依据的机械设计理论和方法基本一致，为什么生产出来的机器质量差距很大？例如，手表几乎已成为瑞士的某种象征，不仅为瑞士带来了无尽的商机，也为瑞士带来了荣誉；欧洲机床以其高精密度、高效率和高可靠性赢得了中国用户的普遍青睐。

🔖 预习准备 ▶▶

请预先复习前期学过的工程制图知识，尤其是剖视图、局部放大图和零件图。

0.1 机械的组成

人类很早就开始使用简单机械，使用各种机械就如同延长了人类的臂膀，增强了人类的工作能力。机械就是可以减轻或代替人们的劳动，提高生产率、产品质量和生活水平的工具装置，像筷子、扫帚和钳子等物品都可以称为机械，它们是简单机械。而复杂机械就是由两种或两种以上的简单机械构成的。通常把这些比较复杂的机械叫做机器。

随着科学技术和工业生产的飞速发展，计算机技术、电子技术与机械技术有机结合，实现了机电一体化，促使机械产品向着高速、高效、多功能、精密、自动化和轻量化方向发展。机械产品的水平已成为衡量一个国家技术水平和现代化程度的重要标志之一，机械工业肩负着为国民经济各个部门提供装备和促进技术改造的重任。

> **小思考 0-1**
>
> 日常生活中，使用工具可以帮助我们方便快捷地完成各类工作，例如利用杠杆撬动石头、利用定滑轮升国旗等，请思考：这些工具可以称为机器吗？

0.1.1 机器和机构

人们在生产和生活中，广泛地使用着各种类型的机器，常见的如内燃机、机床、发电机、火车、轮船、洗衣机等，如图 0-2 所示。什么是机器，其定义如何？下面根据图 0-3 所示的实例进行分析。

（a）内燃机

（b）数控机床

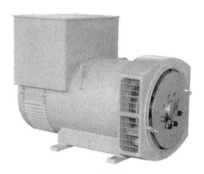
（c）发电机

（d）火车

（e）轮船

（f）洗衣机

图 0-2 常见的各类机器

图 0-3 所示为前置前驱汽车总成图，当我们驾驶汽车行走时，汽油发动机将燃烧汽油的热能转化为动能来驱动汽车行驶。具体过程为燃料在气缸内燃烧，产生巨大压力推动活塞上下运动，通过连杆把力传给曲轴，最终转化为旋转运动，再通过变速器和传动轴，把动力传递到驱动车轮上，从而推动汽车前进。汽车是一部机器。

图 0-3（a）所示发动机为汽车的心脏，对汽车的行走提供动力，关系着汽车的动力性、经济性和环保性。简单来说，发动机就是一个能量转换机构，即将燃烧汽油（柴油）或天然气的热能转变为机械能。发动机也是一部机器。

这种能实现确定的机械运动，又能做有用的机械功或完成能量、物料与信息转换和传递的装置，称为**机器**。

发动机实现的确定机械运动是靠多个机械传动装置的综合作用实现的。这种只能用来传递运动和力或改变运动形式的机械传动装置，称为**机构**。

不论机器还是机构，最基本的一点是都能实现确定的机械运动。从结构和运动观点看，二者之间并无区别，所以统称为**机械**。

汽车发动机由两大机构、五大系统组成。其中，两大机构为曲柄连杆机构和配气机构。曲柄连杆机构的主运动装置如图 0-4（a）所示，其属于连杆机构，第 2 章重点讲述平面连杆机构；配气机构包括凸轮机构和带传动，如图 0-4（b）所示，第 3 章重点讲述凸轮机构，第 5 章重点讲述带传动与链传动。

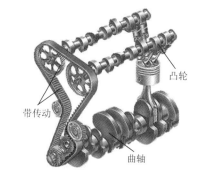

（a）汽车曲柄连杆机构主运动装置　　　　　　（b）汽车配气机构

图 0-4　发动机两大机构

0.1.2　零件、部件和构件

从制造的角度看，若干个零件组成了机构，若干个机构组成了机器。**零件**是制造单元，是机器的基本组成要素。概括地讲，机械零件可分为两大类：一类是在各种机器中都能用到的零件，叫通用零件，如齿轮、螺栓、轴承、带和带轮［图 0-4（b）］等；另一类则是在特定类型的机器中才能用到的零件，叫专用零件，如发动机的曲轴和活塞［图 0-4（a）］、起重机的吊钩、汽轮机的叶轮等。

图 0-5　连杆的组成

部件是指由一组协同工作的零件组成的独立制造装配的组合件，如离合器、变速器、制动器等，如图 0-3（b）、（c）、（e）所示，部件是装配单元。

从机械实现预期运动和功能角度看，机构中形成相对运动的各个运动单元称为**构件**。构件可以是单一的零件，也可以是由若干零件组成的运动单元，图 0-4（a）中的连杆就是由连杆体、轴瓦、连杆盖、垫片、定位销和螺栓等多个零件组成的构件，如图 0-5 所示。

0.1.3　机器的分类、功能组成及发展

1. **机器的分类**

按照用途的不同，机器可分为以下三类。

（1）动力机器：将自然界中的能量转换为机械能而做功的机械装置。如风力机、水轮机、蒸汽机等，如图 0-6 所示。

（2）工作机器：是指能够代替人的劳动，完成有用的机械功或搬运物品的机械装置。如起重机、飞机、印刷机等，如图 0-7 所示。

（3）信息机器：是指完成信息传递或变换的机械装置，如电话机、传真机、编码器等，如图 0-8 所示。

案例 0-1

洗衣机是利用电能产生机械作用来洗涤衣物的清洁电器，属于工作机器。

问题：

（1）如果请你设计一台洗衣机，首先需要考虑什么问题？

（2）请根据洗衣机需要具有的功能，分析其应该由哪几部分组成？

（a）风力机

（b）水轮机

（c）蒸汽机

图 0-6　动力机器

（a）起重机

（b）飞机

（c）印刷机

图 0-7　工作机器

（a）电话机　　　　　　　（b）传真机　　　　　　　（c）编码器

图 0-8　信息机器

2. 机器的功能组成

机器种类繁多，形状各异，但就其功能而言，机器主要由五个部分组成，包括动力部分、控制部分、传动部分、执行部分、支撑及辅助部分，如图 0-9 所示。

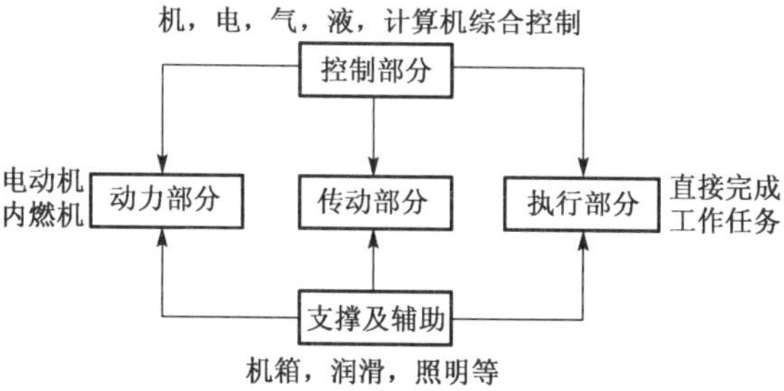

图 0-9　机器的组成

案例 0-1 分析

（1）设计一台机器，首先需要考虑其要满足的功能。

（2）自动洗衣机主要包括洗涤和脱水两大功能，应该由以下几部分组成。

① 动力系统：电动机。

② 传动系统：带传动、齿轮传动。

③ 执行系统：波轮或滚筒。

④ 控制系统：控制面板。

⑤ 箱体、盛水桶、脱水桶等。

如图 0-10 所示的自行车，其动力部分为人，传动部分为链条和飞轮，执行部分为车轮，控制部分为车把，支撑部分为车架。如图 0-11 所示的数控机床，其动力部分为伺服驱动系统，传动部分为床头箱、带传动和走刀箱，执行部分为卡盘和切削刀具，控制部分为数控装置，支撑及辅助部分为床体、润滑装置和照明系统。

图 0-10　自行车

图 0-11　数控机床

3. 现代机器简介

随着伺服驱动技术、检测传感技术、自动控制技术、信息处理技术、材料及精密技术、系统总体技术等的飞速发展，传统机械在产品结构和生产系统结构等方面发生了质的变化，形成了一个崭新的现代机械工业。现代机器已经成为一个以机械技术为基础，以电子技术为核心的高新技术综合系统，如图 0-12 所示的焊接机器人。

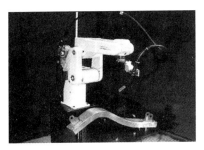

图 0-12 焊接机器人

现代机器具有的主要特征有：功能增加，柔性提高；结构简化，精度提高；效率提高，成本降低。

0.2 机械设计的任务、要求和一般程序

机械设计的主要任务是规划和设计实现预期功能的新机械或改进原有机械的性能。其基本要求是：在满足预期功能的前提下，设计的机器具有性能好、效率高、成本低、安全可靠、操作方便、维修简单和造型美观的特点。

1. 机械设计的任务

一般情况下，机械设计的主要内容包括以下几个方面。

（1）确定机械的工作原理，选择合宜的机构。

（2）拟定设计方案。

（3）进行运动分析和动力分析，计算各构件上的载荷。

案例 0-2

你已经设想好了洗衣机的功能，要开始这个设计任务了。

问题：

设计洗衣机需要做哪些工作？需要怎样的设计程序？

（4）进行零部件工作能力计算、总体设计和结构设计。

2. 机械设计的要求

设计机器的任务是在当前技术发展所能达到的条件下，根据生产和生活的需要提出的。不管机器的类型如何，一般来说，对机器都要提出以下基本要求。

1）使用功能要求

使用功能要求是指机器应具有预定的使用功能。这主要靠正确的选择机器工作原理，正确地设计或选用能够全面实现功能要求的执行机构、传动机构和原动机，以及合理地配置必要的辅助系统来实现。

2）经济性要求

机器的经济性体现在设计、制造和使用的全过程中，设计机器时就要全面综合地进行考虑。设计制造的经济性表现为机器的成本低，使用经济性表现为高生产率、高效率、低能耗、低的管理和维护费用等。

3）劳动保护要求

劳动保护要求有两层含义：一是要使机器的操作者方便和安全。因此设计时要按照人机工程学观点布置各种按钮、手柄，使操作方式符合人们的心理和习惯。同时，设置完善的安

全装置、报警装置和显示装置等；二是改善操作者和机器的环境。所设计的机器应符合劳动保护法规的要求，降低机械运转时的噪声水平，防止有毒、有害介质的渗漏，对废水、废气和废液进行治理。

4）可靠性要求

机器的可靠性是机器的一种固有属性。机器出厂时已经存在的可靠性称为机器的固有可靠性，它在机器的设计、制造阶段就已确定。考虑到用户的人为因素，已出厂的机器正确地完成预定功能的概率称为机器的使用可靠性。作为机器的设计者，对机器的可靠性起到决定性的作用。

5）其他专用要求

对不同的机器，还有一些为该机器所特有的要求。例如，对机床有长期保持精度的要求；对飞机有质量小、飞行阻力小而运载能力大的要求；对流动使用的机器有便于安装和拆卸的要求；对大型机器有便于运输的要求等。

3. 机械设计的程序

一部机器的质量基本上取决于其设计质量，机器的设计阶段是决定机器好坏的关键。它是一个创造性的工作过程，同时也是一个尽可能多地利用已有成功经验的工作过程。作为一部完整的机器，它是一个复杂的系统。要提高设计质量，必须有一个科学的设计程序。机械设计程序一般包括以下几个阶段。

1）计划阶段

在根据生产或生活的需要提出所要设计的新机器后，计划阶段只是一个预备阶段。此时，对所要设计的机器仅是一个模糊的概念。在计划阶段，应对所设计的机器的需求情况做充分的调查研究和分析，通过分析，进一步明确机器所应具有的功能，并为以后的决策提出由环

> **案例 0-2 分析**
>
> 洗衣机的设计步骤如下。
>
> （1）计划设计阶段：根据洗衣机的功能、经济性的估计、制造要求方面的大致估计，完成计划任务书。
>
> （2）提出设计方案：根据设计要求分析是自动还是半自动洗衣机，是波轮还是滚筒洗衣机，确定设计方案。
>
> （3）技术设计阶段：根据确定的设计方案，选择动力源，设计相关零部件，确定零部件的连接方式，最后完成零件和装配草图。
>
> （4）技术文件编写阶段：编写设计计算说明书、使用说明书等。

境、经济、加工和时限等各方面所确定的约束条件。在此基础上，明确写出设计任务的全面要求和细节，最后形成设计任务书。设计任务书大体上包括机器的功能、经济性的估计、制造要求方面的大致估计、基本使用要求和完成设计任务的预计期限等。

2）方案设计阶段

本阶段对设计的成败起到关键作用。在这一阶段中充分表现出设计工作有多个解（方案）的特点。

机器的功能分析，就是要对设计任务书提出的机器功能中必须达到的要求、最低要求和希望达到的要求进行综合分析，即这些功能能否实现、多项功能间有无矛盾以及相互间能否替代等。最后确定出功能参数，作为进一步设计的依据。在这一步骤中，要恰当处理需要与可能、理想与现实、发展目标与当前目标等之间可能产生的矛盾问题。

3）技术设计阶段

该阶段的目标是产生总装配草图和部件装配草图。通过草图设计确定出各部件及其零件的外形和基本尺寸，包括各部件间连接零、部件的外形和基本尺寸。

4）技术文件编制阶段

技术文件的种类较多，常用的有机器的设计计算说明书、使用说明书和标准明细表等。编制设计计算说明书时，应包括方案选择和技术设计的全部结论性的内容。编制用户的机器使用说明书时，应向用户介绍机器的性能参数、使用操作方法、日常保养及简单的维修方法、备用件的目录等。其他技术文件，如检验合格单、外购件明细表、验收条件等，根据需要另行编制。

0.3 机械设计方法简介

0.3.1 传统机械设计方法

传统机械设计方法是依据力学和数学建立的理论公式和经验公式为先导，以实践经验为基础，运用图表和手册等技术资料，进行设计计算、绘图和编写设计说明书的过程。该方法强调以成熟的技术为基础，目前常规机械设计方法仍然是机械工程中的主要设计方法。常用的传统机械设计方法主要有以下几种。

1. 理论设计

理论设计是根据长期的实践总结出来的设计理论和实验数据所进行的设计，如标准直齿圆柱齿轮的齿面接触疲劳强度计算。

2. 经验设计

经验设计是根据对某类零件已有的设计与使用实践而归纳出的经验关系式，或根据设计者本人的工作经验用类比的方法所进行的设计。该方法常用于那些使用要求变动较小且结构形状已典型化的零件设计，如箱体、机架、传动件、轴等结构因素。

3. 模型实验设计

对于一些尺寸巨大且结构复杂的重要零部件，特别是一些重型整体机械系统与装备，为了提高设计质量和缩短研发周期，往往采用模型实验设计的方法，即把初步设计的零部件或机器装备先制作成等比例缩小的模型或小尺寸样机，然后对该模型或样机进行性能测试实验，检验其主要的设计指标。根据实验结果和分析结论对原设计进行逐步修改和改进，从而达到完善。

0.3.2 现代机械设计方法

随着现代科学技术的迅速发展，尤其是先进设计制造理论与技术的巨大进步，促进了现代机械设计方法的出现和成熟。现代设计方法是随着当代科学技术的飞速发展和计算机技术的广泛应用而在设计领域发展起来的一门新兴的多元交叉学科，它以知识为基础，以知识获取为中心，设计是知识的物化，新设计是新知识的物化。现代机械设计方法实质上是先进机械科学与技术在设计上的应用，它是新理论和新的计算分析技术在机械工程领域内的高度整合。就其特征而言，可从总体上概括为力求运用现代应用数学、应用力学、微电子学、信息科学、材料科学等方面的最新研究成果与研究手段，实现机械设计过程向动态化、智能化、科学化等方向转变。

小思考 0-2

电视机让信息以图像+声音的方式出现在观众面前，不仅改变了我们的生活，甚至可以认为改变了历史。电视机显示屏也从传统的CRT荧光屏发展到如今的LED液晶屏。请思考：电视机显示屏在该方面的更新换代是采用了哪些现代设计的思想？

现代机械设计方法发展迅速且方法众多。常见的有计算机辅助设计（CAD）、有限元分析（FEM）、优化设计（OD）、可靠性设计（RD）、绿色设计（GD）、并行设计（CD）、全生命周期设计等。

1.　计算机辅助设计

计算机辅助设计是一种用计算机硬件和软件系统辅助工程技术人员对产品或工程进行设计的方法与技术，包括设计、绘图、工程分析与文档制作等设计活动。它是一种新的机械设计方法，也是一门多学科综合应用的新技术。

2.　有限元分析

有限单元法实质上是一种在力学模型上进行近似的数值计算方法。其基本思想是：先将求解对象划分为一系列单元，各单元间通过节点连接，单元内部任意点的位移用节点位移量通过单元位移函数表达，先对各个单元进行单元分析，然后进行整体分析，进行求解。

3.　优化设计

优化设计是指从多种方案中选择最佳方案的设计方法。它以数学中的最优化理论为基础，以计算机为手段，根据设计所追求的性能目标，建立目标函数，在满足给定的各种约束条件下，寻求最优的设计方案。

4.　可靠性设计

可靠性设计是指保证机械及其零部件能满足给定的可靠性指标的一种机械设计方法。包括对产品的可靠性进行预计、分配、技术设计、评定等工作。

5.　绿色设计

绿色设计也称生态设计、环境设计、环境意识设计。绿色设计是指在产品整个生命周期内，着重考虑产品环境属性（可拆卸性、可回收性、可维护性、可重复利用性等）并将其作为设计目标，在满足环境目标要求的同时，保证产品满足应有的功能、使用寿命、质量等要求。绿色设计的原则被公认为"3R"原则，即 Reduce、Reuse、Recycle，减少环境污染、减小能源消耗，产品和零部件的回收再生循环或者重新利用。

0.4　本课程的性质、任务和学习内容

1.　课程性质

本书对应的课程是一门技术基础课，它综合运用了工程力学、金属工艺学、机械制图、公差配合等先修课程知识，解决常用机构和通用零部件的分析设计问题，较之以往的先修课程更接近工程实际，但也有别于专业课程，它主要是研究各类机械所具有的共性问题，在非机类专业课程体系中占有重要位置。通过本课程的学习，可为今后学习如机床夹具设计、机床、机械制造工艺学等专业课程打下基础。

2.　课程内容

机器是由若干机构和零部件组成的，机器的功能指标取决于机构类型和零部件的工作能力。为此，本课程内容在简要介绍有关整部机器设计的基本知识的基础上，重点讨论常用机构的组成原理、传动特点、功能特性、设计方法等基本知识；重点讨论通用机械零件在一般工作条件下的工作原理、结构特点、选用和设计计算问题。主要包括以下几部分内容。

（1）总论部分——机械设计的基本原则，一般过程、传动方案和材料选择、润滑等。

（2）常用机构部分——平面连杆机构、凸轮机构、间歇机构等。

（3）传动部分——齿轮传动、蜗杆传动、带传动、链传动等。

（4）连接部分——螺纹连接、键、销连接等。

（5）轴系部分——滚动轴承、轴及联轴器、离合器等。

3. 课程任务

通过本课程的学习，需掌握以下几项技能。

（1）熟悉常用机构的工作原理、运动特性和机械设计的基本理论和方法。

（2）基本掌握通用零件的工作原理、选用和维护等方面的知识。

（3）培养学生初步具有运用标准手册，查阅相关技术资料，进行一般参数的通用零件和简单机械传动装置的设计计算能力，为学习后续专业课程打好基础。

4. 学习方法

在学习本课程的过程中，注意以下几点。

（1）认识机械、了解机械。学习课程时要理论联系实际，多注意观察各种机械设备，掌握各机构、零部件的基本原理和结构。

（2）掌握方法，形成总体概念。从机器总体出发，将各章节讨论的各种机构、通用零件有机联系起来，防止孤立、片面地学习各章内容。

（3）正确选择各种参数。理解经验公式、参数、简化计算的使用条件，重视结构设计分析和方案选用。

习　　题

0-1　什么是零件、构件、机构、机器、机械？它们有什么关系？又有什么区别？

0-2　对具有以下功能的机器各举出两个实例：①原动机；②变换或传递物料的机器；③传递机械能的机器；④变换或传递信息的机器；⑤将机械能变换为其他形式能量的机器。

0-3　指出下列机器的动力部分、传动部分、控制部分和执行部分：①电风扇；②录音机；③缝纫机。

0-4　简述机械设计的一般步骤。

0-5　比较传统机械设计与现代机械设计，试述各自的优缺点。

扩展阅读：汽车的发展史

汽车的美式英语为"auto"，英语为"car"，它是由卡尔·本茨发明的一种现代交通工具，英文原译为"自动车"，在日本也称"自动车"（日本汉字中的汽车则是指我们所说的火车），其他文种也多是"自动车"，只有中国例外。

1680年，英国科学家牛顿设想了喷气式汽车的方案，利用喷管喷射蒸汽来推动汽车，但未能制成实物。1769年，法国人居纽制造了用煤气燃烧产生蒸汽驱动的三轮汽车，但是这种车的时速仅4公里，而且每15分钟就要停车向锅炉加煤，非常麻烦。

1829年，英国的詹姆斯发明了时速为25公里的蒸汽车，该车可以作为大轿车使用，这种汽车装有笨重的锅炉和很多煤，冒着黑烟，污染街道，并发出隆隆的噪声，而且事故频繁地出现。1860年，法国工人鲁诺阿尔发明了内燃机，用大约1马力的煤气发动机来带动汽车，但效果不好。不过，汽车就是在这种内燃机的影响下产生的。从此，有很多人想改进内燃机，要把内燃机用在汽车上。

1872年，德国工程师戈特利布·戴姆勒在德国发明家奥托创制的往复活塞式内燃机的基础上设计出四冲程发动机。1883年，戴姆勒成功研制出使用汽油的发动机，并于1885年将此发动机安装在双轮车上，从而发明了摩托车。1886年，戴姆勒把这种发动机安装在四轮车上，制成了汽油发动机汽车（图0-13）。

图0-13　奔驰公司的第一台汽车发动机

1879年，德国工程师卡尔·本茨制造出第一台单缸煤气发动机。1886年1月，他在曼海姆制成了第一辆本茨专利机动车，该车为三轮汽车，已经具备了现代汽车的一些基本特点，如火花点火、水冷循环、钢管车架、钢板弹簧悬架、后轮驱动、前轮转向和制动手把等。这就是公认的世界上第一辆现代汽车。因此，人们一般都把1886年作为汽车元年。

1885年是汽车发明取得决定性突破的一年。当时和戴姆勒在同一工厂的本茨，也在研究汽车。他在1885年几乎与戴姆勒同时制成了汽油发动机，装在汽车上，以每小时12公里的速度行驶，并获得成功。这一年，英国的巴特勒也发明了装有汽油发动机的汽车。此外，意大利的贝尔纳也发明了汽车，俄国的普奇洛夫和伏洛波夫两人发明了装有内燃机的汽车。

世界上第一个研究电动车的是匈牙利工程师阿纽什·耶德利克于1828年在实验室完成的电传装置。第一辆实际制造出来的电动车是由美国人托马斯·达文波特在1834年发明的，他也因此获得美国电机行业的第1个专利。1899年，德国人波尔舍发明了一台轮毂电动机，以替代当时在汽车上普遍使用的链条传动，随后开发了Lohner-Porsche电动车，该车采用铅酸蓄电池作为动力源，由前轮内的轮毂电动机直接驱动，这也是第一部以保时捷命名的汽车。在1900年的巴黎世博会上，该车以"Toujours-Contente"之名登场亮相，轰动一时。随后，波尔舍在Lohner-Porsche的后轮上也装载两个轮毂电动机，由此诞生了世界上第一辆四轮驱动的电动车。但这辆车所采用的蓄电池体积和重量都很大，而且最高时速只有60公里。为了解决这些问题，波尔舍1902年在这辆电动车上又加装了一台内燃机来发电驱动轮毂电机，这也是世界上第一台混合动力汽车。

第1章 平面机构运动简图和自由度

我们身边有着各种各样的运动，例如，进门时会拧钥匙、旋转门把手开门，雨天出门要撑伞。在这些动作中，锁芯的转动、门把手的转动、锁芯内部弹子的移动，以及雨伞的撑开，都用到了机构、构件和运动副。有些机构的所有构件都在同一平面或相互平行的平面内运动，这类机构称为**平面机构**，如图 1-1 所示，否则称为空间机构。

平面机构中，各构件的运动形式是不同的。如开门时，门把手和锁芯相对于门转动，弹子相对于锁芯平行移动；撑开雨伞时，伞骨轴套相对于伞柄的运动为平行移动，伞骨各节之间是转动。机构中各构件如何连接才能实现上述的移动或转动呢？只要把构件连接到一起就能得到具有确定相对运动的机构吗？如何方便地研究机构中各构件的相对运动关系呢？通过本章的学习，你会找到答案。

（a）门把手 　　　　　　（b）折叠雨伞

图 1-1　生活中的平面机构

📚 本章知识要点 ▶▶

（1）理解平面机构、自由度、运动副、复合铰链、局部自由度与虚约束的概念。

（2）能正确绘制简单机械的机构运动简图。

（3）能正确计算平面机构的自由度。

（4）会判断机构是否具有确定的相对运动。

📚 兴趣实践 ▶▶

观察跑步机、录音机、订书机等的运动过程，找出原动件、从动件；认识转动副、移动副、高副等。

📚 探索思考 ▶▶

同样功能的机械能否采用不同的机构来实现？

1.1 平面机构的组成

案例 1-1

自行车的动力机构包括脚踏、大链轮、链条、小链轮、车轮、车架等构件。

问题：

请分析这些构件分别属于原动件、从动件和固定件中的哪一种？

平面机构由构件与连接件组成，如图 1-2 所示的齿轮机构，其包括固定件（机架）、原动件和从动件。连接件的作用是使被连接构件互相接触，并允许产生相对运动。在平面机构中，两构件直接接触并能产生一定相对运动的连接称为**运动副**。

平面机构中三类构件的功用如下。

（1）**固定件**用来支承活动构件。图 1-1（a）中的门即为固定件，它用以支承锁芯、把手等。研究机构时，常以固定件作为参考坐标系，固定件常称为机架。

（2）**原动件**也称为主动件，是运动规律已知的活动构件，它的运动是由外界输入的，因而又称为输入件。图 1-1（b）中的伞骨轴套即原动件。

（3）**从动件**是机构中随着原动件的运动而运动的其余活动构件。其中，输出预期运动的从动件称为输出构件，其他从动件则起传递运动的作用。

任何机构中必有一个构件看成固定件。例如，发动机虽然跟随汽车运动，但是在研究它的运动时，就需要选择汽车作为参考系，把气缸体视为固定件。在活动构件中必有一个或几个原动件，其他的都为从动件。

两构件组成的运动副，不外乎是通过点、线、面接触来实现的。根据组成运动副两构件的接触特性，运动副可分为低副和高副两种类型。

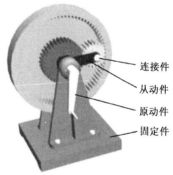

图 1-2 平面机构的组成

连接件
从动件
原动件
固定件

1. 低副

两构件通过面接触形成的运动副称为低副。根据构件相对运动形式的不同，低副分为转动副和移动副。

（1）转动副：若组成运动副的两构件只能在平面内相对转动，则称为转动副，又称铰链，如图 1-3 所示。

（2）移动副：若组成运动副的两构件只能沿某一轴线相对移动，则称为移动副，如图 1-4 所示。

小提示

很多情况下，固定件以多处分离的形式出现，看起来并没有直接的连接关系。但是，不管机构中有几个分离的固定件，在运动学分析中只能当作一个构件。

图 1-3 转动副

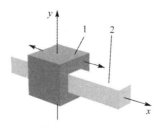

图 1-4 移动副

案例 1-1 分析

自行车机构中由人力直接驱动的构件是脚踏,而它与大链轮是固连在一起的同一构件,故大链轮是原动件;在分析自行车的运动时,应该以车架为静参考系,故车架是固定件;除大链轮和车架之外的其余构件都是从动件。

2. 高副

两构件通过点或线接触形成的运动副称为高副(图 1-5)。

除了上述平面运动副之外,机械中还经常见到各种空间运动副,如图 1-6 所示。这些运动副两构件间的相对运动是空间运动,空间运动副不在本章讨论范围之内。

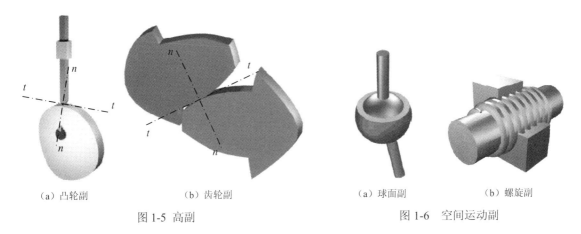

(a)凸轮副   (b)齿轮副   (a)球面副   (b)螺旋副

图 1-5 高副   图 1-6 空间运动副

1.2 平面机构运动简图

1.2.1 平面机构运动简图及其作用

实际机构的外形和结构都很复杂,为了便于运动分析,在实际中通常用简单的线条和符号来表示机构。这种不考虑构件外形和运动副具体结构,只考虑与运动有关的运动副类型和构件尺寸,用来表明构件间相对运动关系的简化图形,称为**机构运动简图**。

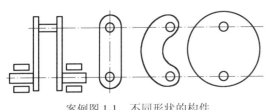

案例图 1-1 不同形状的构件

案例 1-2

如案例图 1-1 所示四个构件形状迥异。

问题:

(1)请分析它们在机构运动学上有何区别?

机构运动简图的作用如下。

（1）分析机构的类型和组成，包括运动副的类型、数目、相对位置，以及构件的类型和数目。

（2）表达一部复杂机器的传动原理，进行机构的运动学和动力学分析。

1.2.2 平面机构运动简图的符号

1. 构件表示方法

图 1-7 所示为常用构件的表示方法。其中，图 1-7（a）表示构件参与组成两个转动副；图 1-7（b）表示构件参与组成一个转动副和一个移动副；图 1-7（c）表示构件参与组成两个移动副；图 1-7（d）表示构件参与组成三个转动副；图 1-7（e）表示构件参与组成一个转动副和一个高副。

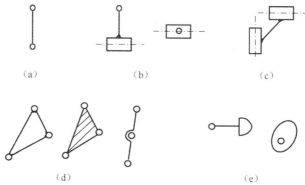

图 1-7 平面常用构件的表示方法

一般构件的表示方法如表 1-1 所示。

表 1-1 一般构件的表示方法

杆、轴构件	
固定构件	
同一构件	
两副构件	
三副构件	

2. 运动副表示方法

图 1-8 所示为常用运动副的表示方法。其中，图 1-8（a）～（e）为两个构件组成转动副，用圆圈表示转动副，圆心代表转动中心。如果两个构件都是活动构件，可用如图 1-8（a）或（d）所示来表示；如果其中一个为机架，则再给其加上阴影线，如图 1-8（b）、（c）和（e）所示。图 1-8（f）～（k）为两个构件组成移动副，移动副的导路必须与相对移动方向一致。图 1-8（l）～（n）为两个构件组成高副。

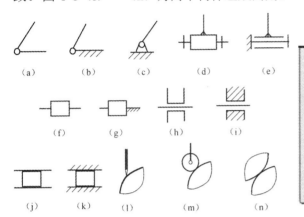

（a）　　　（b）　　　（c）　　　（d）　　　（e）

（f）　　　（g）　　　（h）　　　（i）

（j）　　　（k）　　　（l）　　　（m）　　　（n）

图 1-8　平面常用运动副的表示方法

> **案例 1-2 分析**
>
> （1）四个构件都是含有 2 个转动副的构件，并且转动副之间的距离相等，所以它们在运动学上是没有区别的，在机构运动简图中的表达形式完全相同。
>
> （2）之所以作成不同形状，是因为零件强度和设计空间的要求。

常用运动副的表示方法如表 1-2 所示。

表 1-2　常用运动副的表示方法

运动副名称		运动副符号	
		两运动构件构成的运动副	两构件之一为固定时的运动副
平面运动副	转动副		
	移动副		
	平面高副		

1.2.3　平面机构运动简图的绘制

绘制平面机构运动简图的步骤如下。

（1）分析机构的运动情况，找出固定件、原动件和从动件，确定构件数目。

（2）从原动件开始，按运动的传递顺序，分析各相邻构件之间相对运动的性质，确定运动副的类型和数目。

（3）选机构的运动平面为投影面。

（4）选择适当的比例，确定出各运动副的相对位置，用构件和运动副的符号绘出机构运动简图。

【例 1-1】　绘制图 1-9 所示缝纫机引线机构的运动简图。

【解】（1）图 1-9（a）所示缝纫机引线机构由偏心轮 1、连杆 2、针杆 3、机架 4 等构件组成。偏心轮是运动和动力的输入构件，即原动件，其余构件都是从动件；当偏心轮 1 绕轴线 A 转动时，连杆 2 带动针杆 3 做上下往复运动，完成引线功能。

（2）根据各构件间的相对运动确定运动副的种类和数目。偏心轮 1 绕轴线 A 相对转动，故 A 为转动副；连杆 2 与偏心轮 1 绕轴线 B 相对转动，故 B 为转动副；连杆 2 与针杆 3 绕轴线 C 相对转动，故 C 为转动副；针杆 3 与机架 4 沿导路 D 相对移动，故 D 为移动副。

（3）选定合适的比例尺，根据图 1-9（a）的尺寸确定 A、B、C、D 的相对位置，用构件和运动副的规定符号绘制出机构运动简图，如图 1-9（b）所示。

（4）将图中的机架画上阴影线，并在原动件 1 上标注箭头。

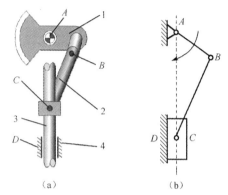

(a)　　　　　　　　　(b)

图 1-9　缝纫机引线机构及其机构运动简图

1.3　平面机构的自由度

如图 1-10 所示，一个自由构件在平面参考坐标系 Oxy 中则具有三个独立运动，分别是沿 x 向的平移、沿 y 向的平移和绕 z 轴的转动。构件相对于参考系的独立运动称为自由度，一个作平面运动的自由构件具有 3 个自由度。

1.3.1　平面机构自由度计算公式

平面机构的每个活动构件在未用运动副连接之前，都具有 3 个自由度。当两构件组成运动副之后，它们的相对运动受到约束，自由度数会随之减少。不同种类的运动副引入的约束不同，所保留的自由度也不相同。图 1-3 所示的转动副，约束了两个移动自由度，只保留了一个转动；图 1-4 所示的移动副约束了一个移动和转动，只保留了沿移动导路方向的移动；图 1-5 所示的高副只约束了沿接触公法线方向的移动，保留了绕接触点的转动和沿接触点公切线方向的移动。

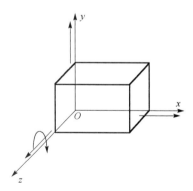

图 1-10　刚体自由度

根据以上分析可知，在平面机构中每个低副引入两个约束，使构件失去两个自由度；每个高副引入一个约束，使构件失去一个自由度。

假定某平面机构共有 K 个构件，除去固定构件，则活动构件数为 $n = K - 1$；在未用运动副连接之前，n个活动构件的自由度总数为$3n$；如果机构中具有P_L个低副，P_H个高副，则引入的约束总数为$(2P_L + P_H)$；活动构件的自由度总数减去运动副引入的约束总数就是机构的自由度，用F表示，计算公式为

$$F = 3n - 2P_L - P_H \qquad (1\text{-}1)$$

【例1-2】 计算图1-9（b）所示缝纫机引线机构的自由度。

【解】该机构包含3个活动构件，即$n = 3$；具有3个转动副，1个移动副，即$P_L = 4$；没有高副，即$P_H = 0$。由式（1-1）可得该机构的自由度为

$$F = 3n - 2P_L - P_H = 3 \times 3 - 2 \times 4 = 1$$

案例1-3

案例图1-2所示为活动毛巾杆，它是一种很典型的复合铰链。

问题：

（1）在图中能看出有几个构件参与形成转动副？

（2）此复合铰链共有几个转动副？

案例图1-2 活动毛巾杆

1.3.2 计算平面机构自由度的注意事项

计算平面机构自由度时，必须注意以下几种特殊情况。

1. 复合铰链

两个以上构件在同一轴线处共同参与形成的转动副称为复合铰链。在图1-11中，（a）为3个构件组成的复合铰链，（b）为其侧视图，（c）为其三维图。可以看出，这3个构件共组成2个转动副。以此类推，K个构件汇交而成的复合铰链具有$(K-1)$个转动副，这里的K包含机架。

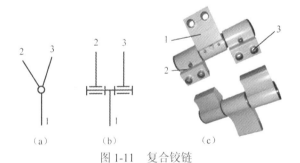

图1-11 复合铰链

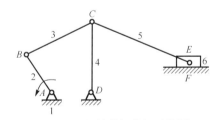

图1-12 惯性筛机构运动简图

【例1-3】 计算图1-12所示的惯性筛机构的自由度。

【解】该机构中，C为复合铰链；共5个活动构件，即$n = 5$；C处具有2个转动副，A、B、D、E处各有1个转动副，F处有1个移动副，即$P_L = 7$；没有高副，即$P_H = 0$。由式（1-1）求得该机构的自由度为

$$F = 3n - 2P_L - P_H = 3 \times 5 - 2 \times 7 = 1$$

2. 局部自由度

机构中与输出构件运动无关的自由度，称为局部自由度。图1-13（a）所示为凸轮机构，

当凸轮 1 转动时，通过滚子 3 驱使从动件 2 在机架 4 中往复移动。不难看出，无论滚子 3 是否转动或转动快慢，滚子中心 C 的运动规律（即输出构件 2 的运动规律）都不会受到影响。因此滚子绕其中心的转动是一个局部自由度，计算自由度时应排除掉。可设想将滚子 3 与从动件 2 焊成一体（转动副 C 也随之消失），变成图 1-13（b）所示形式，其自由度为

$$F = 3n - 2P_L - P_H = 3 \times 2 - 2 \times 2 - 1 = 1$$

> **案例 1-3 分析**
>
> （1）活动毛巾杆中的立杆为连接件，它将 4 个横杆和机架连接在一起，所以共有 5 个构件参与形成复合铰链。
>
> （2）图中可以数出共有 4 个转动副，因而 4 个横杆均可独自转动。

局部自由度不会影响机构的运动学规律，但可使高副接触处的滑动摩擦变成滚动摩擦，减少磨损，提高机械效率。

 案例 1-4

在长轴的车削中，通常在轴中间部位加支撑，如案例图 1-3 所示。这样，当轴旋转时，卡盘、支撑、顶尖分别与轴形成 3 个转动副。

问题：

这 3 个转动副在机构运动学与结构强度方面分别起什么作用？

案例图 1-3　长轴车削

3. 虚约束

在运动副引入的约束中，有些约束对机构自由度的影响是重复的，对机构运动不起独立的限制作用，这种约束称为虚约束或消极约束，在计算自由度时应当除去。平面机构中虚约束经常出现在下列场合。

（1）两构件之间组成多个轴线重合的转动副时，只有一个转动副起作用，其余都是虚约束。如图 1-14 中转动副 A、A′ 中有一个是虚约束。

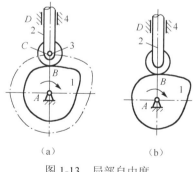

图 1-13　局部自由度

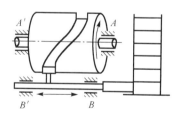

图 1-14　送料机构中的虚约束

（2）两构件之间组成多个导路平行的移动副时，只有一个移动副起作用，其余都是虚约束。如图 1-14 中移动副 B、B′ 中有一个就是虚约束。

（3）机构中对传递运动不起独立作用的对称部分。如图 1-15 所示轮系，中心轮 1 经过两个对称布置的小齿轮 2 和 2′ 驱动内齿轮 3，其中有一个小齿轮对传递运动不起独立作用。但由

于它的加入，使机构增加了一个虚约束。

　　虚约束是满足某些特殊要求的产物，虽然对运动不起作用，但可以增加构件的刚性、使构件受力更均衡，所以实际机械中虚约束常有应用。需要注意的是，虚约束需要较高的制造精度，如果加工误差太大，不能满足特殊几何条件，虚约束就会变成实际约束。

　　【例1-4】 计算图1-16所示机构的自由度，构件1为原动件。

　　【解】 该机构中，两个滚子为局部自由度，顶杆2与机架、顶杆4与机架各有一处为虚约束，应除去不计。机构中有5个活动构件，即 $n=5$；2个转动副，4个移动副，即 $P_L=6$；2个高副，即 $P_H=2$。由式（1-1）求得该机构的自由度为

$$F=3n-2P_L-P_H=3\times5-2\times6-2=1$$

原动件数目与机构自由度数目相等。

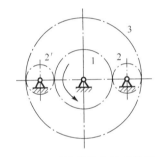

图1-15　对称结构中的虚约束

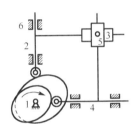

图1-16　机构自由度计算

1.3.3　机构具有确定运动的条件

　　机构的构件之间应具有确定的相对运动，不能产生相对运动或无规则乱动的一堆构件是不能称为机构的。下面讨论机构具有确定相对运动的条件。

　　1. 实例分析

　　图1-17（a）中，$n=4$，$P_L=6$，$P_H=0$，所以，自由度为 $F=3\times4-2\times6=0$，各组成构件之间不可能存在相对运动，因此这个构件组合是结构而非机构。

　　图1-17（b）中，$n=4$，$P_L=5$，$P_H=0$，所以，自由度为 $F=3\times4-2\times5=2$，而其原动件个数为1，自由度数 F 大于原动件个数，当只给定主动件1的位置角 φ_1 时，从动件2、4的位置不能确定（有多解）。因此，当主动件1匀速转动时，从动件2、3、4将随机乱动。

　　图1-17（c）中，$n=3$，$P_L=4$，$P_H=0$，所以，自由度为 $F=3\times3-2\times4=1$，而其原动件个数为2，自由度数 F 小于原动件个数，该种情况下，除非将构件2拉断，否则不可能同时满足主动件1、3的给定运动。

　　图1-17（d），$n=4$，$P_L=5$，$P_H=0$，所以，自由度为 $F=3\times4-2\times5=2$，原动件个数也为2，自由度数 F 等于原动件个数，当给定主动件1、4的位置角 φ_1、φ_4 时，从动件2、3的位置确定，机构具有确定的运动。

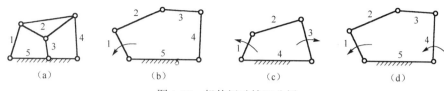

图 1-17 机构运动情况分析

2. 结论

由上述分析可知，机构具有确定运动的条件为：机构的自由度数 $F > 0$，并且机构原动件个数等于机构的自由度数。

若原动件数小于自由度数，则机构无确定运动；若原动件数大于自由度数，则机构可能在薄弱处损坏。

1.4 工程应用案例：惯性筛

图 1-18（a）为惯性筛，是石料加工厂中对石料分级的设备。它以平面机构作为传动部件，将电动机的转动转化为筛箱的平面运动。

请根据图 1-18（b）所示惯性筛三维图绘制其机构运动简图，并计算自由度，判断其有无确定运动。

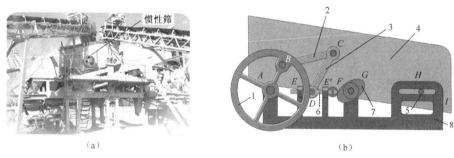

图 1-18 直线惯性筛工作场景及结构图

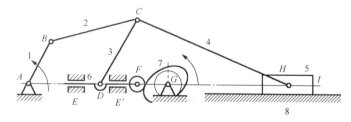

图 1-19 惯性筛机构运动简图

【解】 1. 绘制机构运动简图

（1）图 1-18 所示惯性筛机构由偏心轮 1、连杆 2、支撑杆 3、筛箱 4、滑轨 5、导杆 6、凸轮 7、机架 8 等构件组成。偏心轮 1 和凸轮 7 是原动件，其余构件都是从动件；当偏心轮 1 绕轴线 A、凸轮 7 绕轴线 G 转动时，与连杆 4 固连的筛箱作平面运动，完成筛分卸料功能。

（2）确定运动副的种类和数目。偏心轮 1 绕轴线 A 相对转动，故 A 为转动副；连杆 2、4 和支撑杆 3 在 C 点共同形成转动副；支撑杆 3 与导杆 6 在 D 点形成转动副；导杆 6 与机架为移动副连接；凸轮 7 与机架在 G 点形成转动副、与导杆 6 的滚子形成高副连接；滑轨 5 与连杆 4 在 H 点形成转动副、与机架形成移动副。

（3）选定合适的比例尺，根据图 1-18（b）的尺寸确定运动副 A、B、C、D、E、F、G、H 的相对位置，用构件和运动副的规定符号绘制出机构运动简图，如图 1-19 所示。

（4）在机架 8 上画阴影线，并在原动件 1 和 7 上标注箭头。

2. 计算自由度

该机构中，C 为 3 个构件参与形成的复合铰链，包含 2 个转动副；移动副 E 和 E′导路相同，其中一个为虚约束；滚子 F 为局部自由度，应将滚子与导杆 6 视为同一构件。

机构中有 7 个活动构件，即 $n = 7$；C 处有 2 个转动副，A、B、D、G、H 处各有 1 个转动副，E、I 处有各 1 个移动副，即 $P_L = 9$；F 处有 1 个高副，即 $P_H = 1$。由式（1-1）求得该机构的自由度为

$$F = 3n - 2P_L - P_H = 3 \times 7 - 2 \times 9 - 1 = 2$$

此惯性筛机构有偏心轮和凸轮两个原动件，原动件数量与自由度数相等，故具有确定的运动。

习　题

1-1　绘制题 1-1 图示机构的机构运动简图。

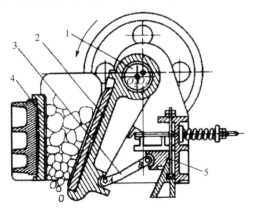

（a）颚式破碎机

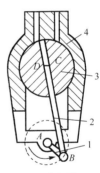

（b）柱塞泵

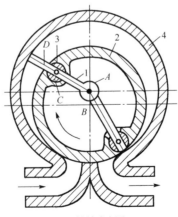

（c）旋转式水泵

题 1-1 图

1-2　指出题 1-2 图示机构运动简图中的复合铰链、局部自由度和虚约束，并计算各机构的自由度。

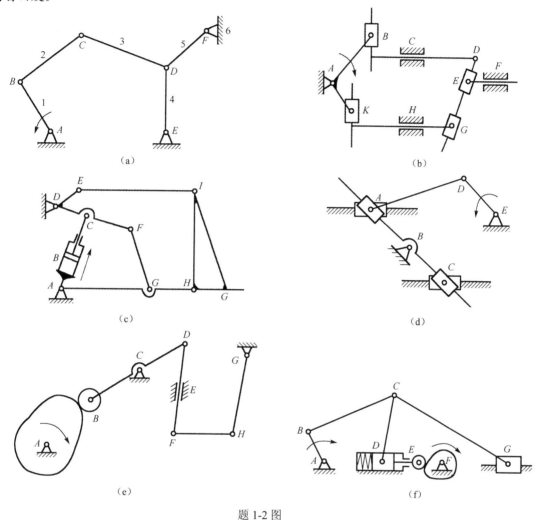

题 1-2 图

1-3　图示为一手动冲床机构，试绘制其机构运动简图，并计算自由度。试分析该方案是否可行？如果不可行，给出修改方案。

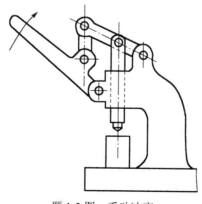

题 1-3 图　手动冲床

扩展阅读：多自由度的混沌摆

现在大家已经知道了自由度与机构运动确定性之间的关系，那就是只有当机构的原动件数与自由度数相等时，机构才会有确定的运动，否则机构可能"乱动"。但是，这个"乱动"能乱到什么程度呢？

混沌摆，作为一个物理学上的运动模型，在各地的科技馆中都有出现。如图 1-20 所示，从机构运动学的角度来分析一下它的自由度，其中心部分是一个 T 形的构件称为大摆，它与机架铰接；大摆的三个端部分别铰接了一个较短直臂构件，称为小摆。这样，此机构共包含 4 个活动构件、4 个转动副，计算可得其自由度为 4。模

图 1-20　混沌摆

型的转动手柄与大摆固连，是机构唯一的原动件。转动一下混沌摆的手柄，会发现大摆与三个小摆的运动完全是杂乱无章的。每次重新转动手柄，各构件之间的相对运动都是完全不同的。单摆的运动很容易预测，但混沌摆的运动变化太为复杂，其中每个摆都会影响其他摆的运动，因而使整个运动混沌无序、无法预测。

在非线性科学中，混沌现象指的是一种确定的但不可预测的运动状态。它的外在表现和纯粹的随机运动很相似，即都不可预测。但和随机运动不同的是，混沌运动在动力学上是确定的，它的不可预测性是来源于运动的不稳定性。或者说混沌系统对无限小的初值变动和微扰也具有敏感性，无论多小的扰动在长时间以后，也会使系统彻底偏离原来的演化方向。进一步研究表明，混沌是非线性动力系统的固有特性，是非线性系统普遍存在的现象。

混沌现象是自然界中的普遍现象，天气变化就是一个典型的混沌运动。混沌现象的一个著名表述就是蝴蝶效应。1972 年 12 月 29 日，美国麻省理工学院教授、混沌学开创人之一洛伦兹在美国科学发展学会第 139 次会议上发表了题为《蝴蝶效应》的论文，提出一个貌似荒谬的论断：在巴西一只蝴蝶翅膀的拍打能在美国得克萨斯州产生一个龙卷风，并由此提出了天气的不可准确预报性。时至今日，这一论断仍被人津津乐道，更重要的是，它激发了人们对混沌学的浓厚兴趣。今天，伴随计算机等技术的飞速进步，混沌学已发展成为一门影响深远、发展迅速的前沿科学。

混沌的发现和混沌学的建立，同相对论和量子论一样，是对牛顿确定性经典理论的重大突破，为人类观察物质世界打开了一个新的窗口。所以，许多科学家认为，20 世纪物理学永放光芒的三件事是相对论、量子论和混沌学的创立。

各学科之间是互联互通的，简单和复杂也是可以互相转化的。自由度是机械学科里一个基本的概念，它所对应的确定运动是机械运动学领域的研究课题。但是，多自由度系统就已经超出了机械的范畴，成为数学、物理学、哲学的概念。

第2章 平面连杆机构

宇宙虽然浩瀚，但蕴涵其中的运动规律极为简单。各天体在万有引力作用下，描绘着少有变化的运动轨迹。但是在人类世界中，自蒸汽机时代以来，随着机械化和自动化的发展，多种多样的运动规律被创造出来，并应用在各种机器中，帮助人们完成生产劳动。例如，图 2-1 所示的公共汽车车门开闭机构，除了开关门的基本功能，还可以防止车门被挤开；图 2-2 所示的鹤式起重机，俗称鹤嘴吊，它可以将重物起吊并移动，特点是移动距离大但提升高度小，从而减少了用于克服重力所做的功。

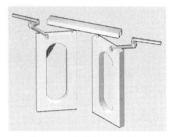

图 2-1　公共汽车车门

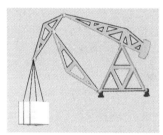

图 2-2　鹤式起重机

原动机和工作机是机器的两个重要组成部分。但是，原动机输出的运动一般是匀速转动，而工作机的运动会比较复杂。如何才能把简单的原始运动转化为复杂的工作机运动？什么样的机构能实现这样的转化？这些机构具有哪些基本特性？

本章将介绍机械中常用的平面连杆机构，通过本章的学习，相信你会对运动转化产生浓厚的兴趣。

本章知识要点 ▶▶

（1）理解并掌握铰链四杆机构的基本类型和特性。
（2）了解机构演化的形式与应用。
（3）理解并掌握铰链四杆机构有整转副的条件。
（4）掌握曲柄连杆机构的运动特性。
（5）理解按照给定条件设计平面四杆机构的过程和方法。
（6）了解多杆机构的类型。

兴趣实践 ▶▶

观察大型客车的自动门动作，分析单门、双门和折叠门开闭动作的不同。

探索思考 ▶▶

一辆汽车的主要运动包括气缸内活塞往复移动、发动机转动、车轮转动、雨刮器摆动、方向盘转动、车轮偏转、车窗玻璃升降、后视镜自动折叠等。其中哪些运动之间的转化利用了连杆机构？这些连杆机构属于什么类型，具有何种运动特性？

2.1 平面连杆机构的特点和应用

平面连杆机构是指由若干构件通过低副（转动副和移动副）连接而成的平面机构，也称为平面低副机构。

平面连杆机构中总会包含这样一个构件：它的运动形式既不是转动，也不是平动，而是由这两种基本运动复合而成的复杂平面运动。这个构件称为"连杆"。连杆上每个点都有不同的运动轨迹，只要合理设定机构中各构件的长度，总能在连杆上获得设计所需要的运动规律。

除了连杆之外，其他做转动或平动的构件也可以实现多种运动形式，比如等速或变速转动、往复摆动、往复移动等。

1. 平面连杆机构的优点

相对于高副来说，低副的接触面压应力较低，故可承受较大的载荷，并且容易储存润滑介质，润滑状态良好，耐磨损。另外，转动副的接触面为圆柱面，移动副的接触面多为圆柱面或平面，从加工角度来说，这都属于较容易加工的表面，使用车、镗、钻、刨、铣、磨等普通工艺就可获得较高的精度。

所以，平面连杆机构的优点是承载能力高、耐磨损、便于制造、易于获得较高的加工精度。在各种机械、仪器、仪表中，平面连杆机构有着广泛的应用。

2. 平面连杆机构的缺点

（1）尽管单个低副具有优良的机械性能和加工精度，但是多个运动副组合之后会产生误差的积累。最简单的平面连杆机构包含 4 个构件和 4 个低副，累积的误差会对运动精度造成影响。

（2）连杆的平面运动和其他构件的变速运动会有很大的惯性，在高速运动时产生振动和噪声，故连杆机构常用于低速场合。

（3）连杆上蕴涵的运动规律虽然丰富，但只能近似实现预期的运动轨迹，难以精确吻合数学方程的要求。

（4）实际应用中，多杆机构占很大比例，多个构件和多个运动副不仅带来更严重的运动误差积累，而且更容易发生"自锁"现象，严重降低机构的工作效率和动力学性能。

3. 平面连杆机构的应用

平面连杆机构是用于运动转化的基本机构之一，广泛用于生活和生产中。

生活中的应用有窗户支撑连杆［图 2-3（a）］、闭门器、手摇唧筒［图 2-3（b）］、各种健身器材［图 2-3（c）］、缝纫机动力机构［图 2-3（d）］、大型客车自动门、雨伞折叠骨架等。

生产中的应用有挖掘机的动臂［图 2-4（a）］、飞机起落架［图 2-4（b）］、装载机的工作装置［图 2-4（c）］、高空操作平台［图 2-4（d）］、牛头刨床的刀具运动和工件进给运动、自卸汽车的翻斗装置、流水线上工件的间歇式推送机构等。

小思考 2-1

工程机械的工作装置常常由比较复杂的连杆机构组成，例如，装载机的工作装置由动臂和装载斗构成，动臂的摆动和装载斗的翻转分别由一套连杆机构控制。根据连杆的定义，请观察并找出哪个构件是连杆，以及机构是如何保证动臂举升过程中装载斗始终保持斗口向上的？

 案例 2-1

颚式破碎机利用动颚板和定颚板之间的咬合动作破碎石料，动颚板的驱动采用连杆机构。手表是精密记时仪器，各指针的驱动采用齿轮机构。

问题：

请分析这两种机械设备采用或不采用连杆机构的原因。

（a）窗户支撑

（b）手摇唧筒

案例 2-1 分析

　　颚式破碎机的作业对象是坚硬的石料，动颚板上需要的工作载荷非常大，但是其动作速度与精度并不要求很高。这正好符合连杆机构承载能力高、适用于低速场合、传动精度较低的特点。

　　相反，手表的传动系统几乎不承受载荷，但要求记时精准、噪声小，这样的工作要求不符合连杆机构的性能特点。当然，另外一个主要原因是连杆机构无法输出恒定传动比的匀速转动。

（c）健身器材

（d）缝纫机

图 2-3 平面连杆机构在生活中的应用

（a）挖掘机动臂

（b）飞机起落架

（c）装载机工作装置

（d）高空操作台

图 2-4 平面连杆机构在生产中的应用

2.2 铰链四杆机构的基本形式及其演化

最简单的平面连杆机构由 4 个构件和 4 个低副组成。如果所有运动副都是转动副，也称为铰链四杆机构。

如图 2-5 所示，铰链四杆机构中固定的构件称为机架，与机架相连的两个构件称为连架杆，机架对面的构件称为连杆。

就构件的运动形式而言，两个连架杆作定轴转动，其上面各点的运动轨迹均为圆弧。连杆一般既平动又转动，也就是作平面运动，它上面各点的运动轨迹丰富，可以实现多种设计的需要。

就运动副的性质而言，如图 2-6 所示，能够作整周回转的连架杆称为**曲柄**，曲柄两端的转动副称为周转副或整转副。只能做往复摆动的连架杆称为**摇杆**，摇杆两端的转动副称为摆转副。

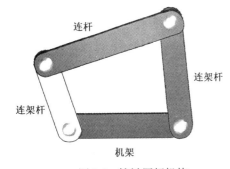

图 2-5　铰链四杆机构

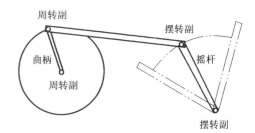

图 2-6　铰链四杆机构的运动

2.2.1　铰链四杆机构的基本类型

根据两个连架杆运动形式的不同，可以把铰链四杆机构分为三种基本类型：曲柄摇杆机构、双曲柄机构和双摇杆机构。

1. 曲柄摇杆机构

图 2-7 所示为汽车雨刮器，其功能是利用橡胶条的摆动擦除玻璃上的雨水，动力来源于引擎盖下面的雨刮电机。如图 2-8 所示，此机构的输入运动为电机轴的整周回转，输出运动为雨刮器的往复摆动，电机轴驱动的连架杆 AB 为曲柄，雨刮器相连的连架杆 CD 为摇杆。这种两个连架杆分别为曲柄和摇杆的铰链四杆机构称为曲柄摇杆机构。

雨刮器机构中，曲柄为主动构件，摇杆为从动构件。但是在有些机构中，情况正好相反。例如，缝纫机驱动机构，它是将踏板的往复摆动转化为缝纫机主轴的连续回转。

图 2-7　汽车雨刮器

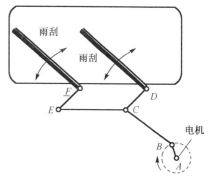

图 2-8　汽车雨刮器工作原理

2. 双曲柄机构

火车驱动轮（图 2-9）通常是多对车轮组合排列，其中只有一个是主动轮，其余的车轮需要铰链四杆机构驱动。如图 2-10 所示，各个车轮都是做整周回转，所以 AB、CD、EF 三个连架杆均为曲柄。前面章节已经介绍，构件 CD 是一个虚约束，去掉后，四杆机构 ABEF 存在两个曲柄，这种两个连架杆均为曲柄的铰链四杆机构称为双曲柄机构。

在火车驱动轮机构中，曲柄 AB、EF 的运动规律完全相同，这是因为这两个构件长度相等且互相平行，属于平行四边形机构。当两曲柄的长度不相等时，它们的运动规律将不再相同，主动件为匀速转动时，从动件将做变速转动。

图 2-9　火车驱动轮

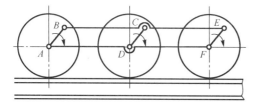

图 2-10　火车驱动轮机构运动简图

小思考 2-3

平行四边形机构中，虚约束可以增加机构强度，更重要的是它可以帮助克服某个位置的运动不确定性。这个位置就是连杆与两连架杆共线的位置。请想想，在这个位置上，从动曲柄的转动方向有哪两种可能？这个特殊位置与缝纫机驱动机构中发生异常的位置有何共同之处？

3. 双摇杆机构

图 2-11 为汽车前轮转向系统的实际结构，图 2-12 为其原理图。方向盘通过一系列构件驱动左转向节，然后通过与其固连的梯形臂 AB、转向横拉杆 BC 驱动梯形臂 CD，而 CD 杆与右转向节固连。铰链四杆机构 ABCD 形成一个等腰梯形，故也称为等腰梯形机构。此机构的两个连架杆 AB 和 CD 只能在一定范围内往复摆动，故均为摇杆。这种具有两个摇杆的铰链四杆机构称为双摇杆机构。

图 2-11　汽车前轮转向系统

　　上述铰链四杆机构的三种基本类型是可以互相转化的。虽然机构中任意两构件之间的相对运动关系不会发生改变，但是选择不同的构件作为机架，会出现完全不同的运动变换，如图 2-13 所示。通过改换机架演化出不同四杆机构的方式，称为机构的倒置。

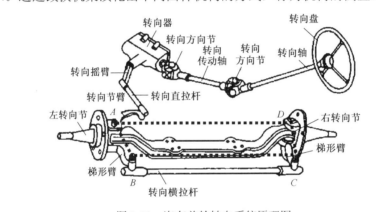

图 2-12　汽车前轮转向系统原理图

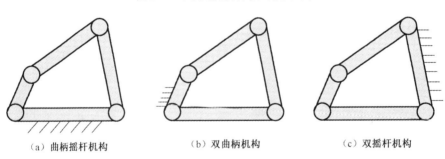

（a）曲柄摇杆机构　　　　（b）双曲柄机构　　　　（c）双摇杆机构

图 2-13　四杆机构的倒置

2.2.2　铰链四杆机构的演化

　　在实际应用中，四杆机构有多种形式，如具有一个或两个移动副的四杆机构、偏心轮机构等。从外观来看它们区别很大，但本质上都是铰链四杆机构的演化。机构演化的方式主要有以下几种：①以移动副代替转动副；②改变运动副尺寸；③改换机架。

1. 含有一个移动副的四杆机构

曲柄滑块机构是由曲柄摇杆机构演化而来的，演化过程见图 2-14。摇杆顶端铰链 C 的移动轨迹为圆弧，若改用滑块和圆弧轨道约束其运动，连杆的运动规律不变。当圆弧轨道半径增至无穷大时，滑块的运动就变成了沿直线往复移动。曲柄回转中心 A 到滑块移动导路的垂直距离 e 称为偏距，转化后的机构为偏置曲柄滑块机构。偏距 e 为零的曲柄滑块机构称为对心曲柄滑块机构（图 2-15）。

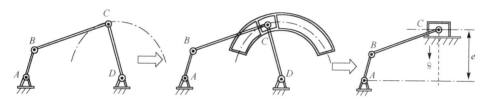

图 2-14 曲柄滑块机构的演化过程

案例 2-2
电风扇的摇头机构是典型的铰链四杆机构，拆开电机部分的外壳，即可看到此机构的全貌。
问题：
（1）此机构是选择哪个构件作为机架的？
（2）此机构有无曲柄存在？
（3）此机构是何种类型的机构？

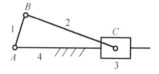

（a）曲柄滑块机构

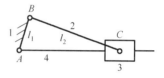

（b）曲柄导杆机构

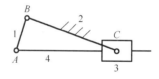

（c）曲柄摇块机构

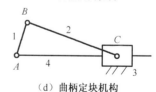

（d）曲柄定块机构

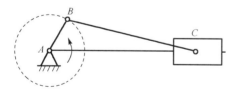

图 2-15 对心曲柄滑块机构

图 2-16 曲柄滑块机构的倒置

如图 2-16（a）所示的曲柄滑块机构，经过倒置后可形成三种类型的机构：导杆机构、摇块机构和定块机构。

曲柄导杆机构中，当 $l_1 < l_2$ 时［图 2-16（b）］，两连架杆 2 和 4 均可做整周回转，称为转动导杆机构；当 $l_1 > l_2$ 时（案例图 2-2），较长的连架杆只能做摆动，称为摆动导杆机构。

曲柄摇块机构［图 2-16（c）］中，滑块的运动变成了绕 C 点的摆动。这种机构在液压驱动装置中很常用。如图 2-17 所示的自卸汽车，油缸 3 和活塞 4 组成一个移动副，当液压驱动活塞伸长时，便会驱动车厢 1 绕 B 点旋转，同时油缸 3 会也会绕 C 点旋转。

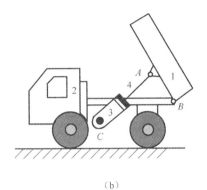

（a）　　　　　　　　　　　　　　　（b）

图 2-17　自卸汽车及其机构运动简图

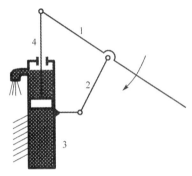

图 2-18　手摇唧筒

曲柄定块机构［图 2-16（d）］是选择构件 3 作为机架，在构件 1 的驱动下，导杆 4 沿着定块 3 做往复运动。农村常用的手摇唧筒是定块机构的典型应用（图 2-18）。

2. 含有两个移动副的四杆机构

按照图 2-14 的演化方式，还可以把 B 处的转动副变为移动副。含有两个移动副的四杆机构称为双滑块机构。

图 2-19 所示为十字滑块联轴器，主动轴 1 和从动轴 3 之间由十字滑块 2 进行连接。十字滑块在左右两侧分别与两轴形成移动副，机构运动简图如图 2-20 所示，滑块 1 和滑块 3 均铰接在机架上，当滑块 1 为主动件时，滑块 3 会同步转动，并具有相等的角速度。所以，此机构提供了主从动轴之间同轴度误差较大时的传动解决方案。

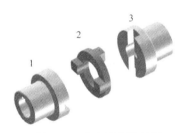

图 2-19　十字滑块联轴器

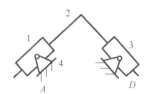

图 2-20　十字滑块联轴器机构运动简图

图 2-21 所示为正弦机构，其运动简图如图 2-22 所示，滑块 2 铰接于曲柄 1，滑块 4 固定于机架，在曲柄 1 的匀速驱动下，构件 3 做往复移动，并且其移动距离呈正弦规律变化。

图 2-21　正弦机构

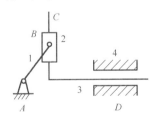

图 2-22　正弦机构运动简图

图 2-23 为椭圆仪及其机构运动简图，滑块 1 和滑块 3 均与机架形成移动副，连杆 2 与两滑块形成转动副。通过改变滑块的间距以及笔端在连杆上的位置，当两滑块在槽内移动时，即可画出长短轴不同的椭圆。

3. 含有偏心轮的四杆机构

偏心轮是机械传动中常用的一种零件（图 2-24），它有两个圆柱面：内圆面 A 和外圆面 B，分别与其他零件形成两个转动副。在机构运动简图中（图 2-25），转动副的位

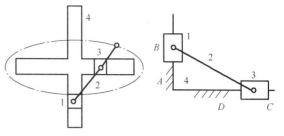

图 2-23　椭圆仪及其机构运动简图

置为各自的圆心，圆心之间的距离称为偏心距。偏心轮的实质是一个具有两个转动副的曲柄，偏心距 e 就是曲柄的长度。通常，内圆面 A 通过键连接动力输入轴，外圆面 B 铰接于连杆。

图 2-24　偏心轮

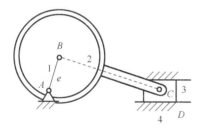

图 2-25　偏心轮机构

小思考 2-4

偏心轮与普通曲柄在运动学上的功能完全相同，但形状相差甚远。请分析偏心轮在实际应用中的优点。不妨从以下两点考虑：

（1）偏心轮的强度和刚度是否更大？

（2）扩大后的运动副是否承载能力更强、更耐磨？

2.3　平面四杆机构的基本特性

平面四杆机构的作用有两个方面：变换运动和传递动力。相应的，对其性能的研究也分为运动特性和传力特性两个方面。运动特性主要包括机构有无整转副、是否存在曲柄、从动件的运动规律等问题，传力特性主要研究构件受力合理性的问题。

2.3.1　铰链四杆机构存在曲柄的条件

铰链四杆机构是否存在曲柄，取决于两个条件：①机构中是否存在整转副；②选择哪个构件作为机架。

如图 2-26 所示，各杆长用 a、b、c、d 表示，构件 1 能否相对于构件 4 做 360° 回转，关键在于是否能顺利通过与相邻构件共线的位置。本书以构件 1 和构件 4 共线的两个极限位置 AB'、AB'' 进行分析。

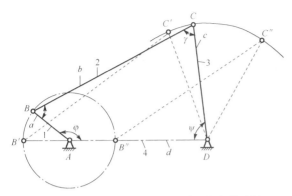

图 2-26　铰链四杆机构存在整转副的条件分析

案例图 2-1　电风扇摇头机构

案例 2-2 分析

如案例图 2-1 所示，风扇头铰接于一个圆形铁架，此铁架即为摇头机构的机架，为该机构中的最长杆；机架下部铰接了一个黑色连架杆，做往复摆动，即摇杆 1。风扇电机转动经过蜗轮蜗杆机构减速后驱动连杆转动。连杆两端均是周转副，一端铰接于风扇头，一端铰接于摇杆 2。连杆在实际结构中做成了偏心轮，是机构的主动件。由上述分析可知：

（1）此机构以最长杆作为机架。

（2）此机构中，连杆是最短构件，它与机架的长度之和小于另外两个构件长度之和。但由于选择最短杆的对面杆作为机架，故不存在曲柄。

（3）此机构为双摇杆机构。

案例 2-3

牛头铇床（案例图 2-2）的主运动是滑枕的往复移动，曲柄 AB 为原动件，从动件 BC 做左右摆动。值得注意的是，BC 构件在摆动过程中，从左到右与从右到左所花的时间是不相等的。

问题：

（1）你能从几何的角度分析为什么会有这种现象吗？

（2）在机械设计中，这种现象有什么可以利用的价值吗？

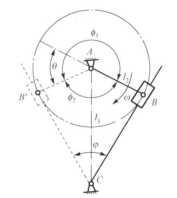

案例图 2-2　牛头铇床及其滑枕机构运动简图

当构件 1 处在 AB' 位置时与构件 4 形成拉伸共线，在三角形 $\triangle B'C'D$ 中，由任意两边边长之和大于等于第三边边长，可得

$$a+d \leqslant b+c \tag{2-1}$$

当构件 1 处在 AB'' 位置时与构件 4 形成重合共线，在三角形 $\triangle B''C''D$ 中，由任意两边边长之差小于第三边边长，可得

$$\begin{cases} b-c \leqslant d-a \\ c-b \leqslant d-a \end{cases} \tag{2-2}$$

将式（2-1）式（2-2）联立，并且两两相加，可得

$$\begin{cases} a \leqslant b \\ a \leqslant c \\ a \leqslant d \end{cases} \tag{2-3}$$

根据式（2-1）、式（2-2）和式（2-3）可以得出以下结论。

（1）铰链四杆机构存在整转副的杆长条件是最短杆与最长杆的长度之和小于等于其余两边长度之和。

（2）满足杆长条件时，最短杆两端的运动副均为整转副。

有整转副的四杆机构未必存在曲柄，只有整转副与机架相连时才出现曲柄。因此，选择不同的构件作为机架，曲柄存在的情况也是不同的，结论如下。

（1）最短杆为机架时，两个整转副都位于机架上，所以是双曲柄机构。

（2）最短杆的邻杆为机架时，仅有一个整转副位于机架上，所以是曲柄摇杆机构。

（3）最短杆的对边构件为机架时，机架上没有整转副，所以是双摇杆机构。

2.3.2　急回特性

曲柄摇杆机构中，摇杆的摆动范围为 $\angle C_1DC_2$，如图 2-27 所示。摇杆左右两个极限位置的夹角 ψ 称为摇杆的摆角。对应于摇杆位置 C_1D 和 C_2D，曲柄的两个位置是 AB_1 和 AB_2，分别是曲柄与连杆重合共线、拉伸共线的位置。AB_1 和 AB_2 所在直线之间的锐角 θ 称为极位夹角。

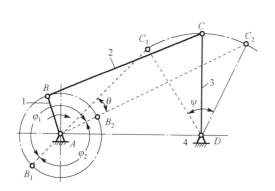

图 2-27　曲柄摇杆机构的急回特性

案例 2-3 分析

（1）牛头刨床中摆动导杆的左右两个极限位置分别对应曲柄的两个位置 AB、AB'，它们之间所夹的锐角 θ 即为极位夹角。存在极位夹角，则机构具有急回特性，所以滑枕的左移和右移速度是不相等的。

（2）设计时，牛头刨床在慢行程进行切削，快行程用于回空。这样，既增加了切削平稳性，又提高了工作效率。

摇杆从 C_1D 摆动到 C_2D 的过程中，曲柄转角 $\varphi_1 = 180° + \theta$；摇杆从 C_2D 回到 C_1D 的过程中，曲柄转角 $\varphi_2 = 180° - \theta$。显然，曲柄匀速转动时，这两个过程所需时间是不同的，摇杆回程中的平均速度要大一些。摇杆往返过程中平均速度不相等的特性，称为**急回特性**。在机械设计中，通常把摇杆的慢行程作为工作行程，以提高载荷能力和平稳性，并把快行程作为空回行程，以提高工作效率。

可以用行程速比系数 K 来量化急回特性：

$$K = \frac{t_1}{t_2} = \frac{\varphi_1}{\varphi_2} = \frac{180° + \theta}{180° - \theta} \qquad (2\text{-}4)$$

显然，极位夹角是机构具有急回特性的根本原因，极位夹角越大，急回特性就越明显。

2.3.3　压力角和传动角

在机械设计中，连杆机构除了要满足运动学要求之外，我们还总是希望机构运行轻便、高效、低摩擦损耗，这也就是机构传力性能方面的问题。

如图 2-28 所示的铰链四杆机构，CD 杆作为最终的从动件，其驱动力来自于 BC 杆。忽略构件重量和摩擦力的影响，BC 杆即一个二力杆，它施加给 CD 杆的驱动力 F 沿 BC 方向。从动件上受力点的绝对速度 v_c 与其所受驱动力 F 之间所夹的锐角 α 称为**压力角**。把力 F 进行正交分解，有效分力为 $F_t = F\cos\alpha$，所以，压力角越小，有效分力越大，机构的传力特性就越好。

在设计中，通常把压力角作为判断机构传力性能的标志。为了测量方便，也经常使用驱动杆和从动杆之间所夹的锐角 γ 来判断传力性能，γ 是压力角 α 的余角，称为**传动角**。γ 越大，机构传力性能越好，传动效率就越高。

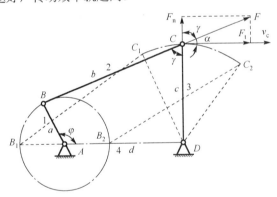

图 2-28　铰链四杆机构的压力角和传动角

在运转过程中，机构的传动角是变化的。为保证一定的传动效率，通常要限定机构的最小传动角 $\gamma_{\min}$。对于大功率机械，如冲床、颚式破碎机、装载机等，一般取 $\gamma_{\min} \geq 50°$；对于中等功率的机械，如牛头刨床的进给机构、纺织机械等，一般取 $\gamma_{\min} \geq 40°$；对于以传递运动为主的小功率机械，如控制机构、仪表等，$\gamma_{\min}$ 可以略小于 $40°$。

曲柄摇杆机构中，曲柄有两次与机架共线的位置（$\varphi = 0$ 和 $\varphi = 180°$），机构的最小传动角 $\gamma_{\min}$ 出现在其中一个位置。当 $\varphi = 0$ 时，$\gamma_2 = \angle B_2 C_2 D$ 为传动角的极小值；当 $\varphi = 180°$ 时，$\angle B_1 C_1 D$ 为两杆夹角的极大值，若该角为钝角，则传动角为 $\gamma_1 = 180° - \angle B_1 C_1 D$，此为传动角的另一个极小值。实际设计中，这两个位置的传动角都应进行校核，确保其大于 $\gamma_{\min}$。

小 思 考 2-5

主动件作匀速转动、从动件作往复运动的四杆机构都需要考虑急回特性。请思考：曲柄滑块机构是否具有急回特性？其行程速比系数 K 与偏距 e 有何关系？对心曲柄滑块机构中又存在怎样的情况？

小 提 示

在一般的四杆机构中，传动角随着构件位置的变化而变化。但是，在某些具有滑块的机构中，例如，摆动导杆和转动导杆机构，作为从动件的导杆与滑块之间的作用力始终垂直于导杆，也就是传动角恒为 $90°$，这样的机构具有较好的传力性能。

案例 2-4

案例图 2-3 所示为水平对置四缸发动机。汽车的心脏是发动机，而发动机的核心部件是能量转化机构。在气缸内，燃油的能量转化为活塞的往复移动，然后经由连杆、曲柄转化为连续旋转运动。其中，活塞、连杆和曲柄组成的机构就是曲柄滑块机构。

问题：

通常，曲轴的端部都会有一个较大的盘类零件，你知道它的作用是什么吗？

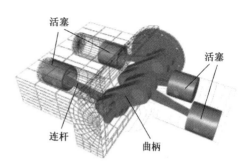

案例图 2-3　水平对置四缸发动机

2.3.4　死点位置

曲柄摇杆机构中若以摇杆作为原动件，从动件曲柄在旋转过程中会有两个位置传动角为零：曲柄与连杆重合共线和拉伸共线的位置。如图 2-27 所示，在 B_1、B_2 两个位置，连杆与曲柄的夹角分别为 0 和 180°，此时传动角均为 $\gamma = 0$，所以驱动力矩为 0，无论摇杆上的驱动力多大，都不能使曲柄发生转动。连杆机构中，这种传动角为零的位置称为**死点位置**。

死点位置在某些机构中用来使构件固定于特定位置。如图 2-29（a）所示，在工装夹具中，当手柄下压后，铰链四杆机构的三个铰链形成共线，此时无论被压工件处的反力多大，均不会使手柄自行抬起，而当需要放松工件时，只需轻轻扳动手柄即可。如图 2-29（b）所示，飞机起落架机构中，起落架处于工作状态时，四杆机构的三个铰链共线，轮胎处的反力无法驱动死点位置发生转动，从而形成稳定的三角形支撑架。

（a）工装工具　　　　　　（b）飞机起落架

图 2-29　死点位置的应用

在一些传动机构中，为保证传动稳定，需要专门的方法使机构顺利通过死点位置。汽车发动机的活塞连杆机构属于曲柄滑块机构，其原动件为活塞，所以运行中会出现死点位置。在多缸直列发动机中［图 2-30（a）］，解决的办法是在曲轴端部安装大质量的飞轮，依靠飞轮的惯性使曲柄通过死点位置。另外一种解决方案是将汽缸分为两组［图 2-30（b）］，呈 V 状排列，当一组气缸处于死点位置时，另外一组会处于正常驱动状态，这样便可互相帮助通过死点。此外，火车车轮的驱动机构也采用的类似 V 型发动机的解决方法［图 2-30（c）］，两侧的车轮分别由两个活塞驱动，但两个活塞的行程并不同步，以此错开死点位置，两侧的驱动机构互相帮助对方通过死点位置。

（a）多缸直列发动机

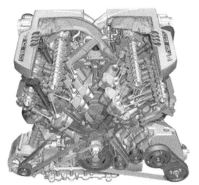

（b）汽缸V状排列

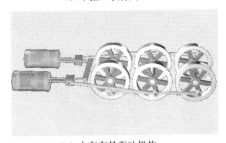

（c）火车车轮驱动机构

图 2-30　机构顺利通过死点位置的方法

案例 2-4 分析

　　发动机中曲轴端部的盘类零件叫做飞轮，通常直径较大，这样它就可以具有更大的转动惯量，从而储存更多的能量。由于曲柄滑块机构中滑块作主动件时，曲柄会存在死点位置，仅靠滑块的推动是无法通过此位置的。此时，飞轮中储存的能量可以帮助曲轴通过死点位置。此外，曲轴在旋转一周的过程中，由连杆传递过来的扭矩并不相等，所以会导致机器发生振动，飞轮的另一个作用就是降低这种动力不平衡。

小思考 2-6

　　除了曲柄摇杆机构和曲柄滑块机构，还有哪些机构具有死点位置？如导杆机构、双曲柄机构、双摇杆机构，在选择什么构件为原动件、其他构件在什么位置时会出现死点位置？

2.4　平面四杆机构的设计

平面四杆机构的设计主要可以分为以下两类问题。

（1）要求从动件实现给定的运动规律，包括位置、速度、加速度、急回特性等。

（2）要求工作装置的某点能实现给定的运动轨迹。

四杆机构的设计方法分为几何作图法、解析法、实验法和图谱法。对于要求连杆上某点实现特定运动轨迹的设计问题，由于通常不要求很高的精度，所以图谱法简便实用；对于给定行程速比系数或给定连杆位置的设计问题，作图法直观而简便；对于要求两连架杆实现对应位置的设计问题，实验法简便但不精确，解析法精确但计算量非常大。但是，随着计算机硬件和优化设计方法的发展，借助电子计算的解析法逐渐成为连杆机构设计的首选方法。

下面介绍各种方法的具体应用。

2.4.1　给定行程速比系数的设计问题

牛头铇床的主切削运动为滑枕的往复移动，设计中利用了摆动导杆机构的急回特性，要求刀具回程要快，以提高加工效率。通常，设计要求中给定**行程速比系数** K 值和机架的长度 l。

如图 2-31 所示，显然极位夹角 θ 与摇杆摆角 φ 是相等的，机构的待求参数为曲柄的长度 l_1。作图设计步骤如下。

（1）由 K 值，根据式（2-4）求得极位夹角 θ，从而得到摇杆摆角 φ。

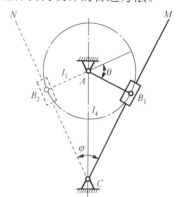

图 2-31　按行程速比系数设计摆动导杆机构

（2）任选一点作为摇杆回转中心 C 点，作射线 CM、CN，使 $\angle MCN = \varphi$。

（3）作摆角 φ 的角平分线，并量取 $AC = l_4$，得曲柄的回转中心 A 点。

（4）过 A 点作 CM、CN 的垂线，垂足分别为 B_1、B_2，AB_1 即为所求曲柄长度 l_1。

2.4.2　给定连杆位置的设计问题

图 2-32 所示为铸造用大型砂箱造型机的翻转机构，该机构应用双摇杆机构 $ABCD$，将固定在连杆上的砂箱在 BC 位置进行造型振实后，翻转到 $B'C'$ 位置以便进行拔模。此类四杆机构的设计，已知条件为连杆 BC 的三个位置 B_1C_1、B_2C_2、B_3C_3。由于 B 点和 C 点的运动轨迹均为圆弧，故其圆弧中心即机架上的铰链 A 和 D 的位置。

如图 2-33 所示，作图求解步骤如下。

连接 B_1B_2 并作其垂直平分线 b_{12}，连接 B_2B_3 并作其垂直平分线 b_{23}，b_{12} 与 b_{23} 之交点即固定铰链 A 的位置；同理可得，c_{12} 与 c_{23} 之交点即固定铰链 D 的位置，从而可作出铰链四杆机构 AB_1C_1D。

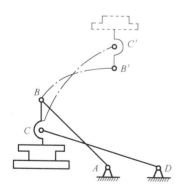

图 2-32　铸造砂箱造型机翻转机构

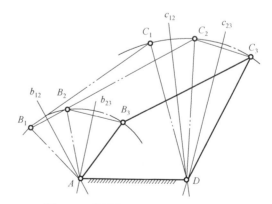

图 2-33　按连杆位置设计铰链四杆机构

2.4.3　给定两连架杆对应位置的设计问题

如图 2-34 所示，已知连架杆 *AB*、*CD* 的三对对应位置，要求使用解析法确定各杆的长度 l_1、l_2、l_3、l_4。由于四杆机构按长度比例缩放不会影响两连架杆之间的角位移对应关系，所以只需要确定各杆的相对长度。此处取 $l_1=1$，则待求参数只有其余三个杆长。

在直角坐标系 *xOy* 中，有如下关系式：

$$\begin{cases} l_1\cos\varphi + l_2\cos\delta = l_4 + l_3\cos\psi \\ l_1\sin\varphi + l_2\sin\delta = l_3\sin\psi \end{cases} \tag{2-5}$$

整理得

$$\cos(\varphi-\psi) = \frac{l_1^2 + l_3^2 + l_4^2 - l_2^2}{2l_1 l_3} - \frac{l_4}{l_3}\cos\varphi + \frac{l_4}{l_1}\cos\psi \tag{2-6}$$

令 $P_0 = \dfrac{l_1^2 + l_3^2 + l_4^2 - l_2^2}{2l_1 l_3}$，$P_1 = \dfrac{l_4}{l_3}$，$P_2 = \dfrac{l_4}{l_1}$，得

$$\cos(\varphi-\psi) = P_0 - P_1\cos\varphi + P_2\cos\psi \tag{2-7}$$

小思考 2-7

按给定连架杆的位置设计四杆机构时，为何一定要给定 3 对位置？如果只给定 2 对位置会求出唯一的解吗？如果给定 4 对位置，还能不能解出呢？

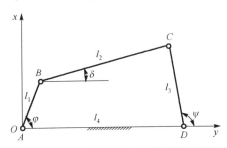

图 2-34　按给定两连架杆的对应位置设计四杆机构

将已知的三对对应位置参数代入式（2-7），解方程组可得 P_0、P_1、P_2，进而可求得构件尺寸：

$$l_2 = \sqrt{l_3^2 + l_4^2 - 2l_3 P_0}，\quad l_3 = \frac{l_4}{P_1}，\quad l_4 = P_2 \tag{2-8}$$

2.4.4　给定某点运动轨迹的设计问题

1. 连杆曲线

平面连杆机构中的连杆做平面运动，其上的每一点都能描绘出一条封闭的曲线，称为连杆曲线。连杆曲线的变化非常丰富，可以用来实现复杂的轨迹。

图 2-35（a）所示为自动生产线上的步进式送料机构，由两个相同的曲柄摇杆机构组成。当曲柄 2 连续回转时，连杆上的 *E* 点运动轨迹如虚线所示形状。当 *E* 点到达曲线上部的平直段时，与其相连的推杆 5 近似作水平运动，可以推动工件 6 前移。当 *E* 点经过连杆曲线的其余部分时，推杆逐渐脱离工件，下降、后退、再上升至原位置，完成一个工作循环。曲柄旋转一周，工件就完成一个前移、静止的过程。

图 2-35（b）所示为模仿人工揉面的四杆机构，它也是巧妙地利用了丰富的连杆曲线。

2. 使用连杆曲线图谱设计四杆机构

铰链四杆机构的连杆曲线是六阶曲线，通过解析法设计连杆曲线是非常难以实现的。工程上经常利用事先编制的连杆曲线图谱，从中找出所需要的曲线，直接查出该四杆机构的杆长尺寸，这种方法称为图谱法。

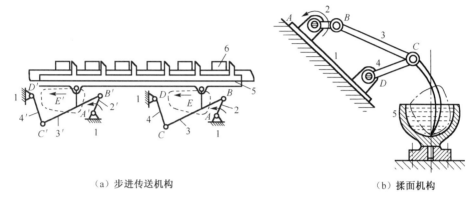

（a）步进传送机构　　　　　　　　　　　　（b）揉面机构

图 2-35　连杆曲线的应用

图 2-36 中带有若干小孔的矩形板是专门用来描绘连杆曲线的工具。孔板固定于连杆，每个小孔代表连杆上不同点的位置。转动曲柄 AB，可以分别描绘出各个小孔所对应的连杆曲线，形成连杆曲线组。改变四杆机构的相对杆长，就可得到另一连杆曲线组。

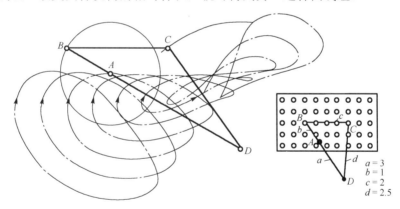

图 2-36　连杆曲线图谱

使用图谱法设计四杆机构应按如下步骤进行：首先，从图谱中找出与所需轨迹相似的曲线；其次，按图示说明求出四杆机构各杆的相对长度，并按实际需要确定各杆的真实尺寸；最后，确定该连杆曲线对应的绘图小孔与连杆两个铰链的相对位置。

2.4.5　基于 MATLAB 的四杆机构优化设计

机构的运动分析可使用图解法和解析法来进行。因精度低的缺点，图解法在实际工程设计中有很大的局限性。解析法的计算工作量很大，但随着计算机在工程设计领域的广泛应用，优化方法和计算机辅助设计的应用已成为研究连杆机构的重要方法，一些软件为解决复杂的工程计算提供了有效的工具。下面介绍基于 MATLAB 软件的四杆机构优化方法。

1. 四杆机构优化设计的数学模型

如图 2-37 所示，设备构件的长度分别为 l_1、l_2、l_3、l_4，其方位角为 θ_1、θ_2、θ_3、θ_4。对于

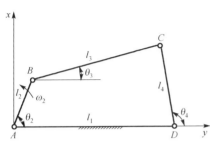

图 2-37 四杆机构优化设计的数学模型

一个特定的四杆机构，各构件的长度和原动件 2 的方位角 θ_2 为已知，而 $\theta_1=0$，故可由式（2-9）求得未知方位角 θ_3、θ_4：

$$\begin{cases} l_2\cos\theta_2 + l_3\cos\theta_3 = l_1\cos\theta_1 + l_4\cos\theta_4 \\ l_2\sin\theta_2 + l_3\sin\theta_3 = l_1\sin\theta_1 + l_4\sin\theta_4 \end{cases} \quad (2\text{-}9)$$

式（2-9）对时间求解一阶导数，可得角速度方程：

$$\begin{cases} -l_3\omega_3\sin\theta_3 + l_4\omega_4\sin\theta_4 = l_2\omega_2\sin\theta_2 \\ l_3\omega_3\cos\theta_3 - l_4\omega_4\cos\theta_4 = -l_2\omega_2\cos\theta_2 \end{cases} \quad (2\text{-}10)$$

进一步求解可得角速度表达式：

$$\begin{cases} \omega_3 = -\omega_2 l_2\sin(\theta_2-\theta_4)/[l_3\sin(\theta_3-\theta_4)] \\ \omega_4 = \omega_2 l_2\sin(\theta_2-\theta_3)/[l_4\sin(\theta_4-\theta_3)] \end{cases} \quad (2\text{-}11)$$

式（2-10）对时间求解二阶导数，得到角加速度方程矩阵形式为

$$\begin{pmatrix} -l_3\sin\theta_3 & l_4\sin\theta_4 \\ l_3\cos\theta_3 & -l_4\sin\theta_4 \end{pmatrix}\begin{pmatrix} \alpha_3 \\ \alpha_4 \end{pmatrix} = \begin{pmatrix} \alpha_2 l_2\sin\theta_2 + \omega_2^2 l_2\cos\theta_2 + \omega_3^2 l_3\cos\theta_3 - \omega_4^2 l_4\cos\theta_4 \\ -\alpha_2 l_2\sin\theta_2 + \omega_2^2 l_3\sin\theta_3 + \omega_3^2 l_3\sin\theta_3 - \omega_4^2 l_4\sin\theta_4 \end{pmatrix} \quad (2\text{-}12)$$

进一步求解可得角加速度表达式：

$$\begin{cases} \alpha_3 = \dfrac{-\omega_2^2 l_2\cos(\theta_2-\theta_4) - \omega_3^2 l_3\cos(\theta_3-\theta_4) + \omega_4^2 l_4}{l_4\sin(\theta_3-\theta_4)} \\[4mm] \alpha_4 = \dfrac{\omega_2^2 l_2\cos(\theta_2-\theta_3) - \omega_4^2 l_4\cos(\theta_4-\theta_3) + \omega_3^2 l_3}{l_4\sin(\theta_4-\theta_3)} \end{cases} \quad (2\text{-}13)$$

在以上各式中，θ_i（$i=1,2,3,4$）是各杆与 x 轴的正向夹角，逆时针为正，顺时针为负，单位为 rad；ω_i 是各杆的角速度，$\omega_i = \dfrac{\mathrm{d}\theta_i}{\mathrm{d}t}$，单位为 rad/s；$\alpha_i$ 为各杆的角加速度，$\alpha_i = \dfrac{\mathrm{d}\omega_i}{\mathrm{d}t} = \dfrac{\mathrm{d}^2\theta_i}{\mathrm{d}t}$，单位为 rad/s²。

2. 程序流程图

为了方便编写，在程序中用 L 表示各杆长度，w 表示角速度，th 表示方位角，a 表示角加速度。程序流程图如图 2-38 所示。

3. MATLAB 文件编写

首先创建函数 FoutBarPosition，函数 fsolve 通过它确定。

```
function t=fourbarposition(th1,th2,L2,L3,L4,L1) ;
t=[L2*cos(th2)+L3*cos(th1)-L4*cos(th2)-L1;L2*sin(th2)+L3*sin(th1)-L4*
sin(th2)];
```

主程序如下：

```
disp ' * * * * * 平面四杆机构的运动分析 * * * * * *'
L1=304.8;L2=101.6;L3=254.0;L4=177.8;        %给定已知量,各杆长 L1,L2,L3,L4
th2=[0:1/6:2]*pi;                           %曲柄输入角度从 0 至 360 度,步长为 pi/6
th34=zeros(length(th2),2);%建立一个 N 行 2 列的零矩阵,第一列存放 θ_3,第二列存放 θ_4
options=optimset('display','off');
for m=1:length(th2)                         %建立 for 循环,求解 θ_3, θ_4
th34(m,:)=fsolve('fourbarposition',[1 1],options,th2(m),L2,L3,L4,L1);
```

%调用 fsove 函数求解关于 θ_3，θ_4 的非线性超越方程，结果保存在 th34 中

```
end
y=L2*sin(th2)+L3*sin(th34(:,1)');        %连杆 3 的 D 端点 Y 坐标值
x=L2*cos(th2)+L3*cos(th34(:,1)');        %连杆 3 的 D 端点 X 坐标值
xx=[L2*cos(th2)];                        %连杆 3 的 C 端点 X 坐标值
yy=[L2*sin(th2)];                        %连杆 3 的 C 端点 Y 坐标值
figure(1)
plot([x;xx],[y;yy],'k',[0 L1],[0 0],'k--^',x,y,'ko',xx,yy,'ks')
                                         %绘制连杆 3 的几个位置点
title('连杆 3 的几个位置点')
xlabel('水平方向')
ylabel('垂直方向')
axis equal                               %XY 坐标均衡
th2=[0:2/72:2]*pi;                       %重新细分曲柄输入角度 θ_2，步长为 5 度
th34=zeros(length(th2),2);
options=optimset('display','off');
for m=1:length(th2)
th34(m,:)=fsolve('fourbarposition',[1 1],options,th2(m),L2,L3,L4,L1);
end
figure(2)
plot(th2*180/pi,th34(:,1),th2*180/pi,th34(:,2))%绘制连杆角位移关于曲柄角位移图
plot(th2*180/pi,th34(:,1)*180/pi,th2*180/pi,th34(:,2)*180/pi)
                                         %绘制摇杆4的角位移关于曲柄2的角位移图
axis([0 360 0 170])                      %确定 XY 边界值
grid                                     %图形加网格
xlabel('主动件转角\theta_2(度)')
ylabel('从动件角位移(度)')
title('角位移线图')
text(120,120,'摇杆 4 角位移')
text(150,40,'连杆 3 角位移')
w2=250;                                  %设定曲柄角速度
for i=1:length(th2)
A=[-L3*sin(th34(i,1)) L4*sin(th34(i,2));L3*cos(th34(i,1)) -L4*cos(th34(i,2))];
B=[w2*L2*sin(th2(i)); -w2*L2*cos(th2(i))];
w=inv(A)*B;
w3(i)=w(1);
w4(i)=w(2);
end
figure(3)
plot(th2*180/pi,w3,th2*180/pi,w4);       %绘制角速度线图
axis([0 360 -175 200])
text(50,160,'摇杆 4 角速度(\omega_4)')
text(220,130,'连杆 3 角速度(\omega_3)')
grid
xlabel('主动件转角\theta_2(度)')
ylabel('从动件角速度(rad\cdot s^{-1})')
title('角速度线图')
for i=1:length(th2)
C=[-L3*sin(th34(i,1)) L4*sin(th34(i,2));L3*cos(th34(i,1)) -L4*cos(th34(i,2))];
D=[w2^2*L2*cos(th2(i))+w3(i)^2*L3*cos(th34(i,1))-w4(i)^2*L4*cos(th34(i,2));w2^2*L2*
sin(th2(i))+w3(i)^2*L3*sin(th34(i,1))-w4(i)^2*L4*sin(th34(i,2))];
a=inv(C)*D;
a3(i)=a(1);
a4(i)=a(2);
```

```
end
figure(4)
plot(th2*180/pi,a3,th2*180/pi,a4);          %绘制角加速度线图
axis([0 360 -70000 65000])
text(50,50000,'摇杆4角加速度(\alpha_4)')
text(220,12000,'连杆3角加速度(\alpha_3)')
grid
xlabel('从动件角加速度')
ylabel('从动件角加速度(rad\cdot s^{-2})')
title('角加速度线图')
disp '曲柄转角连杆转角-摇杆转角-连杆角速度-摇杆角速度-连杆加速度-摇杆加速度'
ydcs=[th2'*180/pi,th34(:,1)*180/pi,th34(:,2)*180/pi,w3',w4',a3',a4'];
disp(ydcs)
```

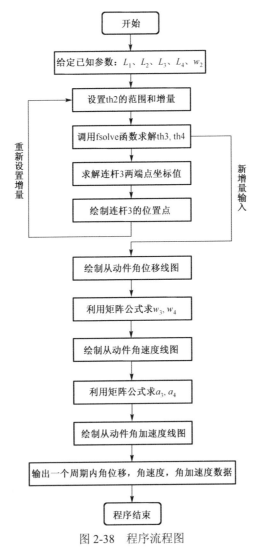

图 2-38 程序流程图

4. 程序运行结果输出

>>   ＊＊＊＊＊＊ 平面四杆机构的运动分析 ＊＊＊＊＊＊

曲柄转角-连杆转角-摇杆转角-连杆角速度-摇杆角速度-连杆加速度-摇杆加速度

(1.0×10⁴)						
0	0.0044	0.0097	−0.0125	−0.0125	−0.5478	4.8458
0.0005	0.0042	0.0094	−0.0126	−0.0107	0.2300	5.5630
0.0010	0.0039	0.0092	−0.0124	−0.0086	0.8946	6.0520
……						
（中间数据省略）						
……						
0.0350	0.0049	0.0102	−0.0115	−0.0152	−2.2178	2.9395
0.0355	0.0047	0.0099	−0.0122	−0.0140	−1.3857	3.9473
0.0360	0.0044	0.0097	−0.0125	−0.0125	−0.5478	4.8458

图形输出如图 2-39～图 2-42 所示。

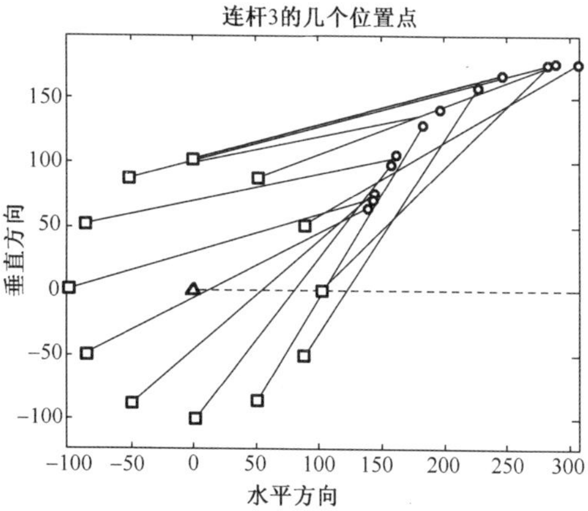

图 2-39　连杆的几个位置点

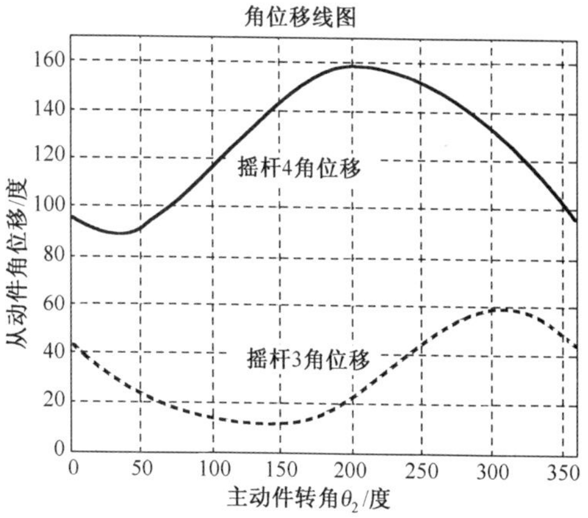

图 2-40　角位移线图

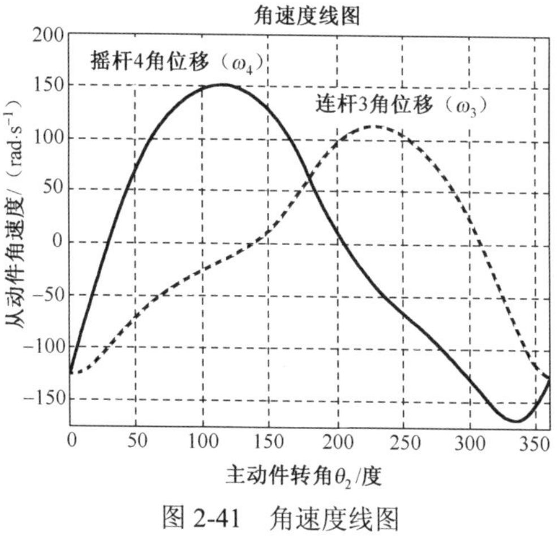

图 2-41　角速度线图

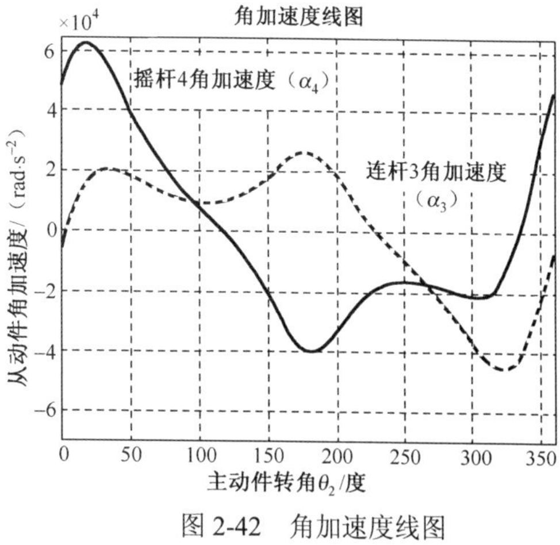

图 2-42　角加速度线图

2.5　平面多杆机构简介

在实际中，有些机构对运动学或传力性能有特殊的要求，通常四杆机构难以满足设计需要。所以，多杆机构在应用中也非常广泛，它们通常是由四杆机构扩展而来，具有很独特的运动规律。本节介绍几种典型的多杆机构。

1. 增大从动件工作行程

图 2-43 为自行式举升机，货斗升降高度是其主要工作参数。液压油缸与曲柄 AB 组成曲柄滑块机构，B 点为曲柄延长线上一点，AB 又与摇杆 CD、连杆 BC 形成第二级四杆机构，货斗位于其连杆延长线上 E 点。经过杆件两次延长，大幅增大了货斗的垂直升降高度。

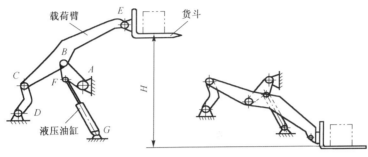

图 2-43　自行式举升机

2. 增大急回性能

图 2-44 所示为八杆机构，曲柄 AC 为原动件，与转动导杆 BC 组成转动导杆机构，BC 作为曲柄又与 DE 杆组成摆动导杆机构。旋转导杆与摆动导杆的运动叠加在一起，大幅增加了滑块 G 的急回性能，行程速比系数 K 值的变化为

$$K' = \frac{\varphi'}{\pi - \varphi'} > K = \frac{\varphi}{\pi - \varphi} \tag{2-14}$$

由转动导杆机构的杆长条件可知，应有 $AC > AB$。随之比值 $\dfrac{AC}{AB}$ 的减小，机构的动力学性能降低，一般推荐 $\dfrac{AC}{AB} > 2$。

3. 实现增力效果

双肘杆施压机构是各种卧式平压模切机、烫金机中常用的增力效果显著的机构之一，图 2-45 为其工作原理图。蜗杆 2 将动力通过蜗轮传递给曲柄 1，曲柄 1 通过连杆 5 和上下肘杆 4、6 驱动活动平台 7 做上下往复移动，从而完成烫印或模切。该机构的特点是一个工作循环中上下肘杆两次共线，使平台施加最大压力的时间延长一倍，故保证了模切或烫印的质量。

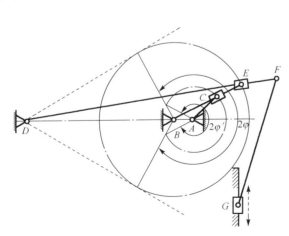

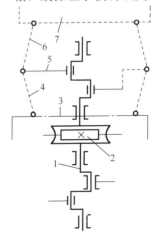

图 2-44　八杆机构　　　图 2-45　模切机的双肘杆施压机构工作原理图

2.6 工程应用案例：多功能自动翻身床

卧床患者喂食药物或进餐时，需要上半身倾斜抬起，同时为了提高舒适性，还需要屈腿动作，也就是大腿和小腿之间保持一个舒服的角度。如图 2-46 所示，多功能自动翻身床屈腿机构可以实现以下两个功能：①机构运动时可以翘起患者背部床板；②可以使小腿所在床板与大腿所在床板保持一定角度，从而实现屈腿动作。

该机构的设计要求：①床板总长度 1900mm，大腿翻板长度 350mm，小腿翻板长度 590mm；②背部床板翘起角度为 0°～40°，大腿板做定轴转动。

根据要求选定设计方案，如图 2-47 所示。该机构由曲柄摇块机构 $ABCD$ 和曲柄摇杆机构 $AEFG$ 组成，下面分别设计两套机构。

图 2-46 自动翻身床

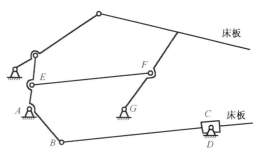

图 2-47 屈腿机构设计方案

1. 曲柄摇块机构设计

如图 2-48 所示，已知三组给定的曲柄位置角度 θ_1（°）和导杆长度 S（mm）为

$$\begin{cases} \theta_{11} = 82.5, \ S_1 = 466 \\ \theta_{12} = 60.3, \ S_2 = 409 \\ \theta_{13} = 45.1, \ S_3 = 375 \end{cases}$$ （2-15）

求该机构的机架水平长度 d、曲柄长度 L，以及铰点 A 和 D 之间的垂直距离 e。

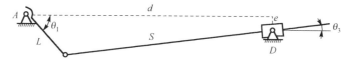

图 2-48 曲柄摇块机构的设计

【解】 由于该机构的已知条件为给定两连架杆的三个位置，因此应按给定两连架杆的对应位置设计该机构。

将各构件的长度在水平、垂直方向投影，可得

$$\begin{cases} S\cos\theta_3 + L\cos\theta_1 = d \\ S\sin\theta_3 + e = L\sin\theta_1 \end{cases}$$ （2-16）

消去 θ_3，得

$$S^2 = d^2 + L^2 + e^2 - 2dL\cos\theta_1 - 2eL\sin\theta_1 \tag{2-17}$$

将式（2-15）的数据代入式（2-17），得到方程组如下：

$$\begin{cases} S_1^2 = d^2 + L^2 + e^2 - 2dL\cos\theta_{11} - 2eL\sin\theta_{11} \\ S_2^2 = d^2 + L^2 + e^2 - 2dL\cos\theta_{12} - 2eL\sin\theta_{12} \\ S_3^2 = d^2 + L^2 + e^2 - 2dL\cos\theta_{13} - 2eL\sin\theta_{13} \end{cases} \tag{2-18}$$

利用 MATLAB 工具箱进行非线性方程组求解，可得

$$\begin{cases} d = 479\text{mm} \\ L = 150\text{mm} \\ e = 69\text{mm} \end{cases} \tag{2-19}$$

2. 曲柄摇杆机构设计

如图 2-49 所示，已知机架 AG 的长度 $d=300\text{mm}$，并且给定三组曲柄和摇杆的角位移 θ_1（°）、θ_3（°）：

$$\begin{cases} \theta_{11} = 48.3, \quad \theta_{31} = 30.2 \\ \theta_{12} = 68.1, \quad \theta_{32} = 45.5 \\ \theta_{13} = 78.9, \quad \theta_{33} = 53.2 \end{cases} \tag{2-20}$$

求三个构件的长度 a、b、c。

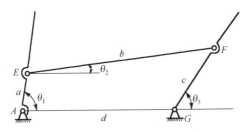

图 2-49　曲柄摇杆机构的设计

【**解**】　将各构件的长度在水平、垂直方向投影，可得

$$\begin{cases} a\cos\theta_1 + b\cos\theta_2 = c\cos\theta_3 + d \\ a\sin\theta_1 + b\sin\theta_2 = c\sin\theta_3 \end{cases} \tag{2-21}$$

消去 θ_2，得

$$\left(c\cos\theta_3 + d - a\cos\theta_1\right)^2 + \left(c\sin\theta_3 - a\sin\theta_1\right)^2 = b^2 \tag{2-22}$$

将式（2-20）的数据和机架长度代入式（2-22），得到如下方程组：

$$\begin{cases} \left(c\cos\theta_{31} + 300 - a\cos\theta_{11}\right)^2 + \left(c\sin\theta_{31} - a\sin\theta_{11}\right)^2 = b^2 \\ \left(c\cos\theta_{32} + 300 - a\cos\theta_{12}\right)^2 + \left(c\sin\theta_{32} - a\sin\theta_{12}\right)^2 = b^2 \\ \left(c\cos\theta_{33} + 300 - a\cos\theta_{13}\right)^2 + \left(c\sin\theta_{33} - a\sin\theta_{13}\right)^2 = b^2 \end{cases} \tag{2-23}$$

利用 MATLAB 工具箱进行非线性方程组求解，可得

$$\begin{cases} a = 80\text{mm} \\ b = 376.7\text{mm} \\ c = 150\text{mm} \end{cases} \tag{2-24}$$

习　　题

2-1　试根据注明尺寸判断题 2-1 图所示四杆机构的类型。

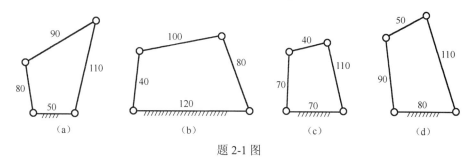

题 2-1 图

2-2　在平面四杆机构 $ABCD$ 中，设 AD 为机架，已知其中三杆的长度分别为：$l_{AB}=70\text{mm}$，$l_{BC}=150\text{mm}$，$l_{CD}=230\text{mm}$，试求：

（1）当此机构为曲柄摇杆机构时，l_{AD} 的取值范围；

（2）当此机构为双摇杆机构时，l_{AD} 的取值范围；

（3）当此机构为双曲柄机构时，l_{AD} 的取值范围。

2-3　设计一曲柄摇杆机构，已知数据：摇杆长度 $l_{CD}=580\text{mm}$，摇杆摆角 $\psi=34°$，行程速比系数 $K=1.25$，曲柄长度 $l_{AB}=150\text{mm}$。求其余两杆长度 l_{BC}、l_{AD}，并计算最小传动角 $\gamma_{\min}$。

2-4　设计一曲柄滑块机构，如题 2-4 图所示，已知数据如下：滑块行程 $s=60\text{mm}$，偏心距 $e=20\text{mm}$，行程速比系数 $K=1.45$。求曲柄长度 l_{AB} 与连杆长度 l_{BC}。

2-5　牛头刨床的滑枕驱动机构中，如题 2-5 图所示，机架长度 $l_{AC}=280\text{mm}$，滑枕移动距离 $H=450\text{mm}$，行程速比系数 $K=1.8$，试求曲柄长度 l_{AB} 和导杆长度 l_{CD}。

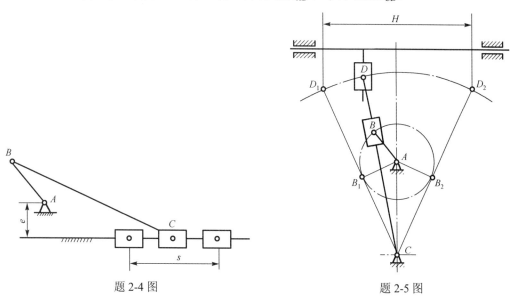

题 2-4 图　　　　　　题 2-5 图

2-6　画出题 2-6 图所示各机构的压力角和传动角。

2-7 如题 2-7 图所示四杆机构的设计问题，给定 3 组对应位置分别为 $\varphi_1 = 35°$，$\psi_1 = 50°$；$\varphi_2 = 80°$，$\psi_2 = 75°$；$\varphi_3 = 125°$，$\psi_3 = 105°$。试用解析法设计此四杆机构。

2-8 脚踏轧棉机是曲柄摇杆机构，如题 2-8 图所示，AD 在铅垂线上，要求踏板在水平位置上、下各摆动 $10°$，且 $l_{CD}=500\text{mm}$，$l_{AD}=1000\text{mm}$。试用图解法求解曲柄长度 l_{AB} 和连杆长度 l_{BC}。

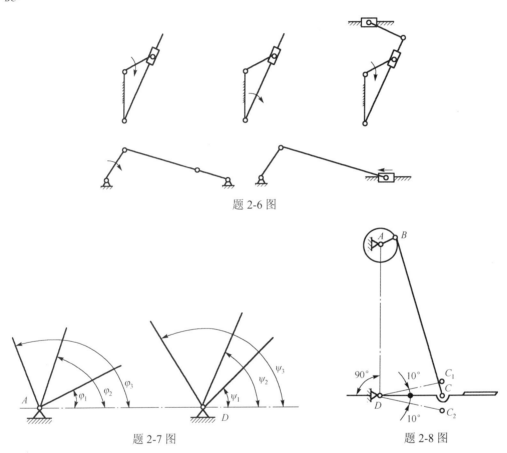

题 2-6 图

题 2-7 图   题 2-8 图

扩展阅读：连杆机构与现代社会动力之源

在各种机构型式中，连杆机构的特点表现为具有多种多样的结构和多种多样的特性。仅平面连杆机构而言，应还有多种经典结构等待人们去开发。追溯历史，在中世纪的许多发明中就有连杆机构，例如，达·芬奇发明的椭圆车削机构。如今，连杆机构更是充斥于我们的生活中，几乎任何有运动传递和转换的场合都有它的身影。

曲柄滑块机构作为最基本的一种连杆机构，自蒸汽机时代以来，一直扮演着社会动力之源的角色。蒸汽机是一个能够将水蒸气中的动能转换为功的热机，它的核心正是曲柄滑块机构，蒸汽的膨胀驱动滑块往复运动，然后由曲柄输出连续旋转运动。由于其中的燃烧过程在热机外部进行，因此蒸汽机属于热机中的外燃机。泵、火车头和轮船都曾使用蒸汽机驱动。

瓦特并不是蒸汽机的发明者，在他之前，早就出现了蒸汽机，即纽科门蒸汽机，但它的耗煤量大、效率低。瓦特运用科学理论，逐渐发现了这种蒸汽机的问题所在。1765～1790 年，他进行了一系列发明，如分离式冷凝器、汽缸外设置绝热层、用油润滑活塞、行星式齿轮、平行运动连杆机构、离心式调速器、节气阀、压力计等，使蒸汽机的效率提高到原来纽科门蒸汽机的 3 倍多，最终发明出了现代意义上的蒸汽机，如图 2-50 所示。

蒸汽机有很大的历史作用，它曾推动了机械工业甚至社会的发展，解决了大机器生产中最关键的问题，推动了交通运输空前的进步。随着它的发展而建立的热力学和机构学为内燃机的发展奠定了基础。内燃机继承了蒸汽机的基本结构和传动形式，采用了将燃油直接输入汽缸内燃烧的方式，形成了热效率高得多的热力循环；同时，蒸汽机所采用的汽缸、活塞、飞轮、飞锤调速器、阀门和密封件等，均是构成多种现代机械的基本元件。

图 2-50　瓦特与他发明的蒸汽机

活塞式内燃机自 19 世纪 60 年代问世以来，经过不断改进和发展，已是比较完善的机械。与蒸汽机相同，它的核心部件仍然是曲柄滑块机构。全世界各种类型的汽车、拖拉机、工程机械、小型移动电站等都以内燃机为动力，海上商船、常规舰艇以及某些小型飞机也都由内燃机来推进。世界上内燃机的保有量在动力机械中居首位，它在人类活动中占有非常重要的地位。

在新能源时代到来之前，动力机械的能源仍然以石油为主，曲柄滑块机构这一简单高效的连杆机构会继续为人类转化能量、提供动力。

第3章 凸轮机构

走在路边经常会看到修鞋流动摊，利用一台简单的手动修鞋机就可以缝制破损鞋面，给我们的生活带来很大方便，也是部分人群的谋生手段。图 3-1 所示为手动修鞋机外观图。

图 3-1　手动修鞋机

缝制时，手动转动修鞋机的机盘就可以使机针做上下运动，请考虑一下，是什么机构实现了这种看似简单的运动？通过本章的学习可以找到答案。

本章知识要点 ▶▶

（1）掌握凸轮机构的组成、应用、特点和分类。
（2）掌握凸轮机构从动件的运动规律。
（3）熟悉盘形凸轮轮廓曲线的设计过程。
（4）了解盘形凸轮的结构设计。

兴趣实践 ▶▶

观察缝纫机、修鞋机工作时凸轮机构的运动情况。

探索思考 ▶▶

要实现机械的自动化运动过程，不用计算机可以吗？

3.1 凸轮的应用、分类和特点

3.1.1 凸轮机构的应用

凸轮是指具有曲线轮廓或者沟槽的构件，当它运动时，通过其上的曲线轮廓与从动件的高副接触，使从动件获得预期的运动，在机床、纺织机械、轻工机械、印刷机械、机电一体化装配中得到大量应用。

凸轮机构是一种在自动化和半自动化机械中得到广泛应用的高副机构，主要由凸轮、从动件和机架三个基本构件组成。下面给出几个凸轮机构的应用实例。

图 3-2 所示为内燃机配气凸轮机构。在这个机构中，凸轮 1 作匀速回转运动，其曲线轮廓推动阀杆 2 按预期的运动规律上下往复移动，从而实现阀门的启闭。

图 3-3 所示为绕线机用于排线的凸轮机构，绕线轴 3 快速转动时，经过一对外齿轮啮合减速传动，使得大齿轮带动凸轮 1 低速转动，凸轮轮廓与从动件 2 的尖底 A 相互作用，使得从动件做往复摆动，从而使线均匀地缠绕在卷线轴上。

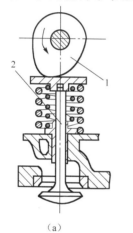

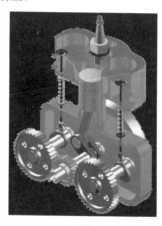

(a)   (b)

图 3-2 内燃机配气

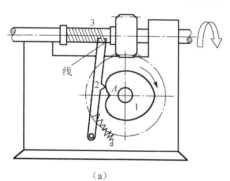

(a)   (b)

图 3-3 绕线机排线

图 3-4 所示为录音机卷带装置所用的凸轮机构。在这个机构中，凸轮 1 为移动构件，它随着放音键上下移动。放音时，凸轮处于图中所示的最低位置，由于弹簧 6 的作用，摩擦轮

4（安装于带轮轴）紧靠卷带轮 5，从而将磁带卷紧。停止放音时，凸轮 1 上移，其轮廓压迫从动件 2 顺时针摆动，使摩擦轮与卷带轮分离，从而停止卷带。

图 3-5 所示为自动机床进刀装置所用的凸轮机构。在这个机构中，圆柱表面上开有曲线凹槽形成凸轮 1，在凹槽内镶嵌有滚子，凸轮转动推动滚子，使不完全齿轮 2 摆动，由齿轮齿条的啮合传动控制刀架的进刀和退刀。

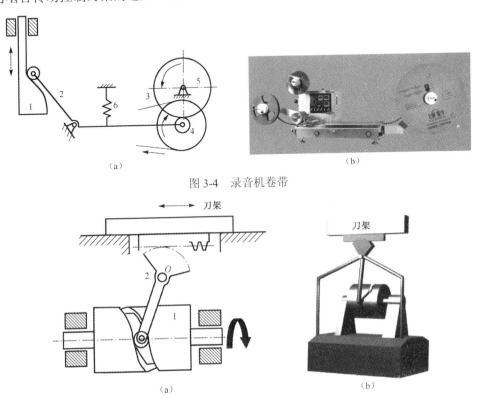

（a）　　（b）

图 3-4　录音机卷带

（a）　　（b）

图 3-5　自动机床进刀

3.1.2　凸轮机构的分类

从上面凸轮机构的应用可以看出凸轮机构有多种形式。下面对凸轮机构进行分类。凸轮机构从不同的角度有不同的分类方法。

> **小提示**
>
> 手机是大家必备的通信工具，在某些特定的场合，需要将其设为振动模式。手机振动器是通过凸轮来实现手机振动的，这里的凸轮是偏心的圆盘。

1．按凸轮的形状分类

（1）盘形凸轮：盘形凸轮是一个绕固定轴线回转的、具有变化向径的盘形构件，如图 3-2 和图 3-3 所示。这是凸轮最基本的形式。

（2）移动凸轮：这种凸轮作往复直线运动，如图 3-4 所示。移动凸轮可以看成盘形凸轮演变来的，即看成转轴在无穷远处的盘形凸轮的一部分。

（3）圆柱凸轮：圆柱凸轮是一个在圆柱面上开有曲线凹槽或在圆柱端面上作出曲线轮廓的构件，如图 3-5 所示。圆柱凸轮可以看成由移动凸轮演变而来，即将移动凸轮卷绕在圆柱面上形成的。

2．按从动件的形式分类

（1）尖顶从动件：如图 3-3 所示，尖顶能与复杂的凸轮轮廓保持接触，因而能实现任意预期的运动规律。但是尖顶与凸轮是点接触，处于滑动摩擦状态，磨损快，只适用于受力不大的低速凸轮机构。

（2）滚子从动件：如图 3-4 和图 3-5 所示，从动件末端安装可以自由转动的滚子，即得到滚子从动件。从动件末端的滚子在凸轮轮廓表面作纯滚动，从动件和凸轮轮廓之间为滚动摩擦，耐磨损，可以承受较大的载荷，是从动件中应用较为广泛的一种形式。

（3）平底从动件：如图 3-2 所示，从动件末端为一平面时即平底从动件。这种从动件与凸轮轮廓接触时，在不考虑摩擦的情况下，从动件与凸轮间的作用力始终与从动件的平底相垂直，传动效率高；由于平底，接触面间易形成油膜，利于润滑，所以常用于高速凸轮机构。

3. 按从动件的运动规律分类

（1）直动从动件：从动件相对于机架做往复直线运动，如图 3-2 所示。

（2）摆动从动件：从动件相对于机架做往复摆动，如图 3-3、图 3-4 和图 3-5 所示。

3.1.3　凸轮机构的特点

凸轮机构的优点是结构简单、紧凑，能方便地设计凸轮轮廓以实现从动件预期运动规律，因而广泛用于自动化和半自动化机械中作为控制机构。

凸轮机构的缺点是凸轮轮廓与从动件间为点接触或线接触而易磨损，所以不宜承受重载或冲击载荷；凸轮轮廓加工较困难；凸轮机构的行程不能太大。

3.2　常用从动件的运动规律

凸轮机构的工作原理相对其他机构较为简单，凸轮的轮廓形状取决于从动件的运动规律。因此，设计凸轮轮廓曲线时，要先根据具体的工作要求确定从动件的运动规律，然后根据从动件的运动规律设计凸轮轮廓曲线。

3.2.1　几个基本概念

以对心尖顶直动从动件盘形凸轮机构（图 3-6）为例对凸轮机构所用的几个概念进行简单介绍。

（1）基圆：以凸轮的最小向径 r_0 为半径所作的圆称为基圆，基圆半径用 r_b 表示。基圆是设计凸轮轮廓曲线的基准，其半径是设计凸轮机构的重要参数。

案例 3-1

电风扇简称电扇，也称为风扇、扇风机，是一种利用电动机驱动扇叶旋转，使空气加速流通的家用电器。为了使送风区域增大，目前常见的电风扇可以左右摆头。

问题：

（1）为了实现立体式宽区域送风，请你设计一台电风扇，既可以左右摆头，也可以上下俯仰运动，请问可以通过什么机构实现？

（2）设计的具体步骤是怎样的，如何进行设计？

（2）推程：当从动件尖顶与凸轮轮廓上的 A 点（基圆与轮廓 AB 的连接点）相接触时，从动件处于上升的起始点。当凸轮以角速度 ω 逆时针匀速回转时，从动件被凸轮推动，以一定运动规律到达最高点位置 B，这个过程称为推程（升程）。

（3）推程运动角：凸轮在推程过程中转过的角度 δ_t 称为推程运动角。

（4）远休止角：当凸轮继续转过角度 δ_s 时，以 O 为圆心的圆弧 BC 与从动件尖顶接触，从动件在最高位置静止不动，对应的转角 δ_s 称为远休止角。

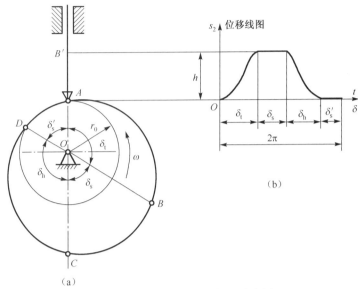

图 3-6　凸轮轮廓与从动件位移线图

（5）回程：凸轮再继续回转，从动件在弹簧或者重力的作用下，以一定运动规律下降到最低位置 D，这个过程称为回程。

（6）回程运动角：凸轮在回程过程中转过的角度 δ_h 称为回程运动角。

（7）近休止角：当凸轮继续回转 δ_s' 时，以 O 为圆心的圆弧 DA 与从动件尖顶接触，从动件在最低位置停留不动，对应的转角 δ_s' 称为近休止角。

（8）行程：从动件在推程或者回程过程中移动的距离称为行程，用 h 表示。

3.2.2　常用运动规律

在直角坐标系中，以凸轮转角 δ（或对应的时间 t）为横坐标，以从动件位移 s 为纵坐标所作的曲线称为从动件位移线图，如图 3-6（b）所示。如果以从动件的速度或者加速度为纵坐标，则为从动件速度线图或者从动件加速度线图。

1. 等速运动规律

从动件的等速运动规律是指从动件在推程或者回程过程中速度 v 为常数。

从动件等速运动时，推程的运动方程式为

$$\begin{cases} s = \dfrac{h}{\delta_t}\delta \\ v = v_0 = \dfrac{h}{\delta_t}\omega \\ a = 0 \end{cases} \quad (3\text{-}1)$$

> **案例 3-1 分析**
>
> 　　（1）根据电风扇工作要求，可以采用凸轮机构，且从动件为等速运动规律。
>
> 　　（2）按要求作出从动件位移线图和角位移线图。提示：左右摆头时为摆动从动件，上下俯仰运动时为直动从动件。

从动件推程作等速运动时，其位移线图为一斜直线，如图 3-7（a）所示；速度线图为一水平直线，如图 3-7（b）所示；加速度为 0，但是，在运动开始时，加速度 a 理论上趋近于 $+\infty$，在运动终止时，加速度 a 理论上趋近于 $-\infty$（因材料有弹性变形，实际上 a 不可能达到无穷大），如图 3-7（c）所示。

对于等速运动规律，起点和终点瞬时的加速度 a 趋近于无穷大，因此产生刚性冲击，主要应用于中、小功率和低速场合。为避免由此产生的刚性冲击，实际应用时常用圆弧或其他曲线修正位移线图的始、末两端，修正后的加速度 a 为有限值，此时引起的有限冲击称为柔性冲击。

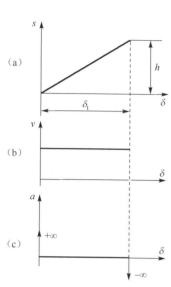

图 3-7　等速运动规律

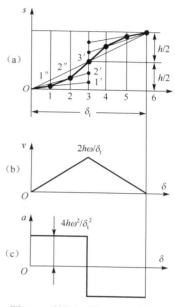

图 3-8　等加速等减速运动规律

案例图 3-1　小熊敲敲车

小思考 3-1

　　案例图 3-1 所示为小熊敲敲车玩具，拉动小熊身前的拉绳，车轮转动，可爱的小熊就会咚、咚、咚的打鼓，请思考：打鼓动作是靠什么机构实现的？如果要改变小熊打鼓的节奏，该如何实现？

2. 等加速等减速运动规律

从动件等加速等减速运动规律是指从动件在前半行程作等加速运动，在后半行程作等减速运动，其等加速和等减速运动的位移各为 $h/2$，对应的凸轮转角各为 $\delta_\mathrm{t}/2$。

推程时，从动件等加速运动时的运动方程式为

$$\begin{cases} s = \dfrac{2h}{\delta_\mathrm{t}^2}\delta^2 \\[2mm] v = \dfrac{4h\omega}{\delta_\mathrm{t}^2}\delta \\[2mm] a = \dfrac{4h\omega^2}{\delta_\mathrm{t}^2} \end{cases}$$

$$(3\text{-}2)$$

推程时，从动件等减速运动时的运动方程式为

$$\begin{cases} s = h - \dfrac{2h}{\delta_t^2}(\delta_t - \delta)^2 \\[2mm] v = \dfrac{4h\omega}{\delta_t^2}(\delta_t - \delta) \\[2mm] a = -\dfrac{4h\omega^2}{\delta_t^2} \end{cases} \qquad (3\text{-}3)$$

案例图 3-2　自卸货车

小思考 3-2

案例图 3-2 所示为自卸货车，又称翻斗车，其载货部位具有自动倾卸装置，采用第 2.2.2 节讲述的摇块机构实现自卸功能。请思考：这里可以用凸轮机构吗？为什么呢？

从动件推程等加速等减速运动时，其位移线图为一抛物线，如图 3-8（a）所示；速度线图在等加速时为一上升直线，等减速时为一下降直线，如图 3-8（b）所示；加速度线图为水平直线，等加速时加速度为正值，等减速时加速度为负值，两部分加速度绝对值相等，如图 3-8（c）所示。

对于等加速等减速运动规律，在运动起点、中点、终点的加速度突变为有限值，产生柔性冲击，适用于中速场合。

等加速等减速运动规律位移线图的作法：将推程角 δ_t 分成两等份，每等份为 $\delta_t/2$；将行程分成两等份，每等份为 $h/2$。将 $\delta_t/2$ 分成若干等份，得 1，2，3，… 等点，过这些点作横坐标的垂线。将 $h/2$ 分成相同的等份，得 1′，2′，3′，… 等点，连 O1′，O2′，O3′，… 与相应的横坐标的垂线分别相交与 1″，2″，3″，… 点，连接各交点为光滑曲线，便得到推程等加速段的位移线图，等减速段的位移线图可用同样的方法求得。

3．简谐运动规律（余弦加速度运动）

当一个点在圆周上作等速运动时，其在该圆直径上的投影所构成的运动即简谐运动。从动件作简谐运动时，其加速度按余弦规律变化，因此又称为余弦加速度运动规律。

从动件推程时作简谐运动的运动方程为

$$\begin{cases} s = \dfrac{h}{2}\left[1 - \cos\left(\dfrac{\pi}{\delta_t}\delta\right)\right] \\[3mm] v = \dfrac{\pi h\omega}{2\delta_t}\sin\left(\dfrac{\pi}{\delta_t}\delta\right) \\[3mm] a = \dfrac{\pi^2 h\omega_1^2}{2\delta_t^2}\cos\left(\dfrac{\pi}{\delta_t}\delta\right) \end{cases} \qquad (3\text{-}4)$$

从动件推程时的运动线图如图 3-9 所示。由图可见，简谐运动时，从动件的加速度在起点和终点有突变，且数值有限，因而存在柔性冲击，适用于中速场合。

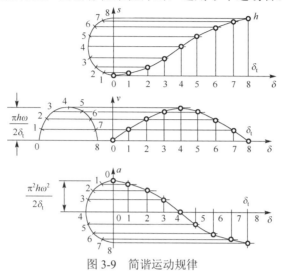

图 3-9　简谐运动规律

除此之外，凸轮机构从动件的运动规律还有将不同运动规律组合在一起的组合运动规律，这里不做详细的介绍。

3.3　凸轮轮廓曲线设计图解法

案例 3-1 分析（续）

　　风扇上下俯仰运动时，应采用直动从动件盘形凸轮机构，结合前边的位移线图，利用图解法作出所需凸轮轮廓曲线。

　　风扇左右摆头时，应采用摆动从动件凸轮机构，结合前边的角位移线图，利用图解法作出所需凸轮轮廓曲线。提示：这里的凸轮应为圆柱凸轮。

凸轮轮廓曲线的设计方法有两种：图解法和解析法。下面重点介绍用图解法设计凸轮轮廓曲线。

根据工作要求合理选择从动件的运动规律后，可以利用作图法将从动件的位移线图作出。由于从动件和凸轮是高副连接，它们始终相接触，按照结构所允许的空间和具体要求确定出凸轮基圆半径 r_b，就可以根据从动件位移线图和凸轮转角的对应关系以及凸轮的转动方向，将凸轮轮廓画在纸上，在生产中这种设计方法就是图解法。

3.3.1　"反转法"原理

图解法设计凸轮轮廓曲线时采用了"反转法"原理。

如图 3-10 所示，给整个凸轮机构施以与凸轮转动角速度大小相等、方向相反的公共角速度 $-\omega$，使其绕轴心 O 转动，根据相对运动原理，这时凸轮与从动件的相对运动不变，但凸轮静止不动，而从动件一方面随其导路以 $-\omega$ 的角速度绕轴心 O 转动，同时又在导路内作预期的运动，从动件尖顶在这种复合运动中的轨迹就是所要求的凸轮的轮廓曲线，该方法称为反转法。

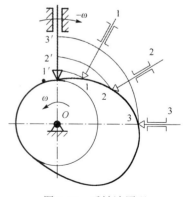

图 3-10　反转法原理

对整个凸轮机构使用反转法后，各构件运动状态如表 3-1 所示。

表 3-1　各构件运动状态表

反转前后 凸轮机构构件	反转前	反转后
机架	静止	$-\omega$ 转动
凸轮	ω 转动	静止
从动件	s 移动	$-\omega$ 转动 s 移动

> **小思考 3-3**
>
> 图 3-5 所示的自动机床进刀机构的往复运动是通过凸轮机构和齿轮齿条啮合传动实现的。请思考：能否通过曲柄滑块机构实现该往复运动过程？

3.3.2　直动从动件盘形凸轮轮廓曲线的设计

1. 对心尖顶直动从动件盘形凸轮

图 3-11（a）所示为对心尖顶直动从动件盘形凸轮机构。

已知条件：从动件位移线图［图 3-11（b）］、凸轮基圆半径 r_b、凸轮角速度 ω、凸轮逆时针方向匀速回转。

要求：绘制此凸轮的轮廓曲线。

根据"反转法原理"，绘制凸轮轮廓曲线的步骤如下。

（1）选定合适的比例尺 μ，任取一点作为凸轮的回转中心 O，以 O 为圆心，r_b 为半径作基圆，基圆与导路的交点 B_0 是从动件尖顶的起始位置。

（2）根据陡密缓疏的原则，将从动件位移线图 s-δ 的推程运动角和回程运动角分别划分为若干等份（图中推程运动角分为 3 等份，回程运动角分为 5 等份）。

（3）自 B_0 点开始，沿 $-\omega$ 方向将基圆分为 3 份，分别是推程运动角 $\delta_t = 90°$、回程运动角 $\delta_h = 120°$ 和近休止角 $\delta_s' = 150°$，并将 δ_t 和 δ_h 划分为与图 3-11（b）对应的等份，在基圆上得到 c_0，c_1，c_2，…各点。连接 Oc_0，Oc_1，Oc_2，…为射线，得到反转后从动件导路的各个位置。

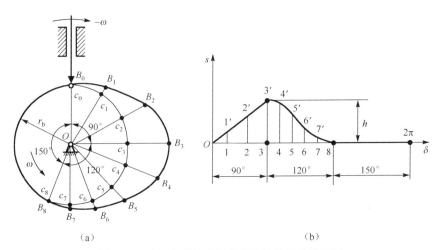

（a）　　　　　　　　　　　　　　（b）

图 3-11　对心尖顶从动件盘形凸轮轮廓曲线绘制

（4）沿以上各射线，自基圆开始量取从动件对应的位移量，即取 $c_1B_1 = 11'$，$c_2B_2 = 22'$，$c_3B_3 = 33'$，…，得到反转后从动件尖顶的一系列位置 B_1，B_2，B_3，…。

（5）将 B_0，B_1，B_2，B_3，…连接为光滑的曲线（沿 ω 方向，B_0 和 B_8 之间是以 O 为圆心，r_b 为半径的圆弧），便得到所要求的凸轮轮廓曲线。

如果从动件的导路不通过凸轮回转中心，则为偏置尖顶直动从动件凸轮机构，如图 3-12 所示。

对于偏置尖顶直动从动件凸轮机构，从动件的导路与凸轮回转中心之间存在偏距 e，绘制此类凸轮轮廓曲线时，以 O 点为圆心，e 为半径作出偏距圆，r_b 为半径作出基圆。以导路和基圆的交点 A 作为从动件的起始位置，沿 $-\omega$ 方向将基圆划分为与从动件位移线图对应的等份，然后通过这些等分点分别作偏距圆的切线，从而得到反转后导路的对应位置，余下的步骤参考对心直动从动件盘形凸轮轮廓曲线的绘制方法进行即可。

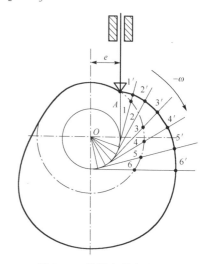

图 3-12　偏置尖顶直动从动件凸轮轮廓曲线绘制

2. 滚子直动从动件盘形凸轮

在从动件底端安装一个可以自由转动的滚子得到滚子直动从动件盘形凸轮机构，其凸轮轮廓曲线的绘制方法如图 3-13 所示。首先，将从动件低端的滚子中心看成尖顶从动件的尖顶。按照上面讲述的方法求得一条理论轮廓曲线 β；然后以理论轮廓曲线 β 上一个点为中心，以滚子半径 r_T 为半径作一系列滚子圆；最后作这些圆的内包络线 β'（如果是凹槽凸轮则作外包络线 β'），这便是滚子从动件盘形凸轮的实际轮廓曲线。由作图过程可知，滚子从动件盘形凸轮的基圆半径应当在理论轮廓上度量。

需要指出的一点是，滚子半径的大小对凸轮轮廓曲线有很大影响。

3. 平底直动从动件盘形凸轮

从动件的底端为平底时为平底直动从动件盘

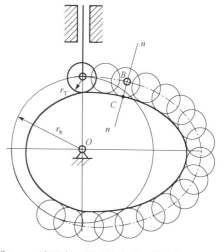

图 3-13　滚子直动从动件盘形凸轮轮廓曲线绘制

形凸轮机构，其凸轮轮廓曲线的绘制方法如图 3-14 所示。首先，取从动件平底与导路的交点 A 作为从动件的尖顶，按照尖顶从动件凸轮轮廓的绘制方法求出反转后从动件尖顶的一系列位置 $1'$，$2'$，$3'$，…，然后通过这些点作垂直于导路的一系列直线作为平底，最后作出这些平底的包络线，便得到平底从动件盘形凸轮的实际轮廓曲线。需要注意的一点是，为了保证从动件的平底在所有位置都能够与凸轮轮廓相切，平底左右两侧的宽度必须大于导路至左右最远切点的距离 m 和 l。另外，要选择合适的基圆半径，因为基圆半径太小会使平底从动件运动失真。

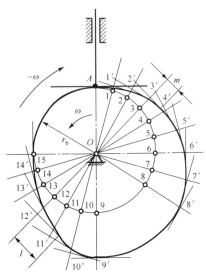

图 3-14　平底直动从动件盘形
凸轮轮廓曲线绘制

案例图 3-3　凸轮分度器

小 提 示

　案例图 3-3 所示
为凸轮分度器，在工
程上又称凸轮分割
器、间歇分割器，它
是一种高精度的回
转装置。工作原理
是：通过输入轴上的
共轭凸轮与输出轴
上带有均匀分布滚
针轴承的分度盘无
间隙垂直啮合，凸轮
轮廓面的曲线段驱
使分度盘上的滚针
轴承带动分度盘转
位，直线段使分度盘
静止，并定位自锁。

3.3.3　摆动从动件盘形凸轮轮廓曲线的设计

图 3-15（a）所示为摆动从动件盘形凸轮机构。

已知条件：从动件角位移线图 [图 3-15（b）]、凸轮与摆动从动件的中心距 l_{OA}，摆动从动件的长度 l_{AB}、凸轮基圆半径 r_b、凸轮角速度 ω、凸轮逆时针方向匀速回转。

要求：绘制此凸轮的轮廓曲线。

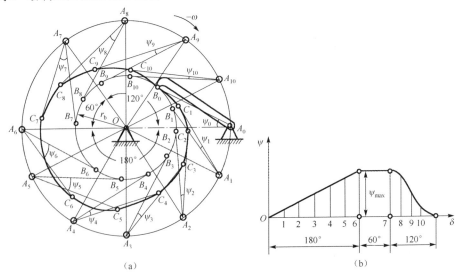

(a)　　　　　　　　　　　　　　(b)

图 3-15　尖顶摆动从动件盘形凸轮轮廓曲线绘制

摆动从动件盘形凸轮，同样采用"反转法"。使整个凸轮机构以角速度 $-\omega$ 绕 O 点转动，这样凸轮会保持静止，而摆动从动件一方面以 $-\omega$ 的角速度绕轴心 O 转动，同时又绕 A_0 点摆动。

各构件运动状态如表 3-2 所示。

尖顶摆动从动件盘形凸轮轮廓曲线绘制步骤如下。

（1）选定合适的比例尺 μ，任取一点 O 作为凸轮回转中心，根据 l_{OA} 确定 A_0 点的位置；然后以 O 为圆心，r_b 为半径作出基圆，再以 A_0 为圆心，l_{AB} 为半径作圆弧与基圆相交于点 B_0，则 B_0 点为从动件尖顶的起始位置。$\angle OA_0B_0$ 用符号 φ_0 表示，记为从动件的初始角。

表 3-2　各构件运动状态表

反转前后 凸轮机构构件	反转前	反转后
机架	静止	$-\omega$ 转动
凸轮	ω 转动	静止
从动件	ψ 摆动	$-\omega$ 转动 ψ 摆动

（2）将从动件角位移线图 $\psi\text{-}\delta$ 的推程运动角和回程运动角划分为若干等份（图中推程运动角分为 6 等份，回程运动角分为 4 等份）。

（3）以点 O 为圆心，OA_0 为半径画圆，并自 A_0 点沿 $-\omega$ 方向取角度 $\delta_t = 180°$、$\delta_s = 60°$ 和 $\delta_h = 120°$，并将 δ_t 和 δ_h 划分为与图 3-15（b）相对应的若干等份，从而得到 A_1，A_2，A_3，$\cdots$ 一系列点，连接 OA_1，OA_2，OA_3，$\cdots$，即得到反转后机架的一系列位置，在此基础上作出从动件反转后摆角为 0 时的一系列位置，即 A_1B_1，A_2B_2，A_3B_3，$\cdots$。

（4）以图 3-15（b）中从动件在不同位置的摆角 ψ 作出摆动从动件相对于机架的一系列位置。

（5）以 A_1，A_2，A_3，$\cdots$ 为圆心，l_{AB} 为半径画圆弧截取 A_1C_1 于 C_1 点，A_2C_2 于 C_2 点，A_3C_3 于 C_3 点，$\cdots$。最后，将 C_1，C_2，C_3，$\cdots$ 等各点连接成光滑的曲线，尖顶摆动从动件凸轮轮廓曲线便绘制完成。

与直动从动件相似，如果摆动从动件的底端为滚子或平底，上述凸轮轮廓即理论轮廓，只要在理论轮廓上选一系列点作出滚子或平底，然后作出它们的包络线，即可求得相应的实际凸轮轮廓。

图解法设计凸轮轮廓曲线直观、方便，但是会存在误差，只能用于精度要求不高的场合。设计凸轮轮廓的另一种方法是解析法，即根据工作所要求的从动件的运动规律和已知的机构参数，求出凸轮轮廓曲线的方程式，并精确地计算出凸轮轮廓曲线上各点的坐标值。目前用于解析法的计算机辅助手段包括 CAD 法、VB 编程、C 语言编程、MATLAB 仿真、MasterCAM 解析法等，这里不再赘述。

3.4　凸轮结构设计

设计凸轮轮廓曲线时，除了需要知道从动件的运动规律外，还用到了基圆半径 r_b、滚子半径 r_T、偏距 e 等参数。这些参数如何确定呢？根据工作过程中，凸轮机构的受力情况、空间结构和从动件运动状况进行分析。

3.4.1　压力角

如第 2 章所述，从动件所受的驱动力方向线与该力作用点绝对速度方向线之间所夹的锐角称为压力角。压力角不考虑各运动副中的摩擦力和构件重力和惯性的影响。那么，在不

案例 3-2

你已经知道了设计电风扇的摆头功能需要用凸轮机构，但是，电风扇机头的空间大小是有限的。

问题：

要使设计的凸轮机构结构紧凑、体积小，该如何实现？

计摩擦时，高副中构件间的作用力是沿法线方向的，因此，对于高副机构，压力角可以看成接触轮廓法线与从动件速度方向所夹的锐角。

图 3-16 所示为尖顶直动从动件盘形凸轮机构，当从动件运动到图示位置时，凸轮作用于从动件的力 F 沿该点的法线方向 n—n，从动件速度 v_2 的方向沿导路，因而该点的压力角 α 为 F 与 v_2 方向所夹的锐角。图 3-16 中，力 F 可以分解为沿从动件运动方向的有用分力 F_y 与导致从动件压紧导路的有害分力 F_x。F_x、F_y 与 F 之间的关系为

$$\begin{cases} F_x = F \sin \alpha \\ F_y = F \cos \alpha \end{cases} \tag{3-5}$$

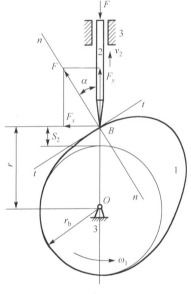

图 3-16　压力角

案例图 3-4　记里鼓车

由式（3-5）可知，当驱动力 F 一定时，压力角 α 越大，有害分力 F_x 越大，凸轮机构的传动效率越低。当压力角 α 增大到一定数值时，有害分力 F_x 在导路中引起的摩擦阻力会等于甚至大于有用分力 F_y，这时不论凸轮作用于从动件的力 F 多大，从动件都不能运动，这种现象称为**自锁**。由此可以看出，压力角 α 是反映凸轮机构动力性能优劣的重要指标。

在工程实际中，为保证凸轮机构较高的工作效率，改善受力状况，必须合理选择压力角 α。凸轮轮廓曲线上各点的压力角一般是不同的，因而设计凸轮轮廓曲线时应使最大压力角 α_{max} 不超过压力角许用值 $[\alpha]$。

许用压力角 $[\alpha]$ 的选取原则如下。推程时，对于直动从动件凸轮机构，许用压力角的荐用值为 $30°\sim40°$；对于摆动从动件凸轮机构，许用压力角的荐用值为 $35°\sim45°$；回程时，许用压力角的荐用值为 $70°\sim80°$。

3.4.2　凸轮基本尺寸的确定

由图 3-16 可以得到直动从动件盘形凸轮机构压力角的计算公式为

$$\tan \alpha = \frac{\dfrac{\mathrm{d}s_2}{\mathrm{d}\delta_1} \mp e}{s_2 + \sqrt{r_{\mathrm{b}}^2 - e^2}} \tag{3-6}$$

1. 基圆半径 r_{b} 的选取

设计凸轮机构时，往往受空间条件的约束，希望其结构越紧凑越好。根据凸轮轮廓曲线的设计过程可知，凸轮基圆半径越小，结构越紧凑。但是，由式（3-6）可以得出，基圆半径 r_{b} 越小，压力角 α 会越大，当基圆半径小于一定值时，压力角将超过许用压力角 $[\alpha]$。凸轮的基圆半径和压力角是设计凸轮机构的两个重要参数，两者又相互制约。因此，实际设计时，要在保证凸轮轮廓最大压力角不超过许用值的前提下，选择合适的基圆半

> **案例 3-2 分析**
>
> 　　机械设计中不能想当然的选择机构尺寸。凸轮结构设计要根据精确计算：
> 　　（1）选择合适的基圆半径。
> 　　（2）选择合适的偏置方式和偏距。
> 　　（3）若为滚子从动件，选择合适的滚子半径。

径。工程上通常借助于诺模图（Nomogram）来确定凸轮的最小基圆半径，如图 3-17 所示。借助于诺模图既可以近似确定凸轮的最大压力角，也可以根据所选择的基圆半径来校核最大压力角。

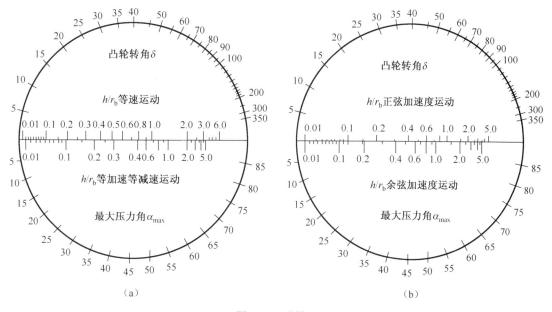

（a）　　　　　　　　　　　　　　　　（b）

图 3-17　诺模图

2. 偏距 e 的确定

由式（3-6）可以看出，如果为偏置凸轮机构，导路的偏置也会影响压力角的大小。当导路和瞬心在凸轮回转中心 O 的同侧时，公式取"−"号，压力角将减小；当导路和瞬心在凸轮回转中心 O 的异侧时，公式取"+"号，压力角将增大。因此，为减小推程压力角，应将从动件导路向推程相对速度瞬心的同侧偏置，并选取合适的偏距 e。

3. 滚子半径 r_T 的选择

对于滚子从动件凸轮机构，设计时要选择合适的滚子半径 r_T，否则会出现运动失真的情况，如图 3-18（d）所示。

图 3-18 中，ρ' 为凸轮实际轮廓曲线的曲率半径，ρ_{min} 为凸轮理论轮廓曲线的最小曲率半径，r_T 为滚子半径，三者之间的关系为

$$\begin{cases} \rho' = \rho_{min} + r_T & \text{（内凹凸轮）} \\ \rho' = \rho_{min} - r_T & \text{（外凸凸轮）} \end{cases} \tag{3-7}$$

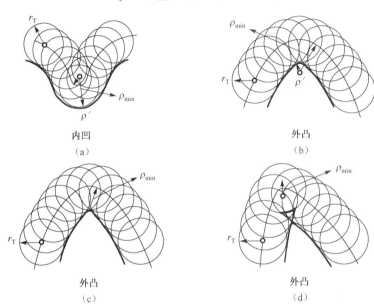

图 3-18　滚子半径对齿轮轮廓的影响

由图 3-18 可以看出，对于内凹的凸轮轮廓曲线，其实际廓线的曲率半径等于理论曲线的曲率半径与滚子半径之和，无论滚子半径如何，凸轮实际廓线都是光滑的曲线，如图 3-18（a）所示。对于外凸的凸轮轮廓曲线，当 $\rho_{min} > r_T$ 时，$\rho' > 0$，凸轮实际轮廓曲线为一光滑曲线，如图 3-18（b）所示，从动件的运动不会失真；当 $\rho_{min} = r_T$ 时，$\rho' = 0$，凸轮实际轮廓曲线出现尖点，如图 3-18（c）所示，尖点极易磨损，磨损后会使从动件的运动失真；当 $\rho_{min} < r_T$ 时，$\rho' < 0$，凸轮实际轮廓曲线出现相交的情况，如图 3-18（d）所示，图中交点以上的部分在实际加工过程中会被切除掉，从而使从动件的运动严重失真，这在实际生产中是不允许的。

因此，对于外凸凸轮轮廓，要保证机构正常工作，应使 $r_T < \rho_{min}$。通常取 $r_T \le 0.8\rho_{min}$。如果 ρ_{min} 过小，导致滚子半径太小，不能满足安装和强度要求，则应把凸轮基圆半径加大，重新设计凸轮轮廓曲线。

3.4.3　凸轮的结构及其与轴的连接

如前面所述，凸轮的工作轮廓确定后，凸轮的结构设计主要是确定曲线轮廓的轴向厚度和凸轮与传动轴的连接方式。

当工作载荷较小时，曲线轮廓的轴向厚度一般取为轮廓曲线最大向径的 1/10～1/5；对于受力较大的重要场合，需按凸轮轮廓面与从动件间的接触强度进行设计。

根据凸轮的使用要求、尺寸大小、加工工艺及调整和更换的方便性等，可将凸轮设计成凸轮轴、整体式或组合式。当凸轮实际轮廓的最小向径较小时，可在轴上直接加工出凸轮，例如，内燃机配气凸轮即采用这种形式，如图 3-19（a）所示；当凸轮尺寸较小且无特殊要求时，一般采用整体结构，如图 3-19（b）所示；当凸轮尺寸较大，且要求便于更换时，可采用组合式结构，如图 3-19（c）所示，只要拧下螺栓螺母，即可迅速而方便地换上其他形状的凸轮片。

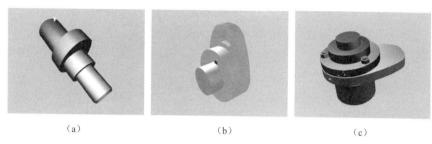

（a） （b） （c）

图 3-19 凸轮结构形式

3.5 工程应用案例：缝纫机

缝纫机是日常生活中经常用到的工具，如图 3-20（a）所示，主要由引线机构、勾线机构、挑线机构和送料机构组成，其中挑线机构可由凸轮机构实现，如图 3-20（b）所示。

设计要求：设计一偏置滚子直动从动件盘形凸轮机构。

完成的主要功能：为摆梭的勾线、分线和扩大线环提供不同数量的线段，对面线进行收紧，使底线和面线绞合在缝料层之间。

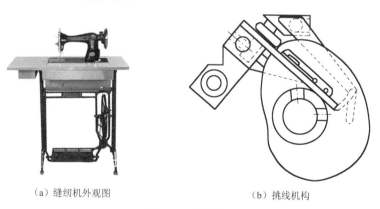

（a）缝纫机外观图 （b）挑线机构

图 3-20 缝纫机

【解】（1）运动状态分析如下。

① 输线阶段：挑线杆的线孔从上止点下降到下止点。

② 刺布阶段：挑线杆下降速度与机针下降速度相匹配。

③ 线环形成阶段：挑线杆应瞬时停止。

④ 扩大线环阶段：挑线杆应迅速下降，以满足扩大线环的需要。

⑤ 提线阶段：线环绕过梭心到机针上止点最高位置，凸轮再旋转 60°，使面线从梭床拉出，收紧并绞合，并拉出一定长度面线。

（2）要使挑线机构完成以上功能，对应从动件运动位移线图如图 3-21 所示。

（3）取基圆半径 $r_b = 20\text{mm}$，偏距 $e = 10\text{mm}$，滚子半径 $r_T = 5\text{mm}$，凸轮逆时针转

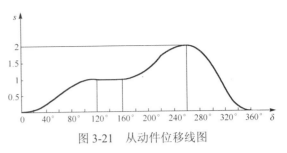

图 3-21　从动件位移线图

动，利用"反转法"原理，通过图解法绘制凸轮轮廓曲线步骤如下。

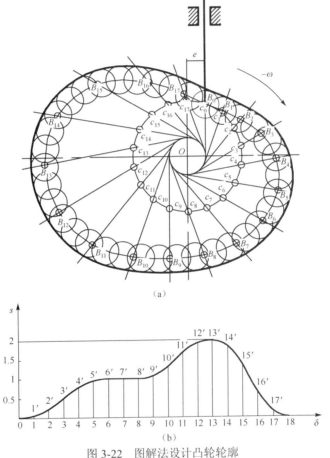

（a）

（b）

图 3-22　图解法设计凸轮轮廓

对于偏置直动滚子从动件盘形凸轮轮廓，可知偏距 e 为代数值，凸轮逆时针回转时，推杆位于凸轮回转中心的右侧，则 e 为正。

① 选定合适的比例尺 $\mu = 1$，任取一点作为凸轮的回转中心 O，以 O 为圆心，r_b 为半径作基圆，e 为半径作偏距圆，滚子中心看为从动件尖顶，基圆与导路的交点 B_0 是从动件尖顶的起始位置。

② 将从动件位移线图 s-δ 的凸轮运动角划分为 18 等份（图 3-22 中一次推程运动角分为 6 等份，远休止角为 2 等份，二次推程运动角为 5 等份，回程运动角为 5 等份）。

③ 自 B_0 点开始，沿 $-\omega$ 方向将基圆划分为与位移线图相对应的 18 等份，在基圆上得到 c_0，c_1，c_2，…各点，过这些等分点作偏距圆的切线，得到反转后从动件导路的各个位置。

④ 沿以上各切线，自基圆开始量取从动件对应的位移量，即取 $c_1B_1 = 11'$，$c_2B_2 = 22'$，$c_3B_3 = 33'$，…，得到反转后从动件尖顶的一系列位置 B_1，B_2，B_3，…。

⑤ 将 B_0，B_1，B_2，B_3，…连接为光滑的曲线，便得到凸轮的理论轮廓曲线。

⑥ 以理论轮廓曲线上各点为圆心，以滚子半径为半径作一系列圆，然后作这些圆的内包络线，即得到所要求的凸轮实际轮廓曲线。

习　题

3-1　什么样的构件叫凸轮？什么样的机构是凸轮机构？凸轮机构的功用是什么？

3-2　滚子从动件的滚子半径大小对凸轮工作有什么影响？若某一凸轮机构的滚子损坏后，是否可以任取一滚子来代替？为什么？

3-3　凸轮压力角越小越好吗？为什么？

3-4　为什么平底直动从动件盘形凸轮机构的凸轮轮廓曲线一定要外凸？滚子直动从动件盘形凸轮机构的凸轮轮廓曲线却允许内凹，而且内凹段一定不会出现运动失真？

3-5　何谓凸轮压力角？压力角的大小对机构有何影响？用作图法求题 3-5 图中各凸轮由图示位置逆转 45°时，凸轮机构的压力角，并标在题 3-5 图中。

3-6　已知题 3-6 图所示的平底直动从动件盘形凸轮机构，凸轮为 $R = 30\text{mm}$ 的偏心圆，$\overline{AO} = 20\text{mm}$，试求：

（1）基圆半径和升程。

（2）推程运动角、回程运动角、远休止角和近休止角。

（3）凸轮机构的最大压力角和最小压力角。

（4）从动件的位移 s、速度 v 和加速度 a 的方程。

（5）若凸轮以 $\omega = 100\text{rad/s}$ 回转，当 AO 成水平位置时，从动件的速度。

3-7　题 3-7 图所示为偏置尖顶直动从动件盘形凸轮机构，AFB、CD 为圆弧，AD、BC 为直线，A、B 为直线与圆弧 AFB 的切点。已知 $e = 8\text{mm}$，$r_b = 15\text{mm}$，$\overline{OC} = \overline{OD} = 30\text{mm}$，$\angle COD = 30°$，试求：

（1）从动件的升程 h，凸轮的推程运动角 δ_t，回程运动角 δ_h。

（2）从动件推程最大压力角 $\alpha_{\max}$ 的数值和出现的位置。

（3）从动件回程最大压力角 $\alpha'_{\max}$ 的数值和出现的位置。

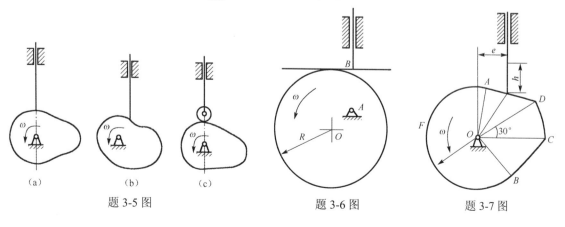

题 3-5 图　　　　　题 3-6 图　　　　　题 3-7 图

扩展阅读：达芬奇与中国古代科技 （注：一种开放性的观点，尚未被严谨证实）

文艺复兴是 14 世纪在意大利城市兴起，16 世纪在欧洲盛行的一个思想文化运动，带来一段科学与艺术革命时期，揭开了近代欧洲历史的序幕，被认为是近代科学文明起始线。

1434 年，一支由 4 艘船组成的中国船队抵达意大利，这支船队只是中国当年郑和下西洋大型船队的一小部分。这支船队还派出特使从威尼斯前往佛罗伦萨，并向教皇尤金四世转交了天朝皇帝的大量礼品。礼品中包括一些西方世界当时没有的世界地图、天体图和中国古代科技典籍，从而引发了欧洲的文艺复兴运动。

在这些书籍和文献中，详细介绍了中国古代文明的成就。此后，通过在罗马教廷服役的亲戚，梵蒂冈的部分秘密档案落入达芬奇之手，其中就包括中国赠送的书籍。达芬奇等人震惊后世的许多机械发明设计图，很可能是从这些中国古代科技典籍中获取的灵感，因为他们的许多机器设计图都和《农书》等中国古籍内的机械设计图惊人相似。也许，达芬奇是将中国古籍中的机械设计图用三维立体方式重新画了一遍，并做了大量的改进。

在古代的中国，科学属于博物的范畴，技术则属于百工的范畴；科学家是博物君子，技术人员则称为匠人。而在达芬奇之前，西方世界处于神学统治之下，在科技方面几乎一片空白。

达芬奇（1452～1519 年）被公认为是整个欧洲文艺复兴时期最完美的代表，也是近代科学的真正开山祖师，他在天文、物理、光学、数学、医学、建筑、军事、水利、地质学、生物学等领域，对近代科学的形成作出了重要的贡献。

在天文学方面，达芬奇研究中国元代的授时历，对传统的"地球中心说"持否定的观点。他认为地球不是太阳系的中心，更不是宇宙的中心，而只是一颗绕太阳运转的行星，太阳本身是不运动的。达芬奇还认为月亮自身并不发光，它只是反射太阳的光辉。他的这些观点的提出早于哥白尼的"日心说"，而与中国东汉张衡的"浑天说"一脉相承。

在机械制造方面，达芬奇的机械设计与中国早期的机械非常相似，包括小齿轮与大齿轮、棘轮、销钉和轴、凸轮和凸轮形摇杆、飞轮、曲轴系统、脚镫、辐条车轮、轱辘、链条装置、吊桥、分段的拱桥、等高线图、降落伞、热气球、直升机、多管机关枪、可拆卸式大炮、装甲车、石弩、大炮与射石炮、浆轮船、水平旋转式桥、印刷机、里程表、罗盘和圆规、运河和水闸等。

在达芬奇之前，当时的提水机、碾米机、排水机、运河开凿机等农业机械，都以中国原创的《农书》图谱为蓝本。1313 年中国活字印刷版的《农书》（著者王祯）中有 265 张农具和机械的图解与说明。达芬奇的前辈塔科拉和乔尔乔所"发明"和画出的轴、轮和曲柄，每一种变化在《农书》里都有图示，塔科拉和乔尔乔所描述的每一类型的动力传输都见于《农书》。而这些知识最后又传给了达芬奇。

达芬奇认为知识起源于实践，应该从实践出发，通过实践去探索科学的奥秘。他说"理论脱离实践是最大的不幸"，"实践应以好的理论为基础"。达芬奇提出并掌握了这种先进的科学方法，采用这种科学方法去进行科学研究，在自然科学方面作出了巨大的贡献。他提出的这一方法，后来得到了伽利略的发展，并由英国哲学家培根从理论上加以总结，成为近代自然科学的最基本方法，为近代科学大师哥白尼、伽利略、开普勒、爱因斯坦、牛顿等的发明创造开辟了道路。

第4章　间歇运动机构

自从 1891 年爱迪生发明活动电影放映机以来，这项技术就极大地改变了人们的生活方式，现在电影已经成为现代文明的一部分。电影放映机是一种能够沿着轨道连续拖动胶片的设备（图 4-1），并且使胶片的每一帧能在光源前短暂停留。依靠人眼的视觉暂留现象，电影放映机断续播放的每一帧图像即可在人脑中形成连续画面。放映机的播放速度一般为每秒 24 帧，如此高速的间歇运动是由什么机构实现的？胶片的静止时间和运动时间是如何分配的，这又和该机构的什么参数有关？

另外一个与间歇运动有关的例子是自行车（图 4-2），它有一个奇怪的现象：用力蹬脚踏可以使后轮一同旋转，但是脚踏静止时后轮却仍然可以旋转。为什么脚踏和后轮之间的传动是单向的（后轮无法驱动脚踏旋转）？

图 4-1　电影放映机

图 4-2　自行车

请带着对以上两种机械的疑问，来学习本章的内容。

所谓**间歇运动机构**，是指主动件连续转动或连续往复运动，从动件作周期性时动、时停运动的机构。在自动和半自动机床中，常常要求实现刀具转位、步进送料、工件进给等功能，用到的机构主要有棘轮机构、槽轮机构、不完全齿轮机构等。

本章知识要点 ▶▶

（1）了解棘轮机构的类型、特点和应用。

（2）了解槽轮机构的类型、特点和应用。

（3）了解不完全齿轮机构的类型、特点和应用。

兴趣实践 ▶▶

拆装自行车后轴，并观察其结构，分析传动原理。

探索思考 ▶▶

很多产品在生产线上的移动是间歇式推进的，例如牙膏灌装线，灌装、封口、喷码等工序都需要牙膏管体作短暂停歇。除了本章介绍的三种间歇运动机构可以完成此功能，你还见过哪些其他类型的机构？连杆机构和凸轮机构能否实现间歇运动？

4.1 棘 轮 机 构

4.1.1 棘轮的工作原理和类型

图 4-3 所示为机械中常用的一种棘轮机构，它由主动拨杆、棘爪、棘轮、止回棘爪和压紧弹簧组成。主动拨杆空套在与棘轮固连的从动轴上，并与棘爪用转动副相连。当主动拨杆逆时针方向摆动时，棘爪便插入棘轮的齿槽中，使棘轮跟着转过一定角度，此时，止回棘爪在棘轮的齿背上滑动。当主动拨杆顺时针方向转动时，止回棘爪阻止棘轮发生顺时针方向转动，而驱动棘爪却能够在棘轮齿背上滑过，所以，这时棘轮静止不动。因此，当主动拨杆作连续往复摆动时，棘轮作单向的间歇运动。驱动棘爪和止回棘爪都是通过压紧弹簧保持与棘轮的接触。通常，主动拨杆的往复摆动可由曲柄摇杆机构获得。

按照棘轮驱动力实现方式的不同，棘轮机构可以分为两大类：依靠轮齿啮合力驱动的棘轮机构和依靠摩擦力驱动的棘轮机构。

1. 轮齿啮合驱动的棘轮机构

（1）单动式棘轮机构。如图 4-3 所示，主动拨杆逆时针摆动时，棘轮跟随转动，而顺时针摆动时，棘轮保持静止。

（2）双动式棘轮机构。如图 4-4 所示，其特点是主动拨杆铰接了两个棘爪，当主动拨杆往复摆动时，均可驱动棘轮转动。当拨杆摆动换向时，转速为零，此位置对应于棘轮的静止时刻。

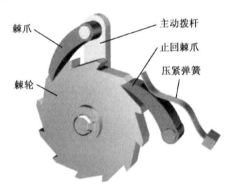

图 4-3 棘轮机构

图 4-4 双动式棘轮机构

（3）可变向棘轮机构。图 4-5（a）所示的棘轮机构中，棘爪上有两个面与棘轮接触，面 1 为驱动面，面 2 为滑动面，所以，棘轮只能顺时针间歇转动；但是当把棘爪翻转过来时，让其位于拨杆右侧，则棘轮只能逆时针间歇转动。图 4-5（b）中，棘爪上的斜面 1 为滑动面，垂直面 2 为驱动面，所以棘轮只能逆时针间歇转动；但当提起手柄并旋转 180°之后，面 1 和面 2 位置互换，所以棘轮变为只能顺时针间歇转动。

2. 摩擦驱动的棘轮机构

如图 4-6 所示的棘轮机构中，棘爪的弧面偏心转动，当主动拨杆逆时针转动时，接触面被压紧，产生的摩擦力驱动棘轮转动；当拨杆顺时针转动时，接触面被放松，无驱动力产生。同理，当棘轮有顺时针旋转趋势时，止回棘爪上产生制动摩擦力，防止棘轮反向转动。摩擦式棘轮机构的优点是噪声小，不会有轮齿式棘轮的"嗒嗒"声，并且它的转角可以无级调整；缺点是接触面容易发生滑动，导致传动不准确。

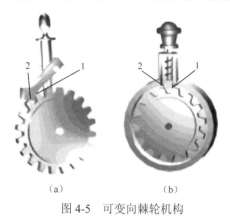

（a）　　　　　（b）

图 4-5　可变向棘轮机构

图 4-6　摩擦式棘轮机构

4.1.2　棘爪的工作条件

如图 4-7 所示，A 点是棘爪与棘轮的接触点，$\angle O_1AO_2$ 为传动角。为了使机构受力合理，应使 $\angle O_1AO_2=90°$。A 点的接触应力沿接触面的切向和法向正交分解，可得摩擦力 F_f 与正压力 F_n，其中 F_f 与棘轮向径 O_1A 的夹角称为棘齿偏斜角，用 φ 表示。力 F_n 使棘轮逆时针转动，并倾向于使棘爪落入齿槽；力 F_f 阻止棘爪落入齿槽。为了保证棘轮正常工作，使棘爪与棘轮正确啮合，必须使棘爪上力 F_n 产生的力矩大于力 F_f 的力矩，得

$$F_nL\sin\varphi > F_fL\cos\varphi \qquad (4\text{-}1)$$

因为 $F_f = fF_n$，令 $f = \tan\rho$，代入式（4-1），可得

$$\varphi > \rho \qquad (4\text{-}2)$$

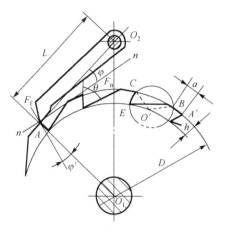

图 4-7　棘爪受力分析

式中，ρ 为棘齿与棘爪之间的摩擦角。当摩擦系数 $f = 0.2$ 时，$\rho \approx 11°30'$。为了可靠，通常取 $\varphi = 15°\sim20°$。

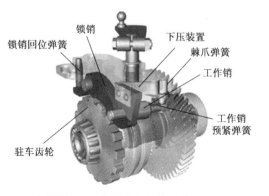

锁销
锁销回位弹簧
下压装置
棘爪弹簧
工作销
工作销预紧弹簧
驻车齿轮

案例图 4-1　自动驻车机构工作原理图

案例 4-1

自动挡汽车在驻车时要将挡位放在 P 挡。此时变速器内的锁销在下压装置的作用下扣住驻车齿轮。驻车齿轮与车轴固连，被扣住后便不能转动，从而实现驻车功能。案例图 4-1 所示为自动驻车机构工作原理图。

问题：

请分析此机构与棘轮机构有何相似之处？

小思考 4-1

为什么棘爪与棘轮齿接触处的公法线要位于棘轮与棘爪的转动中心之间？如果超出了这个范围，会发生什么情况？请结合瞬心的概念考虑。

4.1.3　棘轮和棘爪的几何尺寸

棘轮和棘齿的尺寸尚无统一标准，这里介绍经验画法。

棘轮的基本参数包括齿数 z 和模数 m，一般 z 取 $10\sim60$，m 与结构强度有关，单位为 mm，已经系列化。棘轮和棘爪的其他尺寸计算公式见表 4-1。

计算出主要尺寸后，可按下述作图法画出齿形（图 4-7）。

（1）根据 D 和 h 画出齿顶圆和齿根圆，按齿数等分齿顶圆，得 A'、C 等点。

（2）由 A' 点作弦 $A'B = a$，再由 B 到相邻等分点 C 作弦 BC，然后构造等腰三角形 $O'BC$，使 $\angle O'BC = \angle O'CB = 90° - \theta$，得到 O' 点。

（3）以 O' 为圆心，B 为半径画圆与齿根圆交于 E 点，连接 CE 得棘齿工作面，连接 BE 得全部齿形。

表 4-1　棘轮和棘爪的几何参数

名称/单位	符号	取值或公式
模数/mm	m	1, 2, 3, 4, 5, 6, 8, 10, 12, 14, 16
齿距/mm	p	πm
齿顶圆/mm	D	mz
齿高/mm	h	$0.75m$
齿顶厚/mm	a	m
齿槽夹角/（°）	θ	60 或 55
棘爪长度/mm	L	$2\pi m$

案例 4-1 分析

棘轮机构中，棘爪与摆杆铰接，通过摆杆的往复摆动驱动棘轮间歇转动。自动驻车机构中，锁销相当于棘爪，驻车齿轮相当于棘轮，但是锁销直接铰接于车架，驻车齿轮固连于车轴。锁销只能通过摆动实现与驻车齿轮的分离和啮合。此机构的本质是利用了棘轮棘爪的啮合实现静态传力。当然，区别于普通棘轮机构的是，锁销与驻车齿轮之间可以实现正反双向传力。

4.1.4　棘轮机构的应用

棘轮机构的优点是结构简单、转角大小调节方便。缺点是传动力不大，且传动平稳性差，只适用于转速不高的场合，例如，各种机床中的进给机构。

图 4-8 所示为牛头刨床的进给机构，齿轮 1 与曲柄固连，通过连杆 3 驱动摇杆 4，摇杆 4 的往复摆动通过棘轮转化为工作台的间歇移动，从而实现工件的进给运动。棘轮外层的遮板 7 可转动，用以调节其开口与拨杆转动范围的重合部分，从而起到调节棘轮转角大小的作用。

棘轮机构的另一个典型应用是实现超越运动。图 4-9 所示为自行车后轴的拆解和原理。通常，这里使用的棘轮机构为内齿式双棘爪结构，其中棘轮与链轮固连，棘爪与车轮固连。脚踏的转动通过链条传递给后轴链轮，链轮带动棘轮同步旋转，棘轮通过棘爪驱动后轮，从而使自行车前进。如果保持脚踏不动，后车轮便会超越链轮而转动，此时棘爪在棘齿背上滑过，发出"嗒嗒"声，驱动力无法由车轮传递到脚踏。

此外，棘轮机构还常用于机构逆转停止器，如提升机、张紧机构，防止重物坠落和张紧绳松脱。

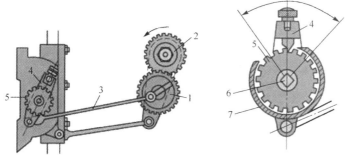

图 4-8　牛头刨床进给机构

图 4-9　自行车后轴的拆解和超越运动原理

4.2　槽　轮　机　构

4.2.1　槽轮机构的工作原理

　　槽轮机构又称马尔他机构（Maltese mechanism）、日内瓦轮机构（Geneva wheel mechanism）。如图 4-10 所示，它是由主动拨盘 1、从动槽轮 3 和机架组成。拨盘 1 作连续回转，其上的圆销 2 进入槽轮上的径向槽 4 内时，槽轮开始转动，方向与拨盘相反；随着槽轮的转动，圆销会从径向槽内脱出，此时槽轮上的内凹锁止弧 5 与拨盘上的圆弧 6 啮合，槽轮被卡住。直到圆销进入下一个径向槽内时，再重复上述过程，使槽轮实现间歇单向转动。

　　图 4-11 所示为具有两个圆销的槽轮机构，图 4-12 所示为内啮合槽轮机构，其槽轮转向与拨盘相同。

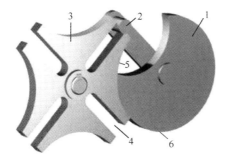

图 4-10　槽轮机构

槽轮机构结构简单，机械效率高，但圆销切入和切出径向槽时加速度变化较大，冲击严重，因此不能用于高速运动场合，在机床、生产线自动转位机构中很常用，例如，灌装生产线如图 4-13 所示。另外一个经典的应用是电影放映机卷片机构，如本章导读中所介绍的，胶片通过光源时，必须要做短暂的停留，槽轮机构很完美地解决了这个问题。图 4-14 所示为卷片机构的工作原理。

图 4-11　具有两个圆销的槽轮机构

图 4-12　内啮合槽轮机构

图 4-13　自动灌装生产线

图 4-14　电影放映机卷片机构

案例图 4-2　不等臂长双圆销槽轮机构

案例 4-2

在某些生产场合，各工序所花费的时间并不相等。例如，在酸奶灌装生产线上，液体灌装时间与生产日期喷码时间相差很大。这就要求工作台的间歇运动更为复杂，以满足不同工位停歇时间不相等的需要。

问题：

分析案例图 4-2 所示的槽轮机构，指出其结构特点。

4.2.2　槽轮机构的主要参数

槽轮机构的主要参数是槽数 Z 和拨盘圆销数 K。在一个工作循环中，槽轮 2 的运动时间 t_2 与拨盘 1 的运动时间 t_1 的比值称为运动特性系数，用 τ 表示：

$$\tau = \frac{t_2}{t_1} \tag{4-3}$$

为了避免刚性冲击，要求槽轮在转动的开始瞬间和终止瞬间角速度为零。所以，圆销 A 开始切入和切出径向槽时，径向槽的中心线应与圆销中心的运动圆弧相切，即 $O_1A \perp O_2A$。由图 4-15 所示，槽轮每转过 2β 的角度，对应的拨盘转角为

$$2\alpha = \pi - 2\beta = \pi - \frac{2\pi}{Z} \qquad (4\text{-}4)$$

当拨盘做等速转动时，槽轮机构的运动特性系数也可用转角比值表示：

$$\tau = \frac{t_2}{t_1} = \frac{2\alpha}{2\pi} = \frac{\pi - \dfrac{2\pi}{Z}}{2\pi} = \frac{Z-2}{2Z} \qquad (4\text{-}5)$$

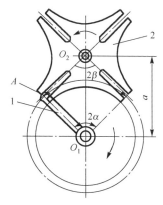

小思考 4-4

为什么槽轮机构的运动特性系数必须大于 0 小于 1？等于 0 或 1 时会出现什么现象？内啮合槽轮机构能否采用多圆销拨盘？

图 4-15　槽轮机构运动学分析

为保证槽轮运动，τ 应大于零，所以必有 $Z \geqslant 3$。槽数为 3 的槽轮机构，槽轮的角速度变化会很大，冲击和振动很强烈，所以很少应用。通常取 $Z = 4 \sim 6$。

由式（4-5）可知，τ 总是小于 0.5，即槽轮的运动时间小于静止时间。增加拨盘上圆销的数量，可以得到 $\tau \geqslant 0.5$ 的机构。当圆销数为 K 时，有

$$\tau = K \cdot \frac{Z-2}{2Z} \qquad (4\text{-}6)$$

τ 应小于 1，推导可得

$$K < \frac{2Z}{Z-2} \qquad (4\text{-}7)$$

由式（4-7）可得出槽轮径向槽数 Z 与圆销数 K 之间的关系，具体见表 4-2。

表 4-2　槽数 Z 与圆销数 K 的关系

槽数 Z	3	4	5	6~9	>9
圆销数 K	1~5	1~3	1~3	1~2	不常用

4.2.3　槽轮机构的其他几何尺寸

根据结构确定中心距 a 和圆销半径 r，根据运动特性系数 τ 确定槽数 Z 与圆销数 K 之后，其他尺寸可按表 4-3 计算。

表4-3　槽轮机构的几何尺寸计算

名称	符号	计算公式
圆销回转半径	R_1	$R_1 = a\sin\left(\dfrac{\pi}{Z}\right)$
槽轮回转半径	R_2	$R_1 = a\cos\left(\dfrac{\pi}{Z}\right)$
槽底高	b	$b = a - (R_1 + r)$
槽深	h	$h \geqslant R_2 - b$
拨盘直径	d_1	$d_1 < 2(a - R_2)$
锁止弧展开角	γ	$\gamma = 2\pi\left(\dfrac{1}{K} + \dfrac{1}{Z} - \dfrac{1}{2}\right)$

4.3　不完全齿轮机构

1. 不完全齿轮机构的工作原理和类型

不完全齿轮机构是在普通渐开线齿轮的基础上演化而来的，不同之处在于轮齿没有布满整个圆周，如图4-16所示。它分为外啮合和内啮合两种类型，其中，外啮合机构中，主动件和从动件转向相反；内啮合机构中，则转向相同。

在不完全齿轮机构中，主动轮1只有一个或几个齿，从动轮2上具有多个与主动轮啮合的轮齿和锁止弧，从而把主动轮的连续旋转转化为从动轮的间歇运动。

> **案例 4-2 分析**
>
> 此机构为不等臂长双圆销槽轮机构。拨盘上有两个圆销，并且其旋转半径不相等；槽轮上有两种径向槽，一长一短，锁止弧也有一大一小两种，间隔布置。此机构可实现快转、短停、慢转、长停的运动循环。

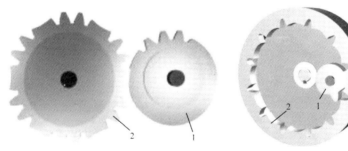

图4-16　不完全齿轮机构

2. 不完全齿轮机构的特点和用途

不完全齿轮机构的优点是结构简单、制造方便，从动轮的静止时间和运动时间的比值可以通过齿数很方便地进行设计。缺点是从动轮在运动、静止之间转化时有严重的冲击和振动，所以只能用于低速轻载的场合。

不完全齿轮机构常用于计数器、多工位自动化机械中。例如，在蜂窝煤压制机中，工作台上共有5个工位，分别完成煤粉填装、压制、脱模、扫屑、喷水等工序。不完全齿轮的主动轮每转一周可使工作台转过1/5周，并静止一段时间，用以完成上述工序。图4-17为不完全齿条机构，可实现从动件的往复间歇移动。

> **小思考 4-5**
>
> 不完全齿轮机构中主动件和从动件的位置能否互换？如果互换，还能否正常传动？

图 4-17　不完全齿条机构

4.4　工程应用案例：蜂窝煤压制机

第 4.3 节中讲到用不完全齿轮机构实现蜂窝煤压制机的工作台间歇运动（图 4-18），现在要求用槽轮机构实现这一功能。比如，工作台有 5 个工位，每个工位的停歇时间为 $t_2'= 2s$，选用单销外槽轮机构来实现工作台的旋转，试求：

（1）槽轮机构的运动特性系数 τ。

（2）主动拨盘的转速 n_1。

（3）槽轮的运动时间 t_2。

【解】由于工作台需要 5 个工位，所以选取槽轮机构的槽数 $Z = 5$。

由式（4-6）得运动特性系数为

$$\tau = K \cdot \frac{Z-2}{2Z} = 1 \times \frac{5-2}{2 \times 5} = 0.3$$

根据运动特性系数的定义，以及一个工作循环中主、从动轮总时间相等，可建立如下方程组：

$$\begin{cases} t_2 = \dfrac{60}{n_1}\tau \\ t_2 + t_2' = \dfrac{60}{n_1} \end{cases}$$

图 4-18　蜂窝煤压制机工作台示意图

代入数据，求解可得 $n_1=21\text{r/min}$，$t_2= 0.857\text{s}$。

习　　题

4-1　已知棘轮机构的模数 $m=5$，齿数 $z=14$，试确定其几何尺寸并画出棘轮齿形。

4-2　已知槽轮的槽数 $Z=6$，拨盘圆销数 $K=1$，转速 $n_1=50\text{r/min}$，求槽轮的运动特性系数 τ。

4-3　已知外啮合槽轮机构的槽数 $Z=6$，拨盘圆销数 $K=1$，若槽轮的静止时间 $t=2$ s/r，求拨盘的转速 n_1。

4-4　设计一槽轮机构，要求槽轮的运动时间等于停歇时间，试选择槽轮的槽数和拨盘的圆销数。

扩展阅读：电影放映机的历史

电影已经有一个多世纪的历史了。它的发明得益于人类的视觉暂留，即当人的眼睛看到一个图像后，视网膜会保留这个图像约 1/20 秒。19 世纪初，利用视觉的暂留性，用静止的图像制造运动幻觉的设备开始出现。

图 4-19 西洋镜及其内部的图片

威廉·乔治·霍纳于 1834 年发明了西洋镜（图 4-19），它就是一个旋转的鼓，内壁上贴着画有一连串图片的条状纸。通过鼓上的狭长切口，人们可以看到鼓内侧所贴的图片。相邻的两张图片只有微小的变化。当鼓旋转得足够快时，就会误认为正在看一个移动的图像。

1891 年，托马斯·爱迪生发明了活动电影放映机，一切都随之改变了。活动电影放映机在光源前使用一个发动机来旋转胶片条，在一个小房间里，光源将胶片上的图像投射到一块银幕上。当活动电影放映日渐成为一种商机时，许多投资者开始对爱迪生最初的设备进行改进。其中有一种手动操作的改进设备叫 Kinora（图 4-20），它由卢米埃尔兄弟发明于 20 世纪 30 年代，并获得了极大地成功。这种便携式设备是照相机、胶片处理室和放映机的综合体。兄弟两个在法国乡村拍摄了最多只能播放几分钟的胶片，然后当场处理和放映胶片。第二年，老式放映机的发明宣布了一个崭新的娱乐时代的到来，它的工作原理与活动电影放映机相似，但有一个本质的区别：图像被投射到房间里的一块大银幕上，而不是一块小银幕上。从此，第一家电影院诞生了，这就是位于美国宾夕法尼亚州匹兹堡市的"五分钱戏院"。

经过 20 世纪的漫长发展，电影和放映机更加复杂了。工程师用输片机构和卷轴来装配放映机，使得胶片在光源前的快速移动更为容易。电影的长度从几分钟变为一个小时，甚至更长时间。胶片的按帧推送是电影放映机中最主要的机械动作。胶片每前进一帧，需进行短暂停顿，然后才走下一帧。这样的间歇运动方式是通过安装在光圈门正下方的槽轮机构实现的。槽轮机构的性能可靠，并且不会磨损胶片齿轮孔。在胶片移动到透镜前，几个小横杆会将胶片展开，这些小横杆使胶片绷紧、对齐。根据放映机的配置和所使用的音频格式，胶片会通过一个安装在透镜组前部或后部的光学音频解码器。当胶片离开放映机时，会被一系列的滚柱载回至输片盘输出装置并绕到收紧盘上。

图 4-20 Kinora

虽然现代的胶片放映机比前身更亮、更快、性能更优越，并由生产商增添了许多高级功能，但其本质和 20 世纪初相比没有变化。

第 5 章　带传动和链传动

汽车是人们熟悉的交通工具，它为人们的生活提供了便利，促进了社会经济的发展，如图 5-1（a）所示。自行车也是人们常用的交通工具，它因方便、快捷、灵活、绿色环保，已成为汽车生活时代中不可或缺的补充，如图 5-1（b）所示。

（a）汽车

（b）自行车

图 5-1　汽车和自行车外观图

在汽车行驶过程中，发动机是如何把运动传递到转向器的？自行车利用传动链进行运动的传递，它的运动传递方式和汽车的相同吗？如果不相同，请考虑一下，这是为什么？

通过本章的学习可以找到答案。

📖 本章知识要点 ▶▶

（1）熟悉带传动和链传动的结构特点、应用场合和选型。
（2）掌握带传动和链传动的运动特性、受力分析和应力分析。
（3）熟悉带传动和链传动的计算内容和计算过程。
（4）了解带传动的张紧和链传动的润滑。

📖 兴趣实践 ▶▶

（1）观察缝纫机、大理石切割机和汽车等工作时，带传动的工作情况。
（2）观察自行车运行时，链传动的工作情况。

📖 探索思考 ▶▶

汽车、农用车、机床、洗衣机和手表等各种机器采用的传动方式各不相同，这是为什么？

带传动和链传动都是通过中间挠性件（带或链）传递运动和动力的，适用于两轴中心距较大的场合。在这种场合下，与应用广泛的齿轮传动相比，它们具有结构简单、成本低廉等优点。因此，带传动和链传动也是常用的传动形式。

案例图 5-1　普通车床 CA6140

案例 5-1

案例图 5-1 所示为普通车床 CA6140。

问题：

要为该车床设计主运动的传动链，要不要采用带传动？采用的理由是什么？

5.1　带传动类型、特点和应用

带传动一般是由主动轮 1、从动轮 2、紧套在两带轮上的传动带 3 和机架组成，如图 5-2 所示。带传动的工作过程一般为原动机驱动主动轮回转，通过带与带轮间的摩擦（或啮合），带动从动轮一起回转，从而将主动轮的运动和动力传递到从动轮。

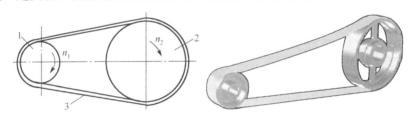

图 5-2　带传动

1. 带传动的类型

根据传动原理不同，带传动可以分为摩擦型和啮合型两种，其中摩擦型带传动应用最为广泛。摩擦型传动带，按其横截面形状可分为平带、V 带、多楔带和圆带等。

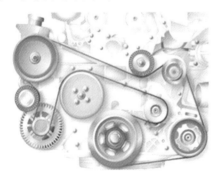

案例图 5-2　多楔带在汽车发动机中的应用

图 5-3（a）所示，平带的横截面为扁平矩形，其工作面是与轮面相接触的内表面，平带传动结构简单，带轮也容易制造，在传动中心距较大的场合应用较多。

小提示

以前的汽车有很多皮带轮都是用的 V 带。但是 V 带截面太厚，所以不能带小直径轮和反方向弯曲。现代汽车因为各种小轮较多，所以就设计成多楔带，如案例图 5-2 所示。因为多楔带很薄，可以反向弯曲，可以一条长皮带同时带动很多轮，具有节省空间、减轻重量、维修方便的优点。

图 5-3（b）所示，V 带的横截面为等腰梯形，其工作面是与轮槽相接触的两侧面，而 V 带与轮槽槽底并不接触。由于轮槽的楔形效应，初拉力相同时，V 带传动较平带传动能产生更大的摩擦力，故具有较大的牵引能力。

图 5-3（c）所示，多楔带以其扁平部分为基体，下面有几条等距纵向槽，其工作面是楔的侧面。这种带兼有平带的弯曲应力小和 V 带的摩擦力大等优点，常用于传递动力较大而又要求结构紧凑的场合。

图 5-3（d）所示，圆带的牵引能力小，常用于仪器和家用器械中。

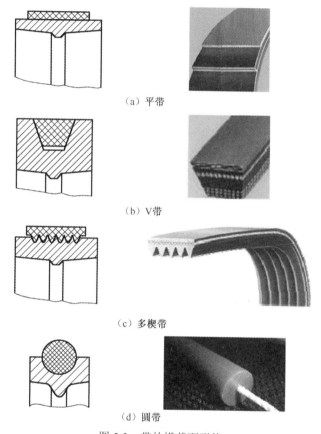

（a）平带

（b）V带

（c）多楔带

（d）圆带

图 5-3　带的横截面形状

此外，还有同步带，它属于啮合型传动带，如图 5-4 所示。同步带传动是一种啮合传动，其优点：①无滑动，能保证固定的传动比；②带的柔韧性好，所用带轮直径可较小。

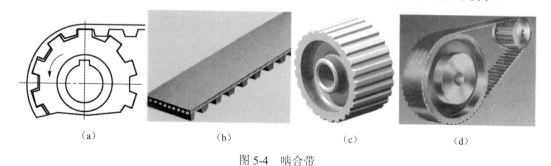

（a）　　　　　　　　　（b）　　　　　　　　　（c）　　　　　　　　　（d）

图 5-4　啮合带

案例 5-1 分析

带传动适用于中心距较大的传动，且具有缓冲、吸振的优点，适于机床高速级传动。

2. 摩擦带传动的主要特点

（1）主要优点：①带是弹性体，有缓冲和吸振作用，传动平稳、噪声小；②当传动过载时，带在带轮上打滑，可防止其他零件损坏；③可用于中心矩较大的传动；④结构简单、装拆方便、成本低。

（2）主要缺点：①传动比不准确；②外廓尺寸大；③传动效率低；④带的寿命短；⑤不宜用于高温易燃场合。

3. 带传动的应用

带传动主要应用于两轴平行、且同向转动的场合（称为开口传动），中小功率电机与工作机之间的动力传递。一般机械中，应用最广的是 V 带传动。

5.2　V 带和带轮

5.2.1　V 带的结构和规格

V 带分为普通 V 带、窄 V 带、宽 V 带、大楔角 V 带和汽车 V 带等多种类型，以普通 V 带应用最广。这里主要对普通 V 带和窄 V 带进行介绍。

如图 5-5 所示，V 带由抗拉体 2、顶胶 1、底胶 3 和包布 4 这四部分组成。抗拉体是承受负载拉力的主体，其上下的顶胶和底胶分别承受弯曲时的拉伸和压缩，外壳用橡胶帆布包围成型。抗拉体由帘布或线绳组成，绳芯结构柔软易弯，有利于提高寿命。抗拉体的材料可采用化学纤维或棉织物，前者的承载能力较强。

如图 5-6 所示，V 带的规格如下。

（1）节线：带绕上带轮弯曲时，在带中保持原长度不变的任一条周线称为节线。

（2）节面：由全部节线构成的面称为节面。

（3）节宽 b_p：带的节面宽度称为节宽（b_p），当带弯曲时，该宽度保持不变。

（4）相对高度：V 带截面高度 h 与节宽 b_p 的比值。

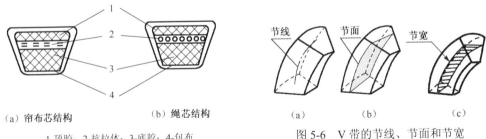

（a）帘布芯结构　　（b）绳芯结构

1-顶胶；2-抗拉体；3-底胶；4-包布

图 5-5　V 带结构

（a）　　（b）　　（c）

图 5-6　V 带的节线、节面和节宽

普通 V 带和窄 V 带的定义如下。

（1）普通 V 带：楔角为 40°、相对高度（h/b_p）约为 0.7 的 V 带称为普通 V 带。

（2）窄 V 带：楔角为 40°、相对高度（h/b_p）约为 0.9 的 V 带称为窄 V 带。

普通 V 带和窄 V 带均已标准化，按截面尺寸的不同，普通 V 带有七种型号，窄 V 带有四种型号，如表 5-1 所示。

表 5-1　V 带截面尺寸（GB/T 11544—1997）

类型		节宽 b_p /mm	顶宽 b /mm	高度 h /mm	露出高度 h_r /mm		单位长度质量 q /(kg/m)
普通 V 带	窄 V 带				最大	最小	
Y		5.3	6.0	4.0	+0.8	−0.8	0.04
Z	(SPZ)	8.5 8.0	10.0 10.0	6.0 8.0	+1.6 +1.1	−1.6 −0.4	0.06 0.07
A	(SPA)	11.0 11.0	13.0 13.0	8.0 10.0	+1.6 +1.3	−1.6 −0.6	0.10 0.12
B	(SPB)	14.0 14.0	17.0 17.0	11.0 14.0	+1.6 +1.4	−1.6 −0.7	0.17 0.20
C	(SPC)	19.0 19.0	22.0 22.0	14.0 18.0	+1.5 +1.5	−2.0 −1.0	0.30 0.37
D		27.0	32.0	19.0	+1.6	−3.2	0.60
E		32.0	38.0	23.0	+1.6	−3.2	0.87

V 带在规定的张紧力下，位于带轮基准直径（见第 5.2.2 节及表 5-4）上的周线长度称为基准长度 L_d。V 带长度系列如表 5-2 所示。

表 5-2　V 带基准长度 L_d 和带长修正系数 K_L

基准长度 L_d/mm	普通 V 带							窄 V 带			
	Y	Z	A	B	C	D	E	SPZ	SPA	SPB	SPC
200	0.81										
224	0.82										
250	0.84										
280	0.87										
315	0.89										
355	0.92										
400	0.96	0.87									
450	1.00	0.89									
500	1.02	0.91									
560		0.94									
630		0.96	0.81					0.82			
710		0.99	0.83					0.84			
800		1.00	0.85					0.86	0.81		
900		1.03	0.87	0.82				0.88	0.83		
1000		1.06	0.89	0.84				0.90	0.85		
1120		1.08	0.91	0.86				0.93	0.87		
1250		1.11	0.93	0.88				0.94	0.89	0.82	
1400		1.14	0.96	0.90				0.96	0.91	0.84	
1600		1.16	0.99	0.92	0.83			1.00	0.93	0.86	
1800		1.18	1.01	0.95	0.86			1.01	0.95	0.88	
2000			1.03	0.98	0.88			1.02	0.96	0.90	0.81
2240			1.06	1.00	0.91			1.05	0.98	0.94	0.83
2500			1.09	1.03	0.93			1.07	1.00	0.96	0.86
2800			1.11	1.05	0.95	0.83		1.09	1.02	0.98	0.88
3150			1.,13	1.07	0.97	0.86		1.11	1.04	1.00	0.90
3550			1.17	1.09	0.99	0.89		1.13	1.06	1.02	0.92
4000			1.19	1.13	1.02	0.91			1.08	1.04	0.94
4500				1.15	1.04	0.93	0.90		1.09	1.06	0.96

续表

基准长度	普通 V 带							窄 V 带			
L_d/mm	Y	Z	A	B	C	D	E	SPZ	SPA	SPB	SPC
5000				1.18	1.07	0.96	0.92			1.08	0.98
5600					1.09	0.98	0.95			1.10	1.00
6300					1.12	1.00	0.97			1.12	1.02
7100					1.15	1.03	1.00			1.14	1.04
8000					1.18	1.06	1.02				1.06
9000					1.21	1.08	1.05				1.08
10000					1.23	1.11	1.07				1.10
11200						1.14	1.10				1.12
12500						1.17	1.12				1.14
14000						1.20	1.15				
16000						1.22	1.18				

与普通 V 带相比，当顶宽相同时，窄 V 带的高度较大，摩擦面较大，且用合成纤维绳或钢丝绳作抗拉体，故承载能力可提高 1.5～2.5 倍，适用于传递动力大而又要求传动装置紧凑的场合。

普通 V 带和窄 V 带的标记由带型、基准长度和标记号组成，示例如下。

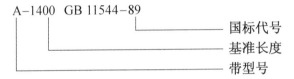

A–1400 GB 11544–89

国标代号
基准长度
带型号

5.2.2 V 带轮

带轮一般用铸铁制造，有时也用钢或非金属材料（塑料、木材）。当带轮圆周速度 $v \leqslant 25\text{m/s}$ 时，用 HT150；当 $v \geqslant 30\text{m/s}$ 时，用 HT200；当转速较高时可用铸钢或钢板冲压焊接结构；小功率时可用铸铝或塑料。

小思考 5-1

在各种玩具当中，塑料带轮因重量轻，摩擦系数大的优点，应用较多。请思考：塑料带轮是否可以用于机床传动中？

带轮由轮缘、腹板（轮辐）和轮毂三部分组成，如图 5-7 所示。带轮的外圈环形部分称为轮缘，轮缘是带轮的工作部分，用以安装传动带，制有梯形轮槽。装在轴上的筒形部分称为轮毂，是带轮与轴的连接部分。中间部分称为轮辐（腹板），用来将轮缘与轮毂连接成为一个整体。普通 V 带两侧面的夹角是 40°，但在带轮上弯曲时，由于截面变形将使其楔角减小，为了使其仍能紧贴轮槽两侧，将普通 V 带轮槽角定为 32°、34°、36°、38°（根据带的型号和带轮直径确定），普通 V 带轮轮缘截面图及其各部分尺寸如表 5-3 所示。

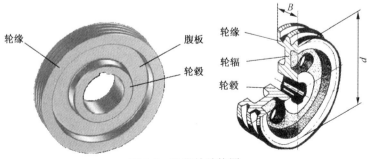

图 5-7 V 带轮结构图

表 5-3　V 带轮的轮槽尺寸　　　　　　　　　　　　　　（mm）

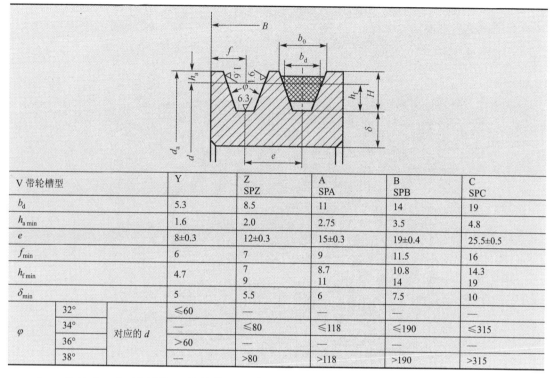

V 带轮槽型		Y	Z SPZ	A SPA	B SPB	C SPC
b_d		5.3	8.5	11	14	19
$h_{a\,min}$		1.6	2.0	2.75	3.5	4.8
e		8±0.3	12±0.3	15±0.3	19±0.4	25.5±0.5
f_{min}		6	7	9	11.5	16
$h_{f\,min}$		4.7	7 9	8.7 11	10.8 14	14.3 19
δ_{min}		5	5.5	6	7.5	10
φ	32°	对应的 d	≤60	—	—	—	—
	34°		—	≤80	≤118	≤190	≤315
	36°		>60	—	—	—	—
	38°		—	>80	>118	>190	>315

　　在 V 带轮上，与所配用 V 带的节面宽度相对应的带轮直径称为**基准直径** d，其值已标准化，如表 5-4 所示。

表 5-4　V 带轮最小基准直径与基准直径系列

V 带轮槽型	Y	Z	SPZ	A	SPA	B	SPB	C	SPC	D	E
最小基准直径 d_{min} /mm	20	50	63	75	90	125	140	200	224	355	500
V 带轮的基准直径系列	22	22.4	25	28	31.5	40	45	50	56	63	71	75	80	85	90	95
	100	106	112	118	125	132	140	150	160	170	180	200	212	224	236	250
	265	280	300	315	355	375	400	425	450	475	500	530	560	600	630	670
	710	750	800	900	1000											

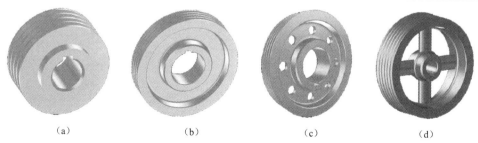

（a）　　　　　（b）　　　　　（c）　　　　　（d）

图 5-8　带轮结构类型

　　根据腹板结构形式不同，带轮主要形式有实心式、腹板式、孔板式和椭圆轮辐式。

　　（1）实心式带轮：用于尺寸较小的带轮 $[\,d \leqslant (2.5-3)d_s\,]$，如图 5-8（a）所示。

　　（2）腹板式带轮：用于中小尺寸的带轮（ $d \leqslant 300mm$ ），如图 5-8（b）所示。

（3）孔板式带轮：用于尺寸较大的带轮（$d - d_s > 100\text{mm}$），如图 5-8（c）所示。

（4）椭圆轮辐式带轮：用于尺寸大的带轮（$d > 500\text{mm}$），如图 5-8（d）所示。其中，d_s 为安装轴的直径。

V 带轮的具体结构尺寸关系如图 5-9 所示。

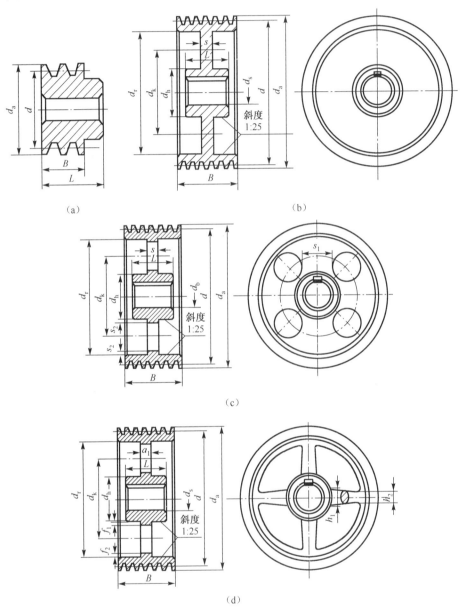

$$d_h = (1.8 - 2)d_s; \quad d_k = \frac{d_h + d_r}{2}; \quad d_r = d_a - 2(H + \delta), \quad H、\delta \text{ 的值见表 5-3;}$$

$$s = (0.2 - 0.3)B; \quad L = (1.5 - 2)d_s$$

$$s_1 \geqslant 1.5s; \quad s_2 \geqslant 0.5s; \quad h_1 = 290\sqrt[3]{\frac{P}{nA}}, \quad P\text{-传递功率（kW）}, \quad n\text{-带轮转速（r/min）}, \quad A\text{-轮辐数;}$$

$$h_2 = 0.8h_1; \quad a_1 = 0.4h_1; \quad f_1 = 0.2h_1; \quad f_2 = 0.2h_2$$

图 5-9　V 带轮具体结构尺寸关系图

5.3　带传动工作情况分析

5.3.1　带传动的主要参数

1. 中心距 a

带传动主要用于两轴平行且回转方向相同的场合，这种传动称为开口传动。如图 5-10 所示，当带的张紧力为规定值时，两带轮轴线间的距离 a 称为中心距。

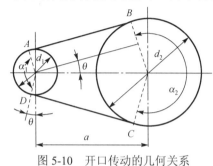

图 5-10　开口传动的几何关系

案例 5-2

CA6140 车床的主运动传动链中采用了带传动。

问题：

该带传动置于哪一级？

2. 包角 α

带被张紧时，带与带轮接触弧所对应的中心角 α 称为**包角**。包角是带传动的一个重要参数。设 d_1、d_2 分别为小轮、大轮的直径，L 为带长，则带轮的包角为

$$\alpha = \pi \pm 2\theta \tag{5-1}$$

因 θ 角较小，以 $\theta \approx \sin\theta = \dfrac{d_2 - d_1}{2a}$ 代入式（5-1）得

$$\left.\begin{array}{l} \alpha = \pi \pm \dfrac{d_2 - d_1}{a}\,\mathrm{rad} \\[2mm] \alpha = 180° \pm \dfrac{d_2 - d_1}{a} \times 57.3° \end{array}\right\} \tag{5-2}$$

式中，"+"适用于大轮包角 α_2；"−"适用于小轮包角 α_1。

3. 带长 L

$$L = 2\overline{AB} + \overset{\frown}{BC} + \overset{\frown}{AD} = 2a\cos\theta + \frac{\pi}{2}(d_1 + d_2) + \theta(d_2 - d_1) \tag{5-3}$$

把 $\cos\theta \approx 1 - \dfrac{1}{2}\theta^2$ 和 $\theta \approx \dfrac{d_2 - d_1}{2a}$ 代入式（5-3）得带长 L 为

$$L = 2a + \frac{\pi}{2}(d_1 + d_2) + \frac{(d_2 - d_1)^2}{4a} \tag{5-4}$$

当已知带长时，由式（5-4）可得中心距为

$$a \approx \frac{1}{8}\left[2L - \pi(d_1 + d_2) + \sqrt{\left[2L - \pi(d_1 + d_2)^2\right] - 8(d_2 - d_1)^2}\right]$$

5.3.2　带传动受力分析

为保证带传动可靠的工作，带就必须以一定的初拉力张紧在带轮上。静止时，带两边的拉力都等于初拉力 F_0，如图 5-11（a）所示；传动时，由于带与带轮间摩擦力的作用，带两边

的拉力不再相等，如图 5-11（b）所示，绕进主动轮的一边，拉力由 F_0 增加到 F_1，称为紧边，F_1 为紧边拉力；绕出主动轮的一边，拉力由 F_0 减为 F_2，称为松边，F_2 为松边拉力。设带的总长不变，则紧边拉力的增量 $F_1 - F_0$ 和松边的拉力减量 $F_0 - F_2$ 相等，从而可得

$$F_0 = \frac{1}{2}(F_1 + F_2) \tag{5-5}$$

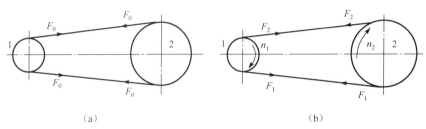

（a） （b）

图 5-11　带传动的受力情况

两边拉力之差称为带传动的有效拉力，也就是带所传递的圆周力 F。即

$$F = F_1 - F_2 \tag{5-6}$$

圆周力 F（N）、带速 v（m/s）和传递功率 P（kW）之间的关系为

$$P = \frac{Fv}{1000} \tag{5-7}$$

以平带为例，分析带在即将打滑时紧边拉力 F_1 与松边拉力 F_2 的关系。如图 5-12 所示，在平带上截取一微圆弧段 $\mathrm{d}l$，对应的包角为 $\mathrm{d}\alpha$。设微圆弧段两端的拉力分别为 F 和 $F + \mathrm{d}F$，带轮给微圆弧段的正压力为 $\mathrm{d}F_N$，带与轮面间的极限摩擦力为 $f\mathrm{d}F_N$。若不考虑带的离心力，由法向和切向各力的平衡得

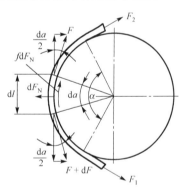

图 5-12　带的受力分析

$$\begin{cases} \mathrm{d}F_N = F\sin\dfrac{\mathrm{d}\alpha}{2} + (F + \mathrm{d}F)\sin\dfrac{\mathrm{d}\alpha}{2} \\ f\mathrm{d}F_N = (F + \mathrm{d}F)\cos\dfrac{\mathrm{d}\alpha}{2} - F\cos\dfrac{\mathrm{d}\alpha}{2} \end{cases} \tag{5-8}$$

因 $\mathrm{d}\alpha$ 很小，可取 $\sin\dfrac{\mathrm{d}\alpha}{2} \approx \dfrac{\mathrm{d}\alpha}{2}$，$\cos\dfrac{\mathrm{d}\alpha}{2} \approx 1$，并略去二阶微量 $\mathrm{d}F \cdot \dfrac{\mathrm{d}\alpha}{2}$，将式（5-8）进行简化得

$$\begin{aligned} \mathrm{d}F_N &= F\mathrm{d}\alpha \\ f\mathrm{d}F_N &= \mathrm{d}F \end{aligned} \tag{5-9}$$

由式（5-9）可得

$$\frac{\mathrm{d}F}{F} = f\mathrm{d}\alpha$$

$$\int_{F_2}^{F_1} \frac{\mathrm{d}F}{F} = \int_0^\alpha f\mathrm{d}\alpha$$

$$\ln\frac{F_1}{F_2} = f\alpha$$

从而可得紧边和松边的拉力比为

$$\frac{F_1}{F_2} = e^{f\alpha} \tag{5-10}$$

式中，f 为带与轮面间的摩擦系数；α 为带轮的包角，rad；e 为自然对数底数，$e \approx 2.718$。

式（5-10）是弹性体摩擦的基本公式。

将 $F = F_1 - F_2$ 与式（5-10）联解得

$$F_1 = F \frac{e^{f\alpha}}{e^{f\alpha}-1}$$

$$F_2 = F \frac{1}{e^{f\alpha}-1} \tag{5-11}$$

$$F = F_1 - F_2 = F_1\left(1 - \frac{1}{e^{f\alpha}}\right)$$

由式（5-11）可知，增大包角或（和）增大摩擦系数，都可提高带传动所能传递的圆周力。因小轮包角 α_1 小于大轮包角 α_2，故计算带传动所能传递的圆周力时，式（5-11）中应取 α_1。

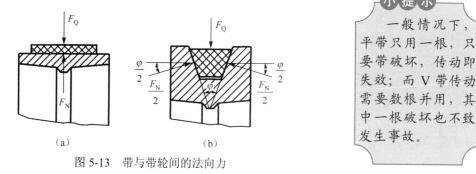

图 5-13　带与带轮间的法向力

V 带传动与平带传动的初拉力相等（即带压向带轮的压力同为 F_Q，如图 5-13 所示）时，它们的法向力 F_N 则不相同。平带的极限摩擦力 $F_N f = F_Q f$，而 V 带的极限摩擦力为

$$F_N f = \frac{F_Q}{\sin\dfrac{\varphi}{2}} f = F_Q f_v$$

式中，φ 为 V 带轮轮槽角；$f_v = f \Big/ \sin\dfrac{\varphi}{2}$ 为当量摩擦系数。显然，$f_v > f$，因而在相同条件下，V 带能传递较大的功率。或者说，在传递相同功率时，V 带传动的结构较为紧凑。

引入当量摩擦系数的概念，只要将 f_v 代替 f 即可将式（5-10）和（5-11）应用于 V 带传动。

5.3.3　带的应力分析

带传动时，在工作过程中带上的应力由三部分组成：紧边、松边拉应力、离心拉应力和弯曲应力。

1. 紧边和松边拉力产生的拉应力

紧边拉力产生的拉应力为

$$\sigma_1 = \frac{F_1}{A}$$

松边拉力产生的拉应力为

$$\sigma_2 = \frac{F_2}{A}$$

式中，A 为带的横截面积，mm^2。

2. 离心力产生的拉应力

带沿轮缘圆周运动时会产生离心力，如图 5-14 所示，在微圆弧段 dl 上产生的离心力 dF_{Nc} 为

$$dF_{Nc} = (r \cdot d\alpha \cdot q)r\omega^2 = (r \cdot d\alpha \cdot q)\frac{v^2}{r} = qv^2 \cdot d\alpha$$

式中，q 为带每米长的质量（表 5-1），kg/m；v 为带速，m/s。

设离心力在微圆弧段 dl 的两边引起拉力 F_c。由微圆弧段上各力的平衡条件可得

$$2F_c \sin\frac{d\alpha}{2} = qv_2 \cdot d\alpha$$

取 $\sin\frac{d\alpha}{2} \approx \frac{d\alpha}{2}$，可得

$$F_c = qv^2$$

离心力只发生在带作圆周运动的部分，但是由此力引起的拉力却作用于带的全长。

因而离心拉应力为

$$\sigma_c = \frac{F_c}{A} = \frac{qv^2}{A} = \rho v^2$$

式中，ρ 为带的密度，kg/m^3。

3. 弯曲应力

带绕在带轮上会发生弯曲变形，因而将产生弯曲应力，V 带中的弯曲应力如图 5-15 所示。由材料力学公式可得带的弯曲应力为

$$\sigma_b = \frac{2yE}{d}$$

式中，y 为带的中性层到最外层的垂直距离，mm；E 为带的弹性模量，MPa；d 为带轮直径（对于 V 带轮，d 为基准直径，见第 5.2.2），mm。

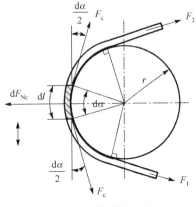

图 5-14　带的离心力

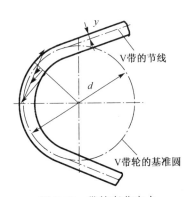

图 5-15　带的弯曲应力

带轮直径越小，则带的弯曲应力越大。因此，带绕在小带轮上的弯曲应力 σ_{b1} 大于绕在大带轮上的弯曲应力 σ_{b2}。

小轮处的弯曲应力为

$$\sigma_{b1} = \frac{2yE}{d_1}$$

大轮处的弯曲应力为

$$\sigma_{b2} = \frac{2yE}{d_2}$$

综上所述，带的应力分布情况如图 5-16 所示。带各截面应力的大小用从该处引出的径向线（或垂直线）的长短来表示。由图 5-16 可知，带在运转过程中经受变应力的作用，当应力循环次数超过一定值时，将使带产生疲劳破坏，带中最大应力出现在紧边与小轮的接触处 C 点，其值为

$$\sigma_{max} = \sigma_1 + \sigma_c + \sigma_{b1}$$

为了不使带所受到的弯曲应力过大，应限制带轮的最小直径，如表 5-4 所示。

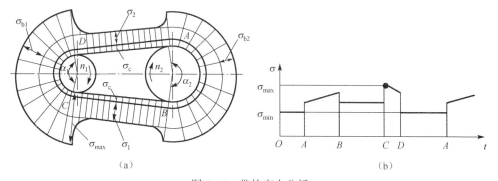

（a）　　　　　　　　　　　　　　　（b）

图 5-16　带的应力分析

5.3.4　带传动运动学特性

1. 弹性滑动和打滑

带传动在工作时，从紧边到松边，传动带所受的拉力是变化的，因此带的弹性变形也是变化的。

带传动中，因带的弹性变形变化所导致的带与带轮之间的相对运动，称为弹性滑动。

如图 5-17 所示，带绕过主动轮 1 时，将逐渐缩短并沿轮面滑动，从而使带的速度落后于主动轮 1 的圆周速度。绕过从动轮 2 时，带将逐渐伸长并沿轮面滑动，这时带的速度超前于从动轮的圆周速度。轮缘的箭头表示主、从动轮相对于带的滑动方向。

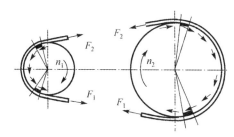

案例 5-3

普通机床传动系统采用哪种类型的带传动呢？如何进行设计？

图 5-17　带传动的弹性滑动

弹性滑动是由于紧边与松边的拉力差引起的，带只要传递圆周力，出现紧边和松边，就一定会发生弹性滑动，所以弹性滑动是不可避免的。

主、从动带轮的圆周速度分别为

$$v_1 = \frac{\pi d_1 n_1}{60 \times 1000} \quad ; \quad v_2 = \frac{\pi d_2 n_2}{60 \times 1000}$$

式中，n_1 为主动轮的转速，r/min；n_2 为从动轮的转速，r/min；d_1 为主动轮的直径，mm；d_2 为从动轮的直径，mm。

带传动过程中，弹性滑动是不可避免的，这就使得从动轮的圆周速度 v_2 低于主动轮的圆周速度 v_1，速度降低的程度可用滑动率 ε 表示，即

$$\varepsilon = \frac{v_1 - v_2}{v_1} = \frac{n_1 d_1 - n_2 d_2}{n_1 d_1} \tag{5-12}$$

带传动过程中，若带所需传递的圆周力 F 大于带与带轮的极限摩擦力之和 $\sum F_f$ 时，带与带轮之间将出现显著的相对滑动，这种现象称为打滑。打滑将使带的磨损加剧，传动效率降低，从动轮转速急速降低，导致带传动失效，这种情况应当避免。

2. 带传动的传动比

根据公式（5-12）可得带传动的传动比为

$$i = \frac{n_1}{n_2} = \frac{d_2}{d_1(1-\varepsilon)} \tag{5-13}$$

或从动轮的转速计算公式为

$$n_2 = \frac{n_1 d_1(1-\varepsilon)}{d_2} \tag{5-14}$$

因弹性滑动的存在，带传动的传动比不是恒定不变的。对于 V 带传动，其滑动率 $\varepsilon = 0.01 \sim 0.02$，其值很小，在一般计算中可以不考虑。

5.4 普通 V 带传动设计

本节主要介绍普通 V 带的设计计算。

带传动的承载能力取决于传动带的材质、结构、长度，以及带传动的转速、包角和载荷特性等因素。

圆周力 F（N）、带速 v（m/s）和传递功率 P（kW）之间的关系为

$$P = \frac{Fv}{1000}$$

案例 5-3 分析

普通机床传动系统一般采用 V 带传动。设计内容一般包括：①传动带类型的选择、基准长度的确定和根数计算；②带轮基准直径的确定、带轮结构设计；③中心距的确定；④带速和包角的验算；⑤单根 V 带拉力和带传动压轴力的计算。

5.4.1 单根普通 V 带的基本额定功率

带传动的主要失效形式是打滑和传动带的疲劳破坏（脱层、撕裂或拉断）。带传动的设计准则是在不打滑的条件下，具有一定的疲劳强度和使用寿命。

为了保证带传动不出现打滑现象，用 f_v 代替公式（5-11）中的 f 可得单根普通 V 带所能传递的功率为

$$P_0 = F_1\left(1 - \frac{1}{e^{f_v \alpha}}\right)\frac{v}{1000} = \sigma_1 A\left(1 - \frac{1}{e^{f_v \alpha}}\right)\frac{v}{1000} \tag{5-15}$$

式中，A 为单根普通 V 带的横截面积。

为了使带具有一定的疲劳寿命，应使 $\sigma_{max} = \sigma_1 + \sigma_c + \sigma_{b1} \leqslant [\sigma]$，即

$$\sigma_1 \leqslant [\sigma] - \sigma_c - \sigma_{b1} \tag{5-16}$$

式中，$[\sigma]$ 为带的许用应力。

将式（5-16）代入式（5-15）可得带传动在既不打滑又具有一定寿命时，单根 V 带所能传递的功率为

$$P_0 = ([\sigma] - \sigma_c - \sigma_{b1})A\left(1 - \frac{1}{e^{f_v \alpha}}\right)\frac{v}{1000} \tag{5-17}$$

式中，P_0 为单根普通 V 带的基本额定功率。P_0 是根据特定的实验和分析确定的。实验条件为 $\alpha_1 = \alpha_2 = \pi$（即 $i = 1$）、特定带长、抗拉体为化学纤维绳芯结构和载荷平稳。在该条件下，由式（5-17）求得单根普通 V 带所能传递的功率 P_0，如表 5-5 所示。

表 5-5　单根普通 V 带的基本额定功率 P_0

（包角 $\alpha_1 = \alpha_2 = \pi$、特定带长、载荷平稳的条件下）　　　　　　（kW）

型号	小带轮基准直径 d_1/mm	小带轮转速 n_1/(r/min)														
		200	400	800	950	1200	1450	1600	1800	2000	2400	2800	3200	3600	4000	5000	6000
Z	50	0.04	0.06	0.10	0.12	0.14	0.16	0.17	0.19	0.20	0.22	0.26	0.28	0.30	0.32	0.34	0.31
	56	0.04	0.06	0.12	0.14	0.17	0.19	0.20	0.23	0.25	0.30	0.33	0.35	0.37	0.39	0.41	0.40
	63	0.05	0.08	0.15	0.18	0.22	0.25	0.27	0.30	0.32	0.37	0.41	0.45	0.47	0.49	0.50	0.48
	71	0.06	0.09	0.20	0.23	0.27	0.30	0.33	0.36	0.39	0.46	0.50	0.54	0.58	0.61	0.62	0.56
	80	0.10	0.14	0.22	0.26	0.30	0.35	0.39	0.42	0.44	0.50	0.56	0.61	0.64	0.67	0.66	0.61
	90	0.10	0.14	0.24	0.28	0.33	0.36	0.40	0.44	0.48	0.54	0.60	0.64	0.68	0.72	0.73	0.56
A	75	0.15	0.26	0.45	0.51	0.60	0.68	0.73	0.79	0.84	0.92	1.00	1.04	1.08	1.09	1.02	0.80
	90	0.22	0.39	0.68	0.77	0.93	1.07	1.15	1.25	1.34	1.50	1.64	1.75	1.83	1.87	1.82	1.50
	100	0.26	0.47	0.83	0.95	1.14	1.32	1.42	1.58	1.66	1.87	2.05	2.19	2.28	2.34	2.25	1.80
	112	0.31	0.56	1.00	1.15	1.39	1.61	1.74	1.89	2.04	2.30	2.51	2.68	2.78	2.83	2.64	1.96
	125	0.37	0.67	1.19	1.37	1.66	1.92	2.07	2.26	2.44	2.74	2.98	3.15	3.26	3.28	2.91	1.87
	140	0.43	0.78	1.41	1.62	1.96	2.28	2.45	2.66	2.87	3.22	3.48	3.65	3.72	3.67	2.99	1.37
	160	0.51	0.94	1.69	1.95	2.36	2.73	2.54	2.98	3.42	3.80	4.06	4.19	4.17	3.98	2.67	—
	180	0.59	1.09	1.97	2.27	2.74	3.16	3.40	3.67	3.93	4.32	4.54	4.58	4.40	4.00	1.81	—
B	125	0.48	0.84	1.44	1.64	1.93	2.19	2.33	2.50	2.64	2.85	2.96	2.94	2.80	2.61	1.09	
	140	0.59	1.05	1.82	2.08	2.47	2.82	3.00	3.23	3.42	3.70	3.85	3.83	3.63	3.24	1.29	
	160	0.74	1.32	2.32	2.66	3.17	3.62	3.86	4.15	4.40	4.75	4.89	4.80	4.46	3.82	0.81	
	180	0.88	1.59	2.81	3.22	3.85	4.39	4.68	5.02	5.30	5.67	5.76	5.52	4.92	3.92	—	
	200	1.02	1.85	3.30	3.77	4.50	5.13	5.46	5.83	6.13	6.47	6.43	5.95	4.98	3.47	—	
	224	1.19	2.17	3.86	4.42	5.26	5.97	6.33	6.73	7.02	7.25	6.95	6.05	4.47	2.14	—	
	250	1.37	2.50	4.46	5.10	6.04	6.82	7.20	7.63	7.87	7.89	7.14	5.60	5.12	—	—	
	280	1.58	2.89	5.13	5.85	6.90	7.76	8.13	8.46	8.60	8.22	6.80	4.26	—	—	—	
C	200	1.39	2.41	4.07	4.58	5.29	5.84	6.07	6.28	6.34	6.02	5.01	3.23				
	224	1.70	2.99	5.12	5.78	6.71	7.45	7.75	8.00	8.06	7.57	6.08	3.57				
	250	2.03	3.62	6.23	7.04	8.21	9.08	9.38	9.63	9.62	8.75	6.56	2.93				
	280	2.42	4.32	7.52	8.49	9.81	10.72	11.06	11.22	11.04	9.50	6.13	—				
	315	2.84	5.14	8.92	10.05	11.53	12.46	12.72	12.67	12.14	9.43	4.16	—				
	355	3.36	6.05	10.46	11.73	13.31	14.12	14.19	13.73	12.59	7.98	—	—				
	400	3.91	7.06	12.10	13.48	15.04	15.53	15.24	14.08	11.95	4.34	—	—				
	450	4.51	8.20	13.80	15.23	16.59	16.47	15.57	13.29	9.64	—	—	—				

注：本表摘自 GB/T 13575.1—1992。为了精简篇幅，表中未列出 Y 型、D 型和 E 型的数据，表中分挡也较粗。

5.4.2 带传动设计计算步骤和参数选择

带传动设计的原始数据为功率 P，转速 n_1、n_2（或传动比 i），传动位置要求和工作条件等。

带传动的设计内容为确定带的类型和截型、长度 L、根数 z、传动中心距 a、带轮基准直径 d 和其他结构尺寸等。

由于单根普通 V 带的基本额定功率 P_0 是在特定条件下通过实验获得的，因此，在针对某一具体条件进行带传动设计时，应根据这一具体的条件对所选定的 V 带的基本额定功率 P_0 进行修正，以满足设计要求。

修正后得到实际工作条件下单根普通 V 带所能传递的功率，称为**许用功率** $[P_0]$，有

$$[P_0] = (P_0 + \Delta P_0) K_\alpha K_L \qquad (5\text{-}18)$$

式中，ΔP_0 为功率增量，考虑 $i \neq 1$ 时，带在大轮上的弯曲应力较小，因而在寿命相同的条件下，可增大传递的功率，普通 V 带的 ΔP_0 值见表 5-6；K_α 为包角修正系数，考虑 $\alpha_1 \neq \pi$ 时对传动能力的影响，见表 5-7；K_L 为带长修正系数，考虑带长不为特定长度时对传动能力的影响，见表 5-2。

表 5-6 单根普通 V 带 $i \neq 1$ 时额定功率的增量 ΔP_0

（包角 $\alpha_1 = \alpha_2 = \pi$、特定带长、载荷平稳的条件下）　　　　　　　　　　　（kW）

型号	传动比 i	小带轮转速 n_1 /(r/ min)									
		400	730	800	980	1200	1460	1600	2000	2400	2800
Z	1.31~1.51	0.01	0.01	0.01	0.02	0.02	0.02	0.02	0.03	0.03	0.04
	1.52~1.99	0.01	0.01	0.02	0.02	0.02	0.03	0.03	0.04	0.04	0.04
	≥2	0.01	0.02	0.02	0.02	0.03	0.03	0.03	0.04	0.04	0.04
A	1.31~1.51	0.04	0.07	0.08	0.08	0.11	0.13	0.15	0.19	0.23	0.26
	1.52~1.99	0.04	0.08	0.09	0.10	0.13	0.15	0.17	0.22	0.26	0.30
	≥2	0.05	0.09	0.10	0.11	0.15	0.17	0.19	0.24	0.29	0.34
B	1.31~1.51	0.10	0.17	0.20	0.23	0.30	0.36	0.39	0.49	0.59	0.69
	1.52~1.99	0.11	0.20	0.23	0.26	0.34	0.40	0.45	0.56	0.62	0.79
	≥2	0.13	0.22	0.25	0.30	0.38	0.46	0.51	0.63	0.76	0.89
C	1.31~1.51	0.27	0.48	0.55	0.65	0.82	0.99	1.10	1.37	1.65	1.92
	1.52~1.99	0.31	0.55	0.63	0.74	0.94	1.14	1.25	1.57	1.88	2.19
	≥2	0.35	0.62	0.71	0.83	1.06	1.27	1.41	1.76	2.12	2.47

表 5-7 包角修正系数 K_α

包角 α_1 /(°)	180	170	160	150	140	130	120	110	100	90
K_α	1.00	0.98	0.95	0.92	0.89	0.86	0.82	0.78	0.74	0.69

带传动的设计步骤如下。

1. 确定计算功率

设 P 为传动的额定功率（kW），K_A 为工作情况系数，见表 5-8，则计算功率为

$$P_c = K_A P$$

2. 选择带型

根据计算功率 P_c 和主动轮（通常是小带轮）转速 n_1，由图 5-18 选择普通 V 带型号。图 5-18 中，以粗斜直线划定型号区域，当所选取的结果在两种型号的分界线附近时，可以按

两种型号同时计算，最后从中选择较好的方案，带的截面较小时带轮直径较小，但普通 V 带的根数将较多。

表 5-8　工作情况系数 K_A

载荷性质	工作机	原动机					
		电动机（交流启动、三角启动、直流并励）、四缸以上的内燃机			电动机（联机交流启动、直流复励或串励）、四缸以下的内燃机		
		每天工作小时数/h					
		<10	10~16	>16	<10	10~16	>16
载荷变动很小	液体搅拌机、通风机和鼓风机（≤7.5kW）、离心式水泵和压缩机、轻负荷输送机	1.0	1.1	1.2	1.1	1.2	1.3
载荷变动小	带式输送机（不均匀负荷）、通风机（>7.5kW）、旋转式水泵和压缩机（非离心式）、发电机、金属切削机床、印刷机、旋转筛、锯木机和木工机械	1.1	1.2	1.3	1.2	1.3	1.4
载荷变动大	制砖机、斗式提升机、往复式水泵和压缩机、起重机、磨粉机、冲剪机床、橡胶机械、振动筛、纺织机械、重载输送机	1.2	1.3	1.4	1.4	1.5	1.6
载荷变动很大	破碎机（旋转式、颚式等）、磨碎机（球磨、棒磨、管磨）	1.3	1.4	1.5	1.5	1.6	1.8

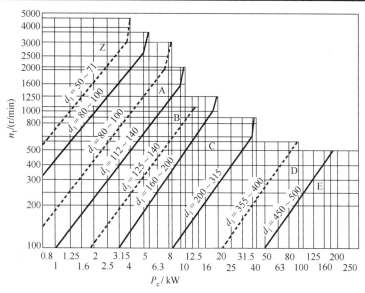

图 5-18　普通 V 带选型图

3. 确定带轮的基准直径和带速

小带轮的基准直径 d_1 应大于或等于表 5-4 所示的最小基准直径 d_{min}。如果过小，则带的弯曲应力将过大而导致带的寿命降低；反之，虽能延长带的寿命，但带传动的外廓尺寸却随之增大。

由式（5-13）可得大带轮的基准直径为

$$d_2 = \frac{n_1}{n_2} d_1 (1 - \varepsilon)$$

d_1、d_2 的值应符合带轮基准直径尺寸系列，见表 5-4 中 V 带轮的基准直径系列。

带轮速度为

$$v = \frac{\pi d_1 n_1}{60 \times 1000}$$

一般应使带速 v 为 5～25m/s。带速 v 小，传递的功率小；带速 v 过大，离心力就大。

4. 初定中心距和带的基准长度

一般根据式（5-19）初步确定带传动的中心距 a_0，即

$$0.7(d_1 + d_2) < a_0 < 2(d_1 + d_2) \tag{5-19}$$

根据式（5-4）可得初定的 V 带基准长度为

$$L_0 = 2a_0 + \frac{\pi}{2}(d_1 + d_2) + \frac{(d_2 - d_1)^2}{4a_0}$$

根据初定的 L_0，由表 5-2 选取接近的基准长度 L_d，再按式（5-20）近似计算实际所需的中心距 a，即

$$a \approx a_0 + \frac{L_d - L_0}{2} \tag{5-20}$$

考虑带传动的安装、调整和带松弛后张紧的需要，应给中心距留出一定的调整余量。中心距的变动范围为

$$\begin{cases} a_{\min} = a - 0.015 L_d \\ a_{\max} = a + 0.03 L_d \end{cases}$$

5. 验算小带轮包角

小带轮包角由式（5-2）为

$$\alpha_1 = 180° - \frac{d_2 - d_1}{a} \times 57.3°$$

一般要求 $\alpha_1 \geqslant 120°$，否则应适当增大中心距或减小传动比，也可以增设张紧轮。

6. 确定 V 带根数

V 带根数根据式（5-21）进行计算：

$$z = \frac{P_c}{[P_0]} = \frac{P_c}{(P_0 + \Delta P_0) K_\alpha K_L} \tag{5-21}$$

V 带的根数 z 应取整数。为了使每根普通 V 带受力均匀，V 带根数 z 不宜太多，通常 $z < 10$。若计算结果超出范围，应改 V 带型号或加大带轮直径后重新设计。

7. 单根 V 带的初拉力 F_0

保持适当的初拉力 F_0 是带传动正常工作的首要条件。初拉力不足，会出现打滑现象；初拉力过大，将增大轴和轴承上的压力，并降低带的寿命。

单根普通 V 带适宜的初拉力 F_0 可计算为

$$F_0 = \frac{500 P_c}{zv}\left(\frac{2.5}{K_\alpha} - 1\right) + qv^2 \tag{5-22}$$

由于新带易松弛，对不能调整中心距的普通 V 带传动，安装新带时的初拉力应为计算值的 1.5 倍。

8. 作用在带轮轴上的压力 F_Q

设计支撑带轮的轴和选择轴承时，需要知道带作用在带轮轴上的压力 F_Q，简称压轴力。

静止时，压轴力 F_Q 为紧边拉力和松边拉力的矢量和，如图 5-19 所示，得

$$F_Q = 2F_0 \sin \frac{\alpha_1}{2}$$

如果 V 带的根数为 z，则带轮轴上的压轴力 F_Q 为

$$F_Q = 2zF_0 \sin \frac{\alpha_1}{2}$$

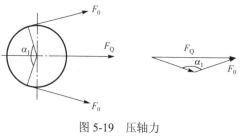

图 5-19　压轴力

5.5　带传动的张紧与维护

1. 带传动的张紧

带传动张紧的目的有两个：①根据摩擦传动原理，带必须在预张紧后才能正常工作；②运转一定时间后，带会松弛，为了保证带传动的能力，必须重新张紧，才能正常工作。

带传动常用的张紧方法有三种：调节中心距、采用张紧轮、自动张紧。

1）调节中心距

如图 5-20（a）所示，调节螺钉 1 使装有带轮的电动机沿滑轨 2 移动，增大中心距，完成带传动的张紧，该种方法适用于水平或倾斜不大的带传动布置；如图 5-20（b）所示，通过螺杆和调节螺母 1 使装有带轮的电动机绕小轴 2 摆动，增大中心距，完成带传动的张紧，该种方法适用于垂直或接近于垂直的带传动布置。

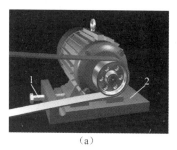
（a）

（b）

图 5-20　中心距调节法张紧装置

小思考 5-2

带传动工作一段时间后，带会松弛，重新张紧后可以正常工作。只要带不断裂，可以无限次的张紧以保证其正常运行吗？

2）采用张紧轮

如果中心距不能调节，可以采用具有张紧轮的装置进行张紧，如图 5-21（a）所示，通过调节张紧轮 1 在立柱 2 上的位置；或者如图 5-21（b）所示，靠悬重 1 将张紧轮压在带上，以保持带的张紧。

张紧轮一般应放在松边的内侧，使带只受单向弯曲。同时张紧轮应尽量靠近大轮，以免过分影响小带轮上的包角。张紧轮的轮槽尺寸与带轮的相同，且直径小于小带轮的直径。

3）自动张紧

如图 5-22 所示，将装有带轮的电动机安装在浮动的摆架 1 上，利用电动机的自重，使带轮随同电动机绕固定轴 2 摆动，以自动保持张紧力。

(a)	(b)

图 5-21　采用张紧轮张紧装置　　　　图 5-22　自动张紧装置

2. 带传动的维护

（1）平行轴传动时，各带轮的轴线必须保持规定的平行度，如图 5-23 所示，（a）图安装正确，（b）图和（c）图安装错误。

（2）安装皮带时，应通过调整中心距使皮带张紧，严禁强行撬入和撬出，以免损伤皮带。

（3）不同厂家的 V 带和新旧不同的 V 带，不能同组使用。

（4）按规定的张紧力张紧，测定方法：带长度为 1m 的皮带，以大拇指能按下 15mm 为宜，如图 5-24 所示。

（5）加防护罩以保护安全，防酸、碱、油和不在 60°以上的环境下工作。

> **小思考 5-3**
> 为什么不同厂家、相同型号的 V 带不能同组使用？

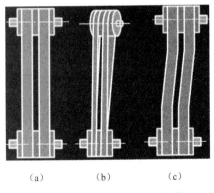

(a)	(b)	(c)

图 5-23　平行轴带传动的安装

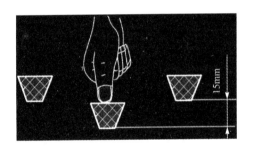

图 5-24　经验法测定带的张紧程度

5.6　同步带传动简介

如图 5-25 所示，同步带由强力层 1、带齿 2 和带背 3 组成，其综合了带传动和链传动的特点。同步带传动的优点：①无相对滑动、带长不变、传动比稳定；②带薄而轻、强度高、适合高速传动；③带的柔性好，可用直径较小的带轮，能获得较大的传动比；④传动效率高；⑤初拉力较小，故轴和轴承上所受的载荷小。其缺点是制造、安装精度要求高，成本高。

同步带传动主要应用于要求传动比准确的中、小功率传动中，如计算机、录音机、磨床和纺织机械等。

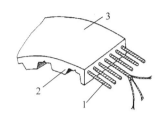

图 5-25　同步带

案例图 5-3　同步带在汽车发动机中的应用

小思考 5-4

同步带曾因具有同步性能好、噪声小、无需润滑、重量轻、成本低和维修方便等优点，迅速在汽车发动机正时传动机构中使用，如案例图 5-3 所示。但是，随着现代轿车发动机强化程度的不断提高，排放法规的不断加严，维护周期的不断延长，正时传动机构的负荷不断增大，对配气正时的精度要求也越来越高，同步带已越来越难满足现代轿车发动机苛刻的要求，请思考这是为什么？

5.7　链传动的分类、特点和应用

1. 链传动的分类

按用途不同，链可分为传动链、起重链和输送链三类。传动链主要用来传递动力，如图 5-26（a）所示；起重链主要用于起重机械中提升重物，如图 5-26（b）所示；牵引链主要在各种输送装置和机械化装卸设备中，用于输送物品，如图 5-26（c）所示。

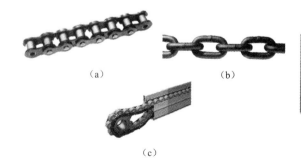

（a）

（b）

（c）

图 5-26　链条类型

案例 5-4

CA6140 车床的进给系统可以用链传动实现吗？为什么自行车可以用链传动？

根据结构的不同，传动链又可分为滚子链［图 5-27（a）］、齿形链［图 5-27（b）］、弯板链［图 5-27（c）］和套筒链［图 5-27（d）］。

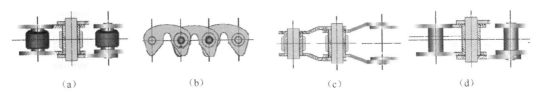

| (a) | (b) | (c) | (d) |

图 5-27　传动链类型

2. 链传动的组成和传动特点

如图 5-28 所示，链传动一般是由主动链轮 1、从动链轮 2、绕在两链轮上的环形链条 3 和机架组成，链传动依靠链轮轮齿与链节的啮合传递运动和动力。

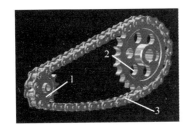 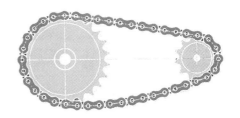

图 5-28　链传动

小思考 5-5

自行车、摩托车为什么不使用带传动？

与带传动比，链传动没有弹性滑动和打滑，能保持准确的平均传动比；需要的张紧力小，作用在轴上的压力也小，可减少轴承的摩擦损失；结构紧凑；能在温度较高、有油污等恶劣环境条件下工作，适于低速情况下工作。

与齿轮传动比，链传动的制造和安装精度要求较低，成本低廉；可远距离传动，中心距较大时，其结构较为简单。

链传动的主要缺点是因速度效应不能保持恒定的瞬时链速和瞬时传动比，传动平稳性差，工作时振动、冲击、噪声较大，不宜用于载荷变化很大、高速和急速反转的场合。

3. 链传动的应用

链传动主要用在要求工作可靠、转速不高，且两轴相距较远，以及其他不宜采用齿轮传动的场合。目前，链传动广泛应用于矿山机械、农业机械、石油机械、机床和摩托车中。

通常，链传动的传动比 $i \leqslant 8$；中心距 $a \leqslant 5 \sim 6m$；传递功率 $P \leqslant 100kW$；圆周速度 $v \leqslant 15m/s$；传动效率为 $0.95 \sim 0.98$。

小思考 5-6

如案例图 5-4 所示的玉米收割机的秸秆粉碎系统为什么采用了链传动？

案例图 5-4　玉米收割机

5.8 滚子链和链轮

5.8.1 滚子链的结构和规格

滚子链由滚子 1、套筒 2、销轴 3、内链板 4 和外链板 5 组成，如图 5-29 所示。内链板与套筒（内链节）之间、外链板与销轴（外链节）之间为过盈连接；滚子与套筒之间、套筒与销轴之间均为间隙配合。套筒、销轴之间为间隙配合，因而内外链节可相对转动，使整个链条自由弯曲。滚子与套筒之间也为间隙配合，使链条与链轮啮合时，滚子在链轮表面滚动，形成滚动摩擦，以减轻磨损从而提高传动效率和寿命。内外链板制成"8"字形，主要是为了使链板各截面强度大致相等，符合等强度设计原则，并减轻了链的重量和运动惯性。

链条的各零件由碳素钢或合金钢制成，并经热处理，以提高其强度和耐磨性。

滚子链有单排链、双排链和多排链，图 5-30 所示为双排练，P_t 为排距。多排链的承载能力与排数成正比，但由于精度的影响，各排的载荷不易均匀，故排数不宜过多，一般不超过 4 排。

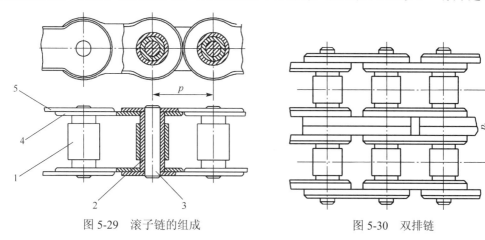

图 5-29 滚子链的组成　　　　　　　图 5-30 双排链

链条的接头处的固定形式有两种：①用开口销固定[图 5-31（a）]，多用于大节距链，链节数为偶数；②弹簧卡片固定［图 5-31（b）]，多用于小节距链，链节数为偶数。

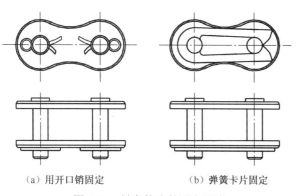

（a）用开口销固定　　　　（b）弹簧卡片固定

图 5-31 链条接头的固定形式

小提示

开口销是一种金属五金件，俗名弹簧销、安全销；开口销常由优质钢、弹性好的材料制作而成，也常用于螺纹连接防松。为避免损坏孔壁，可在销孔中加脂润滑油。

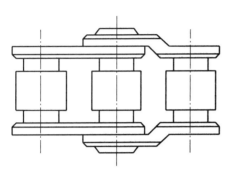

图 5-32　链节数为奇数

两销轴之间的中心距为**链的节距** p，如图 5-29 所示。链条的节距 p 越大，链条各零件尺寸越大，链条的强度就越大，所能传递的功率也越大，传动能力越强。节距 p 是滚子链的一个重要参数。

链条长度用链的节数 L_p 表示。按带传动求带长的公式可得

$$L_p = 2\frac{a}{p} + \frac{z_1 + z_2}{2} + \frac{p}{a}\left(\frac{z_2 - z_1}{2\pi}\right)^2 \qquad （5-23）$$

链的长度以链节数来表示。设计时，链节数以取偶数为宜，因为链节数为奇数时，需要过渡链节将链条首尾相连，如图 5-32 所示，过渡链节会使链的承载能力下降。

滚子链已标准化，有 A、B 两种系列，常用的是 A 系列，其主要参数如表 5-9 所示。按国标 GB/T 1243—1997 规定，滚子链标记方法如下：

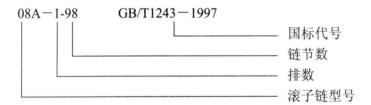

表 5-9　A 系列滚子链的主要参数

链号	节距 p/mm	排距 p_t/mm	滚子外径 d_1/mm	极限载荷 Q（单排）/N	每米长质量 q（单排）/(kg/m)
08A	12.70	14.38	7.95	13 800	0.65
10A	15.875	18.11	10.16	21 800	1.00
12A	19.05	22.78	11.91	31 100	1.50
16A	25.40	29.29	15.88	55 600	2.60
20A	31.75	35.76	19.05	86 700	3.80
24A	38.10	45.44	22.23	124 600	5.06
28A	44.45	48.87	25.40	169 000	7.50
32A	50.80	58.55	28.58	222 400	10.10
40A	63.50	71.55	39.68	347 000	16.10
48A	76.20	87.83	47.63	500 400	22.60

注：（1）本表摘自 GB/T 1243—1997，表中的链号与相应的国际标准链号一致，链号乘以 25.4/16 即为节距值（mm）。后缀 A 表示 A 系列。

　　（2）使用过渡链节时，其极限载荷按表列数值 80%计算。

　　（3）链条标记示例：10A-2-87　GB/T 1243—1997　表示链号位 10A、双排、87 节滚子链。

5.8.2　滚子链的链轮

链轮的材料应能保证轮齿具有足够的耐磨性和强度，故齿面多经热处理。由于小链轮的啮合次数比大链轮多，所受冲击力也大，故小链轮通常采用较好的材料制造。常用的链轮材料有碳素钢（Q235、Q275、45、ZG310-570）、灰铸铁（HT200）等。重要的链轮可采用合金钢。

链轮是链传动的主要零件，其齿形已经标准化。国家标准仅规定了滚子链链轮齿槽的齿面圆弧半径 r_e、齿沟圆弧半径 r_i 和齿沟角 α [如图 5-33 (a)] 的最大值和最小值。各种链轮

的实际端面齿形均应在最大和最小齿槽形状之间。这样处理使链轮齿廓曲线设计有很大的灵活性。但齿形应保证链节能平稳自如地进入和退出啮合，并便于加工。符合上述要求的端面齿形曲线有多种，最常用的是"三圆弧—直线"齿形，如图 5-33（b）所示，该类端面齿形由三段圆弧（$\overparen{aa}$、$\overparen{ab}$、$\overparen{cd}$）和一段直线（$\overline{bc}$）组成。这种"三圆弧—直线"齿形基本上符合上述齿槽形状范围，且具有较好的啮合性能，并便于加工。

链轮上被链条节距等分的圆为分度圆，其直径用 d 表示，如图 5-33 所示。如果已知链条节距 p 和齿数 z，链轮主要尺寸的计算公式如下。

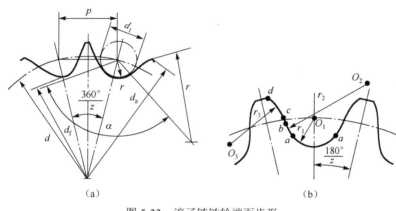

图 5-33　滚子链链轮端面齿形

（1）分度圆直径为

$$d = \dfrac{p}{\sin\dfrac{180°}{z}}$$

（2）齿顶圆直径为

$$d_{a\max} = d + 1.25p - d_1$$

$$d_{a\min} = d + \left(1 - \dfrac{1.6}{z}\right)p - d_1$$

（3）齿根圆直径为

$$d_f = d - d_1 \quad (d_1 \text{ 为滚子直径})$$

若选用"三圆弧—直线"齿形，则有

$$d_a = p\left(0.54 + \cot\dfrac{180°}{z}\right)$$

齿形用标准刀具加工时，在链轮工作图上不必绘制端面齿形，但必须绘制出链轮轴面齿形，以便车削链轮毛坯。轴面齿形两侧呈圆弧状，如图 5-34 所示，以便于链节进入和退出啮合。轴面齿形的具体尺寸见有关设计手册。

链轮的结构如图 5-35 所示。小直径链轮可制成实心式［图 5-35（a）］；中等直径的链轮可制成孔板式［图 5-35（b）］；直径较大的链轮可设计成组合式［图 5-35（c）］，如果轮齿因磨损而失效，可以更换齿圈。链轮轮毂部分的尺寸可参考带轮。

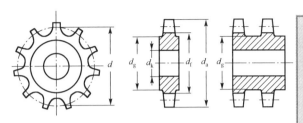

图 5-34 滚子链链轮轴面齿形

> **案例 5-5**
>
> 自行车的中轴与后轴之间采用的动力传动是链传动。
>
> 问题：
>
> 请设计用于自行车的链传动，请思考包括哪些设计内容？

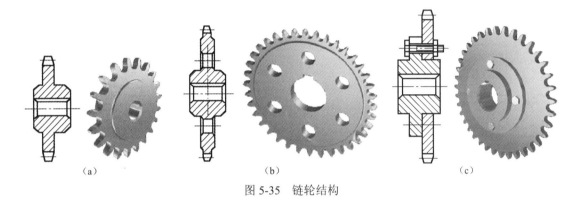

　　(a)　　　　　　　　　(b)　　　　　　　　　(c)

图 5-35 链轮结构

5.9 链传动工作情况分析

5.9.1 链传动的运动特性分析

　　链条进入链轮后形成折线，因此链传动相当于一对多边形轮之间的传动，如图 5-36 所示。设 z_1、z_2 为两轮的齿数，p 为节距（mm），n_1、n_2 为两链轮的转速（r/min），则链条线速度（简称链速）为

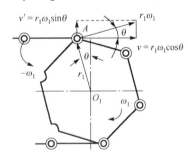

图 5-36 链传动的运动分析

$$v = \frac{z_1 p n_1}{60 \times 1000} = \frac{z_2 p n_2}{60 \times 1000} \qquad (5\text{-}24)$$

传动比为

$$i = \frac{n_1}{n_2} = \frac{z_2}{z_1} \qquad (5\text{-}25)$$

　　式（5-24）和式（5-25）求得的链速和传动比都是平均值。实际上，由于多边形效应，瞬时链速和瞬时传动比都是变化的，现分析如下。

　　如图 5-36 所示，当主动轮以角速度 ω_1 回转时，链轮分度圆的圆周速度为 $r_1 \omega_1$，则位于分度圆上的链条的速度也是 $r_1 \omega_1$，如图 5-36 中的铰链 A。显然，链条线速度为 $v = r_1 \omega_1 \cos\theta$，$\theta$ 为啮合过程中铰节铰链在主动轮上的相位角，其变化为 $\left(-\dfrac{180°}{z_1}\right) \sim \left(+\dfrac{180°}{z_1}\right)$。

　　当 $\theta = 0°$ 时，链速最大，$v_{\max} = r_1 \omega_1$；当 $\theta = \pm\dfrac{180°}{z_1}$ 时，链速最小，$v_{\min} = r_1 \omega_1 \cos\left(\dfrac{180°}{z_1}\right)$。即链轮每转过一个齿，链速就时快时慢变化一次。

由此可知，当 ω_1 为常数时，瞬时链速和瞬时传动比都作周期性变化。同理，链条分速度 $v' = r_1\omega_1\sin\theta$ 也作周期性变化，从而使链条上下抖动。

为改善链传动的运动不均匀性，可选用较小的链节距，增加链轮齿数和限制链轮转速。

5.9.2 链传动的受力分析

安装链传动时，只需不大的张紧力，主要是使链的松边垂度不致过大，否则会产生显著振动、跳齿和脱链。如果不考虑传动中的载荷，作用在链上的力有圆周力（即有效拉力）F、离心拉力 F_c 和悬垂拉力 F_y。如图 5-37 所示，链的紧边拉力为

$$F_1 = F + F_c + F_y$$

松边拉力为

$$F_2 = F_c + F_y$$

围绕在链轮上的链节在运动中产生的离心拉力为

$$F_c = qv^2$$

式中，q 为链的每米长质量，kg/m，如表 5-9 所示；v 为链速，m/s。

悬垂拉力可利用求悬索拉力的方法近似求得

$$F_y = K_y qga$$

式中，a 为链传动的中心距，m；g 为重力加速度，$g = 9.81\,\text{m/s}^2$；K_y 为下垂量 $y = 0.02a$ 时的垂度系数，其值与中心连线和水平线的夹角 β（图 5-37）有关。垂直布置时，$K_y = 1$；水平布置时，$K_y = 6$；倾斜布置时，$K_y = 1.2$（当 $\beta = 75°$ 时），$K_y = 2.8$（当 $\beta = 60°$ 时），$K_y = 5$（当 $\beta = 30°$ 时）。

链作用在轴上的压力 F_Q 可近似取为

$$F_Q = (1.2 - 1.3)F$$

当有冲击和振动时，取最大值。

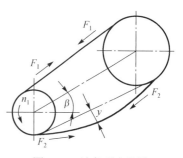

图 5-37 链条受力分析

5.10 滚子链传动设计

5.10.1 链传动的主要失效形式

链传动的失效形式有链的疲劳破坏、链条铰链的磨损、链条铰链的胶合和链条的静力拉断。

（1）链条的疲劳破坏。链传动由于紧边和松边的拉力不同，使链条各元件受变应力作用。当应力达到一定数值，并经过一定的循环次数

案例 5-5 分析

链传动设计内容一般包括：①链轮齿数的确定和链轮结构设计；②链条节数的确定，链条型号的选择和链条节距的确定；③中心距的确定；④链速的验算；⑤链传动有效圆周力和压轴力的计算。

后，将会发生链板疲劳断裂或套筒、滚子表面疲劳点蚀。多发于正常润滑条件下的闭式链传动。

（2）链条铰链磨损。在链节进入啮合和退出啮合时，铰链的销轴与套筒既承受较大的压力，又产生相对转动，因而导致销轴和套筒的接触面磨损。发生磨损后，使链节增长，动载荷增加，链与链轮啮合失常，严重时引起脱落，多发于开式链传动。

（3）链条铰链的胶合。在高速大负荷的情况下，套筒与销轴间的摩擦热量大、局部温度高、油膜易破裂，导致销轴与套筒工作表面金属的直接接触，从而产生局部黏着而发生胶合。

（4）链条的静力拉断。低速重载时，链条可能因静强度不足而被拉断。

5.10.2 功率曲线图

链传动有多种失效形式。在一定的寿命范围内和润滑良好的条件下，链条的每一种失效形式都有一条对应曲线限定其所能传递的极限功率，这些曲线就是链条的极限功率曲线，如图 5-38 所示。图 5-38 中，1 是正常润滑条件下，铰链磨损限定的极限功率；2 是链板疲劳强度限定的极限功率；3 是套筒、滚子冲击疲劳强度限定的极限功率；4 是铰链胶合限定的极限功率。链条只能在由各极限功率曲线所围成的 OABC 区域范围内工作，但考虑一定的安全系数后，链条的实际工作范围只能限定在实用极限功率曲线内，如图 5-38 中阴影部分所示。

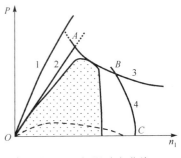

图 5-38　极限功率曲线

如果润滑不良和工况恶劣，磨损将很严重，其极限功率大幅度下降，如图 5-38 中虚线所示。

图 5-39 所示为 A 系列滚子链所能传递的功率。它是在特定条件下制定的，即①两轮共面；②小轮齿数 $z_1 = 19$；③链长 $L_p = 120$ 节；④载荷平稳；⑤按推荐的方式润滑（图 5-42）；⑥工作寿命为 15000h；⑦链条因磨损而引起的相对伸长量不超过 3%。

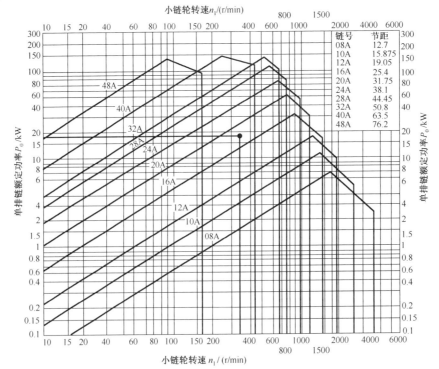

图 5-39　单排 A 系列滚子链的功率曲线图（小链轮齿数 $z_1 = 19$，链长 $L_p = 120$ 节）

从图 5-39 可以看出，当采用推荐的润滑方式时，链传动所能传递的功率 P_0、小轮转速 n_1 和链号三者之间的关系。

如果润滑不良或不能采用推荐的润滑方式，应将图 5-39 中的 P_0 值降低。当链速 $v \leqslant 1.5 \mathrm{m/s}$ 时，降低到 50%；当 $1.5 \mathrm{m/s} \leqslant v \leqslant 7 \mathrm{m/s}$ 时，降低到 25%；当链速 $v > 7 \mathrm{m/s}$ 而又润滑不当时，传动不可靠。

5.10.3　链传动设计计算步骤和参数选择

对于一般链轮 $v > 0.6 \mathrm{m/s}$ 的链传动，主要失效形式为疲劳破坏，故设计计算通常以疲劳强度为主并综合考虑其他失效形式的影响。设计准则为

$$P_\mathrm{c} \leqslant [P_0] \tag{5-26}$$

式中，P_c 为计算功率，$P_\mathrm{c} = K_A P$，其中 K_A 为工作情况系数（表 5-10），P 为名义功率，kW；$[P_0]$ 为许用功率。在现实当中，一般实际工作条件与图 5-39 所述条件不同，链传动所能传递的功率 P_0 不能作为 $[P_0]$，因而需要对 P_0 进行修正。故实际工作条件下链条所能传递的功率，即许用功率 $[P_0]$ 可表示为

$$\begin{cases} [P_0] = K_Z K_L K_M P_0 \\ \dfrac{P_\mathrm{c}}{K_Z K_L K_M} \leqslant P_0 \end{cases} \tag{5-27}$$

式中，K_Z 为小链轮齿数 $z_1 \neq 19$ 时的修正系数，如表 5-11 所示；K_L 为链长系数，如表 5-11 所示；K_M 为多排链系数，如表 5-12 所示。

表 5-10　工作情况系数 K_A

工作机特性		原动机特性		
		转动平稳	中等振动	严重振动
特性	工作机举例	电动机、装有液力变矩器内燃机	4 缸或 4 缸以上内燃机	少于 4 缸的内燃机
转动平稳	离心泵和压缩机、印刷机、地毯和喂料输送机、纸压光机、自动电梯、液体搅拌机、风扇	1.0	1.1	1.3
中等振动	多缸泵和压缩机、水泥搅拌机、压力机、剪床、载荷非恒定输送机、固体搅拌机、球磨机	1.4	1.5	1.7
严重振动	刨煤机、电铲、轧机、橡胶加工机、单缸泵和压缩机、石油钻机	1.8	1.9	2.1

表 5-11　小链轮齿数修正系数 K_Z 和链长修正系数 K_L

链传动工作在功率曲线中的位置	位于功率曲线顶点左侧时（链板疲劳）	位于功率曲线顶点右侧时（滚子、套筒冲击疲劳）
小链轮齿数系数 K_Z	$\left(\dfrac{z_1}{19}\right)^{1.08}$	$\left(\dfrac{z_1}{19}\right)^{1.5}$
链长系数 K_L	$\left(\dfrac{L_\mathrm{p}}{100}\right)^{0.26}$	$\left(\dfrac{L_\mathrm{p}}{100}\right)^{0.5}$

表 5-12　多排链系数 K_M

排数	1	2	3	4	5	6
K_M	1.0	1.7	2.5	3.3	4.0	4.6

当 $v \leqslant 0.6 \text{m/s}$ 时，链传动的主要失效形式为链条的过载拉断，设计时必须验算静力强度的安全系数：

$$\frac{Q}{K_A F_1} \geqslant S \qquad (5\text{-}28)$$

式中，Q 为链的极限载荷，如表 5-9 所示；F_1 为紧边拉力；S 为安全系数，$S = 4 \sim 8$。

链传动（中、高速链传动 $v \geqslant 0.6 \text{m/s}$）的设计步骤如下。

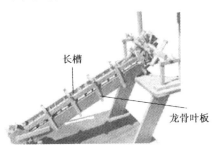

案例图 5-5　翻车

1. 选择链轮齿数

根据链传动运动特性分析，为保证链传动的运动平稳性，小链轮齿数不宜过少。小链轮齿数过少，会导致运动严重不平稳；小链轮齿数过大，会增大传动尺寸和重量。对于滚子链，可按传动比由表 5-13 选取小链轮齿数 z_1。然后按传动比确定大链轮齿数，$z_2 = iz_1$。

通常限制链传动的传动比 $i \leqslant 8$，推荐的传动比 $i = 2 \sim 3.5$。

表 5-13　小链轮齿数 z_1

传动比 i	1～2	2～3	3～4	4～5	5～6	>6
z_1	31～27	27～25	25～23	23～21	21～17	17

如果链条的铰链发生磨损，将使链条节距变长、链轮节圆 d' 向齿顶移动（图 5-40）。节距增长量 Δp 与节圆外移量 $\Delta d'$ 的关系可根据链轮主要尺寸计算公式导出：

$$\Delta d' = \frac{\Delta p}{\sin \dfrac{180°}{z}}$$

由此可知，Δp 一定时，齿数越多，节圆外移量 $\Delta d'$ 就越大，也越容易发生跳齿和脱链现象。所以大链轮齿数不宜过多，一般应使 $z_2 \leqslant 120$。

一般链条节数取偶数，而链轮齿数最好选取奇数，这样可使磨损较为均匀。

大、小链轮齿数确定后，计算实际传动比 $i = \dfrac{z_2}{z_1}$，其值与初始传动比的误差控制在 ±5% 以内。

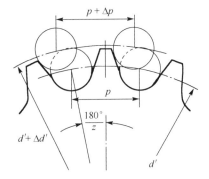

图 5-40　节圆外移量与链节距增长量的关系

2. 初定中心距 a_0

中心距过小，传动装置紧凑，但中心距过小，链的总长度太短，单位时间内每一链节参与啮合的次数过多，传动寿命降低；中心距过大，链条松边下垂过大，易产生振颤、抖动或碰撞。

链传动的中心距过大或过小对传动都会造成不利影响。设计时一般取中心距 $a_0 = (30 \sim 50)p$，最大取 $a_{0\max} = 80p$。

3. 确定链条节数

链条的长度以链节数 L_p 来表示，链节数计算为

$$L_p' = 2\frac{a_0}{p} + \frac{z_1 + z_2}{2} + \frac{p}{a_0}\left(\frac{z_2 - z_1}{2\pi}\right)^2$$

计算出的 L_p' 应圆整为整数 L_p，最好取为偶数，以避免使用过渡链节。

4. 计算功率

根据公式 $P_c = K_A P$ 确定应用于链传动设计的计算功率。

5. 选定链条型号并确定链的节距

链的节距越大，承载能力就越高，但传动的多边形效应也要增大，振动冲击和噪声也越严重。设计一般尽量选取小节距的链，高速重载时可用小节距多排链。

根据计算功率 P_c 和小链轮的转速 n_1，由图 5-39 查得链的型号并确定链的排数，然后按链的型号从表 5-9 中查得链的节距 p。

6. 校核链速

为使链传动趋于平稳，必须控制链速。一般取为

$$v = \frac{z_1 p n_1}{60 \times 1000} \leqslant 12 \sim 15 \text{m/s}$$

7. 计算实际中心距

$$a = \frac{p}{4}\left[\left(L_p - \frac{z_1 + z_2}{2}\right) + \sqrt{\left(L_p - \frac{z_1 + z_2}{2}\right)^2 - 8\left(\frac{z_2 - z_1}{2\pi}\right)^2}\right]$$

实际使用时，为保证链条松边有一定的下垂度，实际中心距比计算得出的中心距结果小 $2 \sim 5$mm。

8. 计算有效圆周力和作用在轴上的压力

有效圆周力的计算公式为

$$F = 1000\frac{P_c}{v}$$

链传动的压轴力可近似取为

$$F_Q = (1.2 \sim 1.3)F$$

9. 设计链轮，绘制链轮工作图

在本书中该步骤省略。

5.11　链传动的使用和维护

1. 链传动的布置

对链传动进行布置时应保证链传动的两轴平行，且两链轮位于同一平面内；一般采用水平或接近水平布置，并使松边在下方，常用的布置方法如表 5-14 所示。

表 5-14　链传动的布置

传动参数	正确布置	不正确布置	说明
$i = 2 \sim 3$ $a = (30 \sim 50)p$			两个链轮的轴线在同一水平面，紧边在上、在下均不影响工作
$i > 2$ $a < 30p$			两个链轮的轴线不在同一水平面，松边应在下方，否则松边下垂量增大后，链条易与链轮卡死
$i < 1.5$ $a > 60p$			两个链轮的轴线在同一水平面，松边应在下方，否则松边下垂量增大后，松边与紧边相碰，需经常调整中心距
i、a 为任意值			两个链轮的轴线在同一铅垂面内，下垂量增大会减少下链轮有效啮合齿数，降低传动能力，为此应采用：①中心距可调；②设张紧装置；③上下两轮错开，使两轮轴线不在同一铅垂面内

2. 链传动的张紧

链传动张紧的目的是为了避免在链条的垂度过大时产生啮合不良和链条振动的现象；同时也为了增加链条与链轮的啮合包角。链传动张紧一般采用弹簧自动张紧、重力自动张紧、托架自动张紧和张紧轮定期张紧等方式，如图 5-41 所示。

小思考 5-7

自行车骑行一段时间后，经常会发生脱链的现象，请思考可能会是什么原因？

（a）弹簧自动张紧装置

（b）重力自动张紧装置

（c）托架自动张紧装置

（d）张紧轮定期张紧装置

图 5-41　链传动张紧装置

3. 链传动的润滑

对于链传动，适宜的润滑至关重要，根据链传动的特点选择适宜的润滑方式可以显著降低链条铰链的磨损，延长链条的使用寿命。

闭式链传动润滑方式的选择是根据链节距、链速查图 5-42 确定的。如图 5-42 所示，链传动的润滑方式分为四种：I 区为人工用油壶或油刷定期在链条松边内、外链板间隙给油；II 区用油杯通过油管向松边内外链板间隙处滴油；III 区为油浴润滑（一般链条浸油深度为 6～12mm），或用甩油轮将油甩起进行飞溅润滑（甩油盘圆周速度 $v > 3m/s$，浸油深度为 12～35mm；当链条宽度大于 125mm 时，链轮两侧各装一个甩油盘）；IV 区用油泵经由油管向链条连续供油，循环油可以起到润滑和冷却的作用。

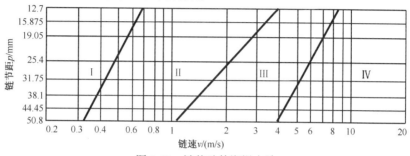

图 5-42　链传动的润滑方法

对于开式或不易润滑的链传动，可定期拆下用煤油清洗，干燥后，进入 70～80℃润滑油中，待铰链间隙中充满油后安装使用。

润滑油的选用与链条节距和环境温度有关。环境温度高或载荷大时，选用黏度大的润滑油，反之选择黏度低的润滑油，如表 5-15 所示。

表 5-15　链传动润滑油

润滑方式	环境温度/℃	节距 p/mm			
		9.525~15.875	19.05~25.4	31.75	38.1~76.2
人工定期润滑、滴油润滑、油浴或飞溅润滑	−10~0	L-AN46	L-AN68		L-AN100
	0~40	L-AN48	L-AN100		SC30
	40~50	L-AN100	SC40		SC40
	40~60	SC40	SC40		工业齿轮油（冬季用 90 号 GL-4 齿轮油）
油泵压力喷油润滑	−10~0	L-AN46	L-AN68		
	0~40	L-AN48	L-AN100		
	40~50	L-AN100	SC40		
	40~60	SC40	SC40		

一般情况下，润滑油推荐采用牌号为 L-AN32、L-AN46、L-AN68 等全损耗系统用油；对于开式和重载低速链传动，可在润滑油中加入 MoS_2、WS_2 等添加剂；对于不便采用润滑油的场合，允许涂抹润滑脂，但应定期清洗与涂抹。

5.12　工程应用案例：输送机

图 5-43（a）所示为带式输送机，又称胶带输送机，是一种靠摩擦驱动以连续方式运输物料的机械，广泛应用于家电、电子、电器、机械、烟草、注塑、邮电、印刷、食品等各行各业，以及物件的组装、检测、调试、包装和运输等，具有输送能力强、输送距离远、结构简单易于维护、能方便地实行程序化控制和自动化操作的特点。

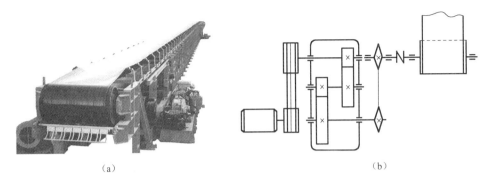

（a）　　　　　　　　　　　　　　　　　　（b）

图 5-43　带式输送机和传动系统图

该输送机由电机通过三级减速传动系统来驱动，减速装置有 V 带传动、二级直齿圆柱齿轮减速器、滚子链传动，如图 5-43（b）所示。带式输送机设计参数如下。

（1）运输带工作拉力 $F = 2.8\,\mathrm{kN}$；

（2）运输带工作速度 $v = 1.1\mathrm{m/s}$；

（3）滚筒直径 $D = 500\,\mathrm{mm}$；

（4）滚筒效率 $\eta_卷 = 0.96$；

（5）工作情况：两班制，连续单向运转，载荷平稳；

（6）工作环境：室内，灰尘较大，环境最高温度 35 度左右；

（7）工作寿命 15 年，每年 300 个工作日，每日工作 16 小时；

（8）制作条件和生产批量：一般机械厂制造，小批量生产。

设计一：已知带传动的传动比为 $i_带 = 1.5$，中心距约为 300mm，试设计用于该传动系统的 V 带传动。

设计二：已知链传动承担传动比为 $i_链 = 2.3$，额定传递功率 $P = 4.68\,\mathrm{kW}$，中心距可调节，工作中载荷平稳，试设计用于该传动系统的链传动。

5.12.1　带传动设计

【解】　设计一：

1．选择电机，确定功率

（1）选择电动机类型

根据工作要求和条件，选用 Y 系列一般用途全封闭式鼠笼型三相异步电动机。

（2）确定电动机的容量

电动机所需功率：根据公式 $P_\mathrm{d} = \dfrac{P_\mathrm{w}}{\eta_总}$，$P_\mathrm{w} = \dfrac{Fv}{1000}$。

由电动机到传送带的总效率：$\eta_总 = \eta_带 \eta_轴^4 \eta_齿^2 \eta_链 \eta_联 \eta_卷$。

查机械设计手册可知，带传动效率 $\eta_带 = 0.96$，滚动轴承传动效率 $\eta_轴 = 0.98$，齿轮传动效率 $\eta_齿 = 0.97$，链传动的效率 $\eta_链 = 0.94$，联轴器效率 $\eta_联 = 0.98$；已知 $\eta_卷 = 0.96$。因而得出 $\eta_总$：

$$\eta_总 = \eta_带 \eta_轴^4 \eta_齿^2 \eta_链 \eta_联 \eta_卷 = 0.96 \times 0.98^4 \times 0.97^2 \times 0.94 \times 0.98 \times 0.96 \approx 0.7368$$

从而可以计算所需电机功率：$P_\mathrm{d} = \dfrac{P_\mathrm{w}}{\eta_总} = \dfrac{Fv}{\eta_总} = \dfrac{2800 \times 1.1}{1000 \times 0.7368} \approx 4.2\ (\mathrm{kW})$

因而，选用异步电动机 Y132S-4，额定功率 $P = 5.5\,\mathrm{kW}$，转速 $n = 1440\,\mathrm{r/min}$。

2. V 带传动设计

（1）确定计算功率 P_c

由表 5-8 查得工作情况系数 $K_A = 1.2$，得

$$P_c = K_A P = 1.2 \times 5.5 = 6.6(\mathrm{kW})$$

（2）选取普通 V 带型号

根据 $P_c = 6.6\mathrm{kW}$，$n_1 = 1440\mathrm{r/min}$，由图 5-18 选用 A 型普通 V 带。

（3）确定大、小带轮基准直径 d_2、d_1

由表 5-4 可知，小带轮基准直径 d_1 应不小于 75mm，根据图 5-18 取 $d_1 = 90\mathrm{mm}$，由式（5-13）计算大带轮基准直径为

$$d_2 = \frac{n_1}{n_2} d_1 (1 - \varepsilon) = \frac{1440}{960} \times 90 \times (1 - 0.02) = 132.3(\mathrm{mm})$$

由表 5-4 取 $d_2 = 132\mathrm{mm}$。

计算实际传动比和从动轮的实际转速分别为

$$i \approx \frac{d_2}{d_1} = \frac{132}{90} \approx 1.467 \quad (\varepsilon\ 忽略)$$

$$n_2 = \frac{n_1}{i} = \frac{1440}{1.467} \approx 982(\mathrm{r/min})$$

从动轮的转速误差率为

$$\frac{982 - 960}{960} \times 100 \approx 2.3\%$$

在 ±5% 以内，为允许值。

> **小提示**
>
> V 带传动的传动比不宜太大，一般控制在 1.5～3 比较合适。

（4）验算带速 v

$$v = \frac{\pi d_1 n_1}{60 \times 1000} = \frac{\pi \times 90 \times 1440}{60 \times 100} \approx 6.79(\mathrm{m/s})$$

带速为 5～25m/s，合适。

（5）确定带的基准长度 L_d 和实际中心距 a

按结构设计要求初步确定中心距为 $a_0 = 300\mathrm{mm}$。

根据公式（5-4）得初定的 V 带基准长度为

$$L_0 = 2a_0 + \frac{\pi}{2}(d_1 + d_2) + \frac{(d_2 - d_1)^2}{4a_0}$$

$$= 2 \times 300 + \frac{\pi}{2} \times (90 + 132) + \frac{(90 + 132)^2}{4 \times 300} \approx 990(\mathrm{mm})$$

查表 5-2，对 A 型普通 V 带选用 $L_d = 1000\mathrm{mm}$。再根据公式（5-20）计算实际中心距为

$$a \approx a_0 + \frac{L_d - L_0}{2} = 300 + \frac{1000 - 990}{2} = 305(\mathrm{mm})$$

中心距 a 的变动范围为

$$a_{\min} = a - 0.015 L_d = 305 - 0.015 \times 1000 = 290(\mathrm{mm})$$

$$a_{\max} = a + 0.03 L_d = 305 + 0.03 \times 1000 = 335(\mathrm{mm})$$

（6）校验小带轮包角 α_1

$$\alpha_1 = 180° - \frac{d_2 - d_1}{a} \times 57.3° = 180° - \frac{132 - 90}{305} \times 57.3° = 172° > 120°$$

由于 $\alpha_1 > 120°$，满足要求。

（7）计算普通 V 带的根数 z

根据公式（5-21）得

$$z = \frac{P_c}{(P_0 + \Delta P_0)K_\alpha K_L}$$

已知 A 型普通 V 带，$n_1 = 1440\text{r/min}$，$d_1 = 90\text{mm}$，查表 5-5 可知 $P_0 = 1.07\text{kW}$；

已知 A 型普通 V 带，实际传动比为 $i = 1.467$，$n_1 = 1440\text{r/min}$，查表 5-6 可知 $\Delta P_0 = 0.13$ kW；

已知 $\alpha_1 = 172°$，查表 5-7 得 $K_\alpha = 0.98$；

已知 A 型普通 V 带，$L_d = 1000\text{mm}$，查表 5-2 可知 $K_L = 0.89$；

根据以上参数代入式（5-21）计算得

$$z = \frac{P_c}{(P_0 + \Delta P_0)K_\alpha K_L} = \frac{6.6}{(1.07 + 0.13) \times 0.98 \times 0.89} \approx 6.3$$

取 A 型普通 V 带 7 根。

（8）求初拉力 F_0 和带轮轴上的压力 F_Q

由表 5-1 查得 A 型普通 V 带的每米质量 $q = 0.1\text{kg/m}$，根据式（5-22）可知单根 V 带的初拉力为

> **小思考 5-8**
>
> 根据设计计算选用了 A 型 V 带，结果需要 7 根。这里可不可以改选 B 型普通 V 带或者 A 型窄 V 带呢？采用 V 带根数过多会有什么不利影响呢？

$$F_0 = \frac{500 \times 6.6}{7 \times 6.79} \times \left(\frac{2.5}{0.98} - 1\right) + 0.1 \times 6.79^2 \approx 112.3\text{(N)}$$

作用在轴上的压力为

$$F_Q = 2zF_0 \sin\frac{\alpha_1}{2} = 2 \times 7 \times 112.3 \times \sin\frac{172°}{2} \approx 1568\text{(N)}$$

（9）普通 V 带轮结构设计（略）。

5.12.2 链传动设计

【解】 设计二：

（1）确定大、小链轮的齿数 z_2、z_1

根据初定传动比 $i_链 = 2.3$，查表 5-13 选取 $z_1 = 25$。

大链轮齿数：$z_2 = i_链 z_1 = 2.3 \times 25 = 57.5$，圆整取 $z_2 = 57 < 120$，合适。

实际传动比：$i_链 = \dfrac{z_2}{z_1} = \dfrac{57}{25} = 2.28$。

传动比误差率：$\dfrac{2.28 - 2.3}{2.3} \times 100\% = -0.87\%$，在 ±5% 以内，为允许值。

（2）初定中心距 a_0

设计时一般取中心距 $a_0 = (30 \sim 50)p$，初定中心距 $a_0 = 40p$。

（3）确定链条节数

根据公式（5-23），初步计算链条节数为

$$L_p' = 2\frac{a_0}{p} + \frac{z_1 + z_2}{2} + \frac{p}{a_0}\left(\frac{z_2 - z_1}{2\pi}\right)^2$$

$$= 2 \times \frac{40p}{p} + \frac{25 + 57}{2} + \frac{p}{40p}\left(\frac{57 - 25}{2\pi}\right)^2 \approx 122(节)$$

取链节数 $L_p = 122$ 节。

（4）计算功率

查表 5-10 可知，工作情况系数 $K_A = 1$，因而有

$$P_c = K_A P = 1.0 \times 4.68 = 4.68(\text{kW})$$

（5）选定链条型号并确定链的节距

根据式（5-27）得

$$P_0 = \frac{P_c}{K_Z K_L K_M}$$

估计此链传动工作于图 5-39 所示曲线顶点的左侧（既可能出现链板疲劳破坏），查表 5-11 得

$$K_Z = \left(\frac{z_1}{19}\right)^{1.08} = \left(\frac{25}{19}\right)^{1.08} \approx 1.34$$

$$K_L = \left(\frac{L_p}{100}\right)^{0.26} = \left(\frac{122}{100}\right)^{0.26} \approx 1.05$$

采用单排链，查表 5-12 得 $K_M = 1.0$。因而单排链额定功率为

$$P_0 = \frac{4.68}{1.34 \times 1.05 \times 1} = 3.33(\text{kW})$$

大链轮转速为 $n_{2链} = \frac{1000 \times 60 \times v}{\pi D} = \frac{1000 \times 60 \times 1.1}{500\pi} \approx 42(\text{r/min})$，则小链轮转速

$$n_{1链} = i_链 n_{2链} = 2.28 \times 42 \approx 96(\text{r/min})$$

由图 5-39 查得，当 $n_{1链} = 96\,\text{r/min}$ 时，16A 链条所能传递的功率为 4.5kW（>3.33kW），满足要求，且 P_0 与 $n_{1链}$ 的交点在曲线顶点左侧，确系链板疲劳破坏，估计正确。按链的型号从表 5-9 中查得链的节距 $p = 25.4\text{mm}$。

（6）校核链速

根据公式（5-24）计算链速为

$$v = \frac{z_1 p n_1}{60 \times 1000} = \frac{25 \times 25.4 \times 96}{60 \times 1000} \approx 1.02(\text{m/s})$$

满足链速 ≤12~15m/s 的要求。

（7）计算实际中心距

因设计要求中心距可调节，这里不必计算实际中心距。取中心距为

$$a \approx a_0 = 40p = 40 \times 25.4 = 1016(\text{mm})$$

（8）计算有效圆周力和作用在轴上的压力

有效圆周力的计算公式为

$$F = 1000\frac{P_c}{v} = 1000 \times \frac{4.68}{1.02} \approx 4588(\text{N})$$

> **小思考** 5-9
>
> 该传动系统中为什么将带传动布置于高速级，而链传动布置于低速级呢？二者可不可以互换呢？

链传动的压轴力为

$$F_Q = 1.2F = 1.2 \times 4588 \approx 5506(N)$$

（9）设计链轮，绘制链轮工作图（略）。

习　题

5-1　带传动的传动能力与哪些因素有关？

5-2　带传动产生弹性滑动和打滑的原因是什么？分别对传动系统产生什么影响？

5-3　已知 B 型 V 带传动的中心距为 $a = 600\text{mm}$，主动带轮基准直径为 $d_1 = 140\text{mm}$，从动带轮的基准直径为 $d_2 = 400\text{mm}$。试求传动带的基准长度 L 和小带轮包角 α_1。

5-4　试设计用于鼓风机的普通 V 带传动。主动带轮装在电动机轴上，从动带轮装在鼓风轴上。已知选用异步电动机 Y132S-4，额定功率 $P = 7.5\text{kW}$，转速 $n_1 = 1440\text{ r/min}$，从动带轮转速 $n_2 = 600\text{ r/min}$，两班制工作。

5-5　为什么普通车床的第一级传动采用带传动，而主轴与丝杠之间的传动链中不能采用带传动？

5-6　链条节距的选择原则是什么？

5-7　一链传动，链轮齿数 $z_1 = 21$，$z_2 = 53$，链条型号为 10A，链长为 $L_p = 100$ 节，采用三圆弧一直线齿形。试求两链轮的分度圆、齿顶圆和齿根圆直径，以及传动的中心距。

5-8　链传动的布置形式如题 5-8 图所示。中心距 $a = (30-50)p$，传动比 $i = 2 \sim 3$，小链轮为主动轮。如题 5-8 图（a）和（b）所示布置中，小链轮应按哪个方向转动较为合理？题 5-8 图（c）中，两链轮中心连线成垂直布置，有什么缺点？应采取什么措施？

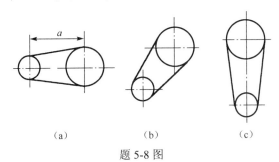

（a）　　　　　　　　（b）　　　　　　　　（c）

题 5-8 图

扩展阅读：中国古代机械传动机构

机械传动机构，可以将动力所提供的运动的方式、方向或速度加以改变，被人们有目的地加以利用。中国古代机械传动机构类型很多，应用很广，像水车、地动仪、鼓风机等，都是机械传动机构的产物。中国古代机械传动机构，主要有齿轮传动、绳带传动和链传动。

（1）齿轮传动

其出现时间不晚于西汉，西汉时的指南车、记里鼓车，以及东汉张衡发明的水力天文仪器上，都使用了相当复杂的齿轮传动系统。这些齿轮只用来传递运动，强度要求不高。至于生产上所采用的齿轮，要传递较大的动力，受力一般较大，强度要求会较高。古代利用畜力、水力和风力进行提水、粮食加工等工作时，都要应用此类齿轮。例如，在翻车上，需应用一级齿轮传动机构，以改变运动的方位和传递，适应翻车的工作要求。

（2）链传动

链，在我国古代出现很早，商代的马具上已有青铜链条，其他青铜器和玉器上也有用链条作为装饰的。西安出土的秦代铜车马上，有十分精美的金属链条。但这都不能算是链传动。作为动力传动的链条，出现在东汉时期。东汉时毕岚率先发明翻车，用以引水，根据其工作原理和运动关系，可以看作一种链传动。翻车的上、下链轮，一主动，一从动，绕在轮上的翻板就是传动链，这个传动链兼作提水的工作件，因此，翻车是链传动的一种特例。到宋代，苏颂制造的水运仪象台上，出现了一种"天梯"，实际上是一种铁链条，下横轴通过"天梯"带动上横轴，从而形成了真正的链传动。

（3）绳带传动

这是一种利用摩擦力的传动方式。在西汉时，四川出产井盐，在凿井、提水时，都是用牛带动大绳轮，收卷绕过滑轮上的绳索，来提升凿井工具、卤水等。西汉时出现的手摇纺车，是一种典型的绳带传动。在西汉时期的画像石上，有几幅手摇纺车图，可以清楚地看到：大绳轮主动，通过绳索带动纱锭，用手摇大绳轮旋转一周，纱锭旋转几十周，效率很高。以后出现的三锭、五锭的纺车，效率更高。元代的水运大纺车，也是用绳带传动的。东汉时，冶金手工业有一项重要发明"水排"，用于鼓风，这种绳带传动的工作原理：水力推动卧式水轮旋转，水轮轴上装有大绳轮，通过绳带带动小绳轮，小绳轮轴上端曲柄随之旋转，通过连杆推动鼓风器鼓风。这种水排鼓风效率很高，可以抵得上几百匹马鼓风，它的出现，标志着东汉时发达的机械已经在我国出现，因而意义十分重大。

第6章 齿轮传动

通常一台机器配备一个发动机，它的转动经过变速器变速之后，沿着传动系统传递到各工作装置。发动机的合理转速范围很小，而工作装置需要各种不同的转速，所以变速器是设备中必备的、非常重要的部件。图 6-1 所示是奔驰公司的一款 7 速自动变速器，可以看到，它里面最多的一类零件是齿轮（汽车变速器的作用可参见图 0-3（c）所述）。图 6-2 所示是瑞士生产的一款机械手表，同样，它的核心零件也是齿轮。在所有传动方式里面，齿轮传动是最准确、最精确的一种。毫不夸张地说，在两轴之间准确传递转动的场合，齿轮传动的地位是不可替代的。

为何齿轮如此完美，它是怎样做到准确、精确、可靠地完成运动传递的？本章内容将一一解答。通过学习齿轮传动的基本理论和设计方法，你将具备设计较为简单齿轮传动系统的能力。

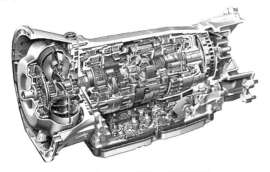 

图 6-1　汽车自动变速器　　　　　　　　图 6-2　机械手表

本章知识要点 ▶▶

（1）了解齿轮的特点、类型和主要参数，了解齿轮的失效形式、材料和热处理方法，了解计算载荷的概念及齿轮的润滑、效率和设计准则。

（2）掌握圆柱直齿齿轮、斜齿轮、锥齿轮传动的受力分析。

（3）掌握直齿齿轮、斜齿圆柱齿轮的传动设计和结构设计。

兴趣实践 ▶▶

观察汽车传动系统，认识差速器、变速器和主传动器。

探索思考 ▶▶

两轴之间的精确传动都有哪些要求？渐开线齿轮传动是如何满足这些要求的？其他传动方式能否满足这些要求？

6.1 齿轮机构的特点和分类

1. 齿轮机构的特点

齿轮传动可用来传递任意两轴间的运动和动力，其圆周速度可达到 300m/s，传递功率可达 10^5kW，齿轮直径可从小于 1mm 到大于 150m，是机械中应用最广的一种传动方式。

（1）齿轮传动主要优点：①传递功率大、效率高；②寿命长、工作平稳、可靠性高；③能保证恒定的传动比，能传递任意夹角两轴间的运动。

案例 6-1
图 6-1 所示的汽车变速器使用的是齿轮传动。
问题：
汽车变速器为什么选用齿轮传动？

（2）齿轮传动的主要缺点：①制造、安装精度要求较高，因而成本也较高；②不宜做远距离传动；③无过载保护；④需专门加工设备。

（3）齿轮传动的基本要求：①传动平稳，即要求瞬时传动比 i 恒定；②足够的承载能力，即要求在预期的使用寿命内不失效。

2. 齿轮的分类

（1）按轴的布置可分为平行轴齿轮传动（圆柱齿轮）、相交轴齿轮传动（锥齿轮）和交错轴齿轮传动。

（2）按齿向可分为直齿、斜齿、人字齿。

（3）按齿廓可分为渐开线、摆线、圆弧。

（4）按工作条件可分为闭式、开式、半开式。

（5）按齿面硬度可分为软齿面齿轮（齿面硬度≤350HBS）、硬齿面齿轮（齿面硬度＞350HBS）。

齿轮机构的主要类型、特点和应用范围见表 6-1。

表 6-1 齿轮机构的主要类型、特点和应用范围

分类		图例	特点与应用范围
平面齿轮机构	外啮合直齿圆柱齿轮		两齿轮转向相反；轮齿与轴线平行，工作时不存在轴向力；重合度小，传动平稳性较差，承载能力低；多用于转速较低的传动，尤其适用于变速器换挡齿轮
	外啮合斜齿圆柱齿轮		两齿轮转向相反；轮齿与轴线成一定夹角，工作时存在轴向力，所需支撑比较复杂；重合度较大，传动平稳，承载能力高；适用于转速高、承载大或要求结构紧凑的场合
	外啮合人字齿圆柱齿轮		两齿轮转向相反；可看成一个由两个螺旋角大小相等方向相反的斜齿轮组合而成的齿轮，承载能力比斜齿轮还高，轴向力可相互抵消；制造复杂，成本高；多用于重载传动

分类		图例	特点与应用范围
平面齿轮机构	齿轮齿条		可实现旋转运动与直线运动的相互转换；齿条可看成半径无限大的一个齿轮，承载力大，传动精度较高，可无限长度对接延续；传动速度高，但对加工和安装精度要求高，磨损大；主要用于升降机、机床工作台等直线运动与旋转运动相互转换的场合
	内啮合圆柱齿轮		两齿轮转向相同；重合度大，轴向距小，结构紧凑，传动效率高；用途广泛，主要用于组成各种轮系
空间齿轮机构	蜗轮蜗杆		两轴线交错，一般成 90°，可以得到很大的传动比；啮合时齿面间为线接触，其承载能力大，传动平稳、噪声很小，具有自锁性；传动效率较低，磨损较严重，蜗杆轴向力较大；常用于两轴交错、传动比大、传动功率不大或间歇工作的场合
	锥齿轮		两轴线相交；可分为直齿锥齿轮机构与曲齿锥齿轮机构，其中直齿锥齿轮机构制造安装简便，但承载能力差，传动稳定性差，主要用于低速、轻载传动；曲齿锥齿轮机构重合度大，承载能力高，工作平稳，适用于高速、重载传动
	交错轴斜齿轮		两轴线交错；啮合时两齿轮为点接触，传动效率低，易磨损；适用于低速、轻载传动

6.2 渐开线齿廓

6.2.1 渐开线的性质

如图6-3所示，直线 L 与半径为 r_b 的圆相切，当直线沿该圆作纯滚动时，直线上任一点的轨迹即该圆的渐开线。这个圆称为渐开线的基圆，而作纯滚动的直线 L 称为渐开线的发生线。

案例 6-1 分析

齿轮传动具有传动效率高、寿命长、传动比恒定、传动平稳的特点，能够满足汽车动力传递的需要。

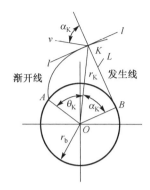

图 6-3 渐开线的生成

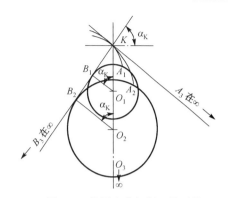

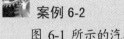

图 6-4 基圆大小与渐开线形状

渐开线的性质如下。

（1）由于发生线 L 在基圆上作纯滚动，所以发生线沿基圆滚过的长度等于基圆上被滚过的弧长，即 $\overline{BK} = \overset{\frown}{AB}$。

> 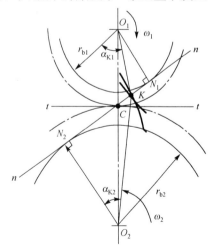 **案例 6-2**
> 图 6-1 所示的汽车变速器所用齿轮轮齿是什么形状的？

（2）由于发生线 L 在基圆上作纯滚动，故它与基圆的切点 B 即其瞬心，发生线 BK 即渐开线在 K 点的法线。由渐开线的生成原理可知发生线恒与基圆相切，所以渐开线上任意一点的法线恒与基圆相切。

（3）渐开线齿廓上某点的压力方向（法线）与齿廓上该点速度方向所夹的锐角 α_K，称为该点的压力角。由几何关系可得

$$\cos \alpha_K = \frac{OB}{OK} = \frac{r_b}{r_k} \qquad (6\text{-}1)$$

式中，r_b 为基圆半径；r_k 为该点的向径。

渐开线齿廓上各点的压力角并不相等，向径越大，压力角就越大。

（4）基圆内没有渐开线。

（5）基圆半径是决定渐开线形状的唯一参数。如图 6-4 所示，基圆越小，渐开线形状越弯曲；基圆越大，渐开线越平直。而当基圆半径无限大时，其渐开线将成为一条垂直于发生线 B_3K 的直线，也就是渐开线齿条的齿廓。

6.2.2 渐开线齿廓的啮合特性

图 6-5 中一对渐开线齿廓啮合于 K 点，过 K 点作两齿廓的公法线 n-n，与两齿轮连心线 O_1O_2 交与 C 点。根据渐开线的性质可知，n-n 必与两基圆相切。由于齿轮基圆的位置和大小不变，同一方向的内公切线只有一条，所以一对渐开线齿轮啮合过程中所有啮合点均在内公切线上。所以，n-n 既是两齿轮基圆的内公切线，也是啮合点处两齿轮齿廓的公法线，还是齿轮的啮合线。

由直线 n-n 位置的唯一性可知，C 点位置也是唯一的，这个点称为节点。过节点 C 所作的两个相切的圆，称为节圆，其半径分别以 r_1' 和 r_2' 表示。节点 C 为两齿轮

图 6-5 渐开线齿廓定角速比证明

的相对速度瞬心，所以该点相对速度为 0，一对节圆是作纯滚动。两个齿轮的角速度比值为 $\omega_1 / \omega_2 = O_2C / O_1C$，这表明，由于节点 C 不变，两轮的瞬时角速度比值保持恒定，所以渐开线齿廓可以满足定角速比传动的要求。

小 提 示

案例图 6-1 所示的指南车用到了齿轮。指南车，又称司南车，是中国古代用来指示方向的一种机械装置。它利用差速齿轮原理，它与指南针利用地磁效应不同，它不用磁性。它是利用齿轮传动系统，根据车轮的转动，由车上木人指示方向。不论车子转向何方，木人的手始终指向南方，"车虽回转而手常指南"。

案例 6-2 分析

图 6-1 所示的自动汽车变速器所用齿轮轮齿是渐开线型的。

齿轮轮齿有摆线、圆弧和渐开线三种形式。

（1）摆线齿轮对中心距变化较敏感，工作过程中轮齿承受交变应力作用且加工精度要求较高，多用于仪器仪表中。

（2）圆弧齿轮对中心距误差较敏感，承载能力虽比渐开线齿轮高，但是由于圆弧齿轮理论发展较晚，生产条件尚不成熟、制造和安装精度要求高，目前用于高速重载的汽轮机、压缩机和低速重载的轧钢机等设备上。

（3）渐开线齿轮传动效率高、传动平稳、具有中心距可分性的优点，并且不论是理论还是加工，都很成熟，应用广泛，因而采用渐开线齿轮。

在图 6-5 中，$\triangle O_1N_1C \backsim \triangle O_2N_2C$，所以这对齿轮的传动比为

案例图 6-1 指南车

$$i = \frac{n_1}{n_2} = \frac{\omega_1}{\omega_2} = \frac{r_{b2}}{r_{b1}} \qquad （6-2）$$

即渐开线齿轮的传动比等于两轮基圆半径的反比。齿轮制造完成后，其基圆半径是不会改变的，而即使安装时由于安装误差等原因使得中心距 O_1O_2 的尺寸有所改变，由式（6-2）可知，这对齿轮的角速比也会保持不变。这种性质称为渐开线齿轮传动的中心距可分性。工程实际中，由于制造安装误差或轴承磨损，常常导致中心距的微小改变，渐开线齿轮传动的中心距可分性保证了齿轮总是保持恒角速比。

过节点 C 作两节圆的公切线 $t\text{-}t$，它与啮合线 $n\text{-}n$ 的夹角称为啮合角。从图 6-5 中可知，渐开线齿轮在传动过程中啮合角为常数。啮合角不变意味着齿廓间正压力方向不变，如果齿轮传递的力矩不变，则两齿轮之间，轴与轴承之间压力的大小和方向均不变，这是渐开线齿轮传动的一大优点。

6.3　齿轮各部分名称参数和渐开线标准直齿圆柱齿轮几何尺寸计算

6.3.1　齿轮各部分名称参数

图 6-6 为渐开线标准直齿圆柱齿轮的一部分，图中标注了齿轮各部分名称。

（1）**齿顶圆**。齿轮各齿顶端都在同一个圆上，称为齿顶圆，其半径和直径分别用 r_a 和 d_a 表示。

（2）**齿根圆**。齿轮所有轮齿齿槽底部也在同一个圆上，称为齿根圆，其半径和直径分别用 r_f 和 d_f 表示。

（3）**分度圆**。分度圆是设计、测量齿轮的一个基准圆，其半径和直径分别用 r 和 d 表示。

（4）**基圆**。形成渐开线的基础圆称为基圆，其半径和直径分别用 r_b 和 d_b 表示。

（5）**齿顶高、齿根高、全齿高**。齿顶圆和分度圆之间的径向距离称为齿顶高，用 h_a 表示；分度圆与齿根圆之间的径向距离称为齿根高，用 h_f 表示；齿顶圆与齿根圆之间的径向距离，即齿顶高与齿根高之和称为全齿高，用 h 表示，$h = h_a + h_f$。

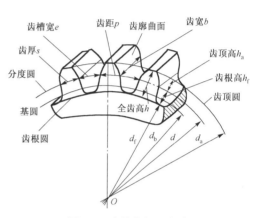

图 6-6　齿轮各部分名称

（6）**齿厚、齿槽宽、齿距**。每个轮齿上的圆周弧长称为齿厚。在半径 r_k 的任意圆周上测量的为该半径上的齿厚，用 s_k 表示。分度圆上的齿厚称为分度圆齿厚，用 s 表示。一个齿槽两侧齿廓间的弧线长称为该圆上的齿槽宽，用 e_k 表示；相邻两个轮齿同侧齿廓之间的弧线长度称为该圆上的齿距，用 p_k 表示，可以得到 $p_k = s_k + e_k$。分度圆上的齿槽宽和齿距分别用 e 和 p 表示。

（7）**法向齿距**。相邻两个轮齿同侧齿廓之间在法向上的距离称为法向齿距，用 p_n 表示，法向齿距在齿轮的分析和测量中经常用到，由渐开线性质可以可知，法向齿距 p_n 和基圆上齿距 p_b 相等。

6.3.2　渐开线标准直齿圆柱齿轮几何尺寸计算

为了计算齿轮各部分尺寸，需要规定若干基本参数，对于标准齿轮而言，有以下 5 个基本参数。

（1）**齿数**。用 z 表示，应该为整数。

（2）**模数**。齿轮分度圆周长等于 zp，故分度圆直径可表示为 $d = zp / \pi$，由于 π 是无理数，为了便于设计、计算和检验，人为地规定比值 p / π 为一简单的数值，并把这个比值称为模数，用 m 表示。模数 m 的单位为 mm。于是得

$$d=mz \qquad (6\text{-}3)$$

　　模数是决定齿轮几何参数的一个重要参数，m 越大，p 越大，轮齿也越大，抗弯能力就越强，所以模数 m 又是齿轮轮齿抗弯能力的重要标志。齿轮的模数现已标准化，我国规定的标准模数有两个系列，表 6-2 是渐开线圆柱齿轮部分标准模数，其中优先选用第一个系列，括号内的最好避免使用。

表 6-2　渐开线圆柱齿轮标准模数系列（摘自 GB/T 1357—2007）　　　　　　　　　（mm）

第一系列	0.1	0.12	0.15	0.2	0.25	0.3	0.4	0.5	0.6	0.8	1
	1.25	1.5	2	2.5	3	4	5	6	8	1.25	10
	12	16	20	25	32	40	50	12	16	—	—
第二系列	0.35	0.7	0.9	1.75	2.25	2.75	(3.25)	3.5	(3.75)	4.5	5.5
	(6.5)	7	9	(11)	14	18	22	28	(30)	36	45

　　（3）**压力角**。由渐开线性质可知，渐开线齿廓上各点的压力角都不相同。分度圆上的压力角 α 规定为标准值。我国国家标准规定分度圆压力角标准值为 20°。

　　（4）**齿顶高系数**。齿顶高用齿顶高系数 h_a^* 与模数的乘积来表示，即 $h_a = h_a^* m$。

　　（5）**顶隙系数**。为避免两齿轮卡死和利于储存润滑油，齿根高要比齿顶高大一些，以便在齿顶圆和齿根圆之间形成顶隙 c，规定 $c = c^* m$，其中 c^* 为顶隙系数。

　　国标中规定了齿顶高系数和顶隙系数的标准值，见表 6-3。

　　具有标准模数、标准压力角、标准齿顶高系数和顶隙系数，分度圆上齿厚与齿槽宽相等的齿轮，称为标准齿轮。

　　渐开线标准直齿圆柱齿轮常用几何尺寸的计算公式列于表 6-4。

表 6-3　渐开线圆柱齿轮的齿顶高系数和顶隙系数

	正常齿制	短齿制
齿顶高系数 h_a^*	1	0.8
顶隙系数 c^*	0.25	0.3

表 6-4　渐开线标准直齿圆柱齿轮常用几何尺寸

名　称	符　号	计　算　公　式
齿距	p	$p = m\pi$
齿厚	s	$s = \pi m / 2$
齿槽宽	e	$e = \pi m / 2$
齿顶高	h_a	$h_a = h_a^* m$
齿根高	h_f	$h_f = h_a + c = (h_a^* + c^*)m$
全齿高	h	$h = h_a + h_f = (2h_a^* + c^*)m$
分度圆直径	d	$d = mz$
齿顶圆直径	d_a	$d_a = d + 2h_a = (z + 2h_a^*)m$
齿根圆直径	d_f	$d_f = d - 2h_f = (z - 2h_a^* - 2c^*)m$
基圆直径	d_b	$d_b = d\cos\alpha = mz\cos\alpha$
标准中心距	a	$a = m(z_1 + z_2)/2$

6.4　渐开线标准齿轮啮合传动

6.4.1　正确啮合条件

　　一对渐开线齿廓的齿轮能实现定角速比传动，但并不表明任意两个渐开线齿轮装配起来就能正确啮合传动。

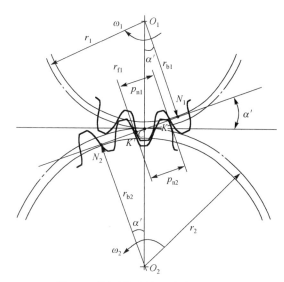

图 6-7 渐开线齿轮正确啮合的条件

图 6-7 所示的一对渐开线齿轮啮合传动中，主动轮 1 的左侧齿廓推动从动轮 2 的右侧齿廓，相邻两对齿廓分别在 K 和 K' 点接触啮合。要使两轮的轮齿都能正确啮合，则两轮相邻两齿同侧齿廓之间沿法线方向的距离，即法向齿距 p_n 必须相等，即

$$p_{n1} = p_{n2} \qquad (6-4)$$

而渐开线齿轮的法向齿距等于基圆齿距，得

$$p_{b1} = p_{b2} \qquad (6-5)$$

因为有

$$r_b = r\cos\alpha = \frac{pZ}{2\pi}\cos\alpha, \quad r_b = \frac{p_b Z}{2\pi} \qquad (6-6)$$

所以得到 $p_b = p\cos\alpha = \pi m\cos\alpha$

故渐开线直齿圆柱齿轮正确啮合条件为：$m_1\cos\alpha_1 = m_2\cos\alpha_2$，而由于齿轮模数和分度圆压力角都已经标准化，为满足上述等式，只有使

$$m_1 = m_2, \quad \alpha_1 = \alpha_2 \qquad (6-7)$$

式（6-7）说明渐开线直齿圆柱齿轮正确啮合的条件是两齿轮的模数和压力角分别相等。

6.4.2 正确安装条件

一对渐开线齿廓的啮合传动具有可分性，即齿轮传动中心距的变化不会对传动比造成影响，但中心距的变化会引起顶隙和齿侧间隙的变化。齿侧间隙是两轮以一侧齿廓相接触时，在另一侧齿廓处的间隙。为了消除齿轮反向传动的空程和减小冲击，理论上要求侧隙为零，也就是要求一齿轮节圆上的齿厚等于另一齿轮节圆上的齿槽宽，这就是一对齿轮传动的无侧隙啮合条件，也是一对齿轮的正确安装条件。

在工程实际中，为防止齿轮升温卡死和方便润滑，齿轮传动都有适当的侧隙，但在进行齿轮机构的运动设计时，仍按照无齿侧间隙的要求来进行中心距计算。

图 6-8 为一对标准安装的齿轮，两轮分度圆与节圆重合时正好满足无齿侧间隙啮合的条件，故两标准齿轮标准安装的中心距为

$$a = r_1' + r_2' = r_1 + r_2 = m(z_1 + z_2) / 2 \tag{6-8}$$

该中心距称为标准中心距。而由于节圆与分度圆重合，所以啮合角 α' 等于分度圆压力角 α。

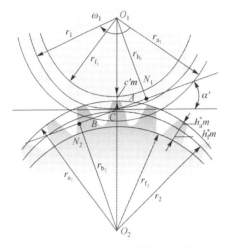

小思考 6-1

对于渐开线齿轮，只要一齿轮节圆上的齿厚等于另一齿轮节圆上的齿槽宽，该对齿轮就满足无侧隙啮合条件，请思考：实际应用中为什么同一个齿轮的齿厚和齿槽宽也相等呢？

图 6-8 渐开线齿轮的标准安装

由于两齿轮分度圆相切，故顶隙为

$$c = c^* m = h_f - h_a \tag{6-9}$$

需要说明的是，分度圆和压力角是单个齿轮所具有的，而节圆和啮合角是两齿轮啮合时才出现的。标准齿轮传动只有在标准安装时压力角才等于啮合角，否则二者是不相等的。

6.4.3 连续传动条件

如图 6-9 所示为一对渐开线直齿圆柱齿轮的啮合图，主动轮 1 的齿根部分与从动轮的齿顶接触，故起始啮合点是从动轮的齿顶圆与啮合线 N_1N_2 的交点 A。两齿轮继续啮合，啮合点的位置沿啮合线 N_1N_2 向下移动，从动轮 2 齿廓上的接触点由齿顶向齿根移动，而主动轮 1 齿廓上的接触点则由齿根向齿顶移动，当啮合点到达主动轮齿顶圆与啮合线 N_1N_2 的交点 E 时，这时两轮齿即将脱离接触，E 点是一对轮齿的啮合终止点。线段 AE 为啮合点的实际轨迹，称为实际啮合线段。

如果加大两轮的齿顶圆，A 点、E 点将分别趋近于 N_1 点和 N_2 点，实际啮合线段就会加长，但基圆内无渐开线，所以 A 点和 E 点不会超过 N_1 点和 N_2 点，故 N_1N_2 为理论上可能的最大啮合线段，称为理论啮合线段。

为保证渐开线齿轮能够连续传动，要求在前一对轮齿终止啮合前，后一对轮齿已经开始啮合，否则传动就会中断，从而引起冲击，影响传动的平稳性。在啮合线方向两个齿的距离等于基圆

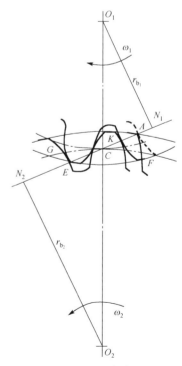

图 6-9 重合度

齿距 p_b，为达到连续传动的目的，实际啮合线段的长度应不小于基圆齿距 p_b。定义实际啮合线段的长度 AE 与基圆齿距 p_b 的比值为齿轮啮合的重合度，记为 ε。所以一对齿轮连续传动的条件是

$$\varepsilon = \frac{AE}{p_b} \geq 1 \qquad (6\text{-}10)$$

ε 值越大，同时参与啮合的齿的对数越多，轮齿平均受力越小，传动越平稳。标准齿轮啮合在制定标准时已保证其重合度大于 1，但非标准齿轮传动必须验算其重合度，相关验算公式请参考有关机械设计手册。

6.5　渐开线齿轮的切齿原理

齿轮的轮齿加工叫作"切齿"，轮齿的加工方法分为仿形法和范成法。

1. 仿形法

仿形法是用圆盘铣刀或指状铣刀（图 6-10）在普通铣床上将轮坯齿槽部分的材料逐渐铣掉。铣齿时，铣刀绕自身的轴线回转，同时轮坯沿其轴线方向送进。当铣完一个齿槽后，轮坯便退回原处，然后用分度头将它转过 $360°/z$ 的角度，再铣第二个齿槽，这样直到铣完所有齿槽为止。

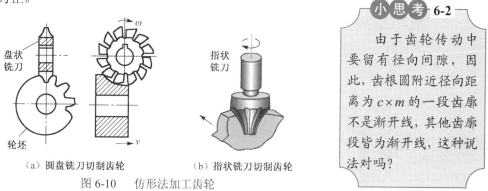

（a）圆盘铣刀切制齿轮　　（b）指状铣刀切制齿轮

图 6-10　仿形法加工齿轮

小思考 6-2

由于齿轮传动中要留有径向间隙，因此，齿根圆附近径向距离为 $c \times m$ 的一段齿廓不是渐开线，其他齿廓段皆为渐开线，这种说法对吗？

仿形法加工方便易行，但精度难以保证。由于渐开线齿廓形状取决于基圆的大小，而基圆半径 $r_b = (mz\cos\alpha)/2$，故齿廓形状与 m、z、α 有关。加工精确齿廓，对模数和压力角相同、齿数不同的齿轮，应采用不同的刀具，而这在实际中是不可能的。生产中通常用同一型号铣刀切制同模数、不同齿数的齿轮，故齿形通常是近似的。

这种加工方法不需要专门设备、成本低，但加工不连续、生产率低、精度差，不宜用于大量和精度要求高的齿轮生产。

2. 展成法（范成法）

范成法是利用一对齿轮互相啮合传动时其两轮齿廓互为包络线的原理来加工齿轮的。刀具和轮坯之间的对滚运动与一对齿轮互相啮合传动完全相同，在对滚运动中刀具逐渐切削出渐开线齿形。范成法所用的刀具有齿轮插刀、齿条插刀和齿轮滚刀三种。

1）齿轮插刀

图 6-11（a）所示为齿轮插刀加工齿轮的情况。刀具顶部比正常齿高出 c^*m，以便切出顶隙部分。插齿时齿轮插刀沿轮坯轴线方向作往复切削运动，同时，插齿机的传动系统使插刀与轮坯之间保持啮合关系（图 6-11（b）），直至全部齿槽切削完毕。

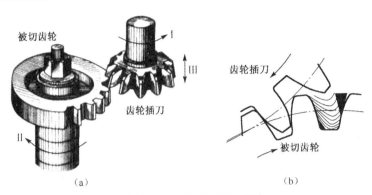

图 6-11 用齿轮插刀加工齿轮

由于齿轮插刀的齿廓为渐开线，所以插制的齿轮齿廓也是渐开线。根据正确啮合条件，被加工齿轮的模数和压力角必定与插齿刀的相等，因此通过改变齿轮插刀与轮坯的传动比，即可加工出模数和压力角相同而齿数不同的齿轮。

2）齿条插刀

如图 6-12 所示，加工时把刀具作成齿条形状，模拟齿轮齿条的啮合过程。齿条插刀的顶部比传动用的齿条高出 c^*m，以便切出传动时的顶隙部分。

加工标准齿轮时，应使轮坯沿径向进给至刀具中线，与轮坯分度圆相切并作纯滚动，这样加工出来的齿轮，分度圆齿厚与分度圆齿槽宽相等，且模数和压力角与刀具的模数和压力角相等。

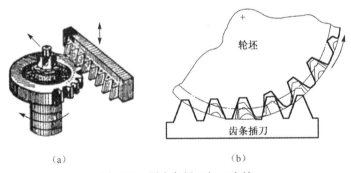

图 6-12 用齿条插刀加工齿轮

3）齿轮滚刀

前面所介绍的两种插齿刀具只能实现间断切削，生产效率低。目前生产中广泛应用的是齿轮滚刀，可实现连续切削，生产效率高，如图 6-13 所示。滚刀形状类似梯形螺纹的螺杆，轴向剖面齿廓为精确的直线齿廓，滚刀转动时相当于齿条在移动，这样便可按照范成原理切出轮坯的渐开线齿廓。滚刀除旋转外，还沿轮坯轴向逐渐移动，以便切出整个齿宽。滚切直齿轮时，为使滚刀齿螺旋线方向与被切轮齿方向一致，安装时，应使滚刀轴线与轮坯断面倾斜一个值等于滚刀导程角 γ 的角度。

用展成法加工齿轮时，只要刀具与被切齿轮的模数和压力角相同，不论被加工齿轮的齿数是多少，都可以用同一把刀具来加工，这给生产带来了很大的方便，因此展成法得到了广泛的应用。

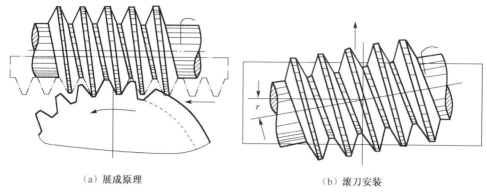

（a）展成原理　　　　　　　　　　（b）滚刀安装

图 6-13　用齿轮滚刀加工齿轮

6.6　渐开线齿轮的根切、最少齿数和变位齿轮

6.6.1　根切与最少齿数

为减小齿轮机构的尺寸和重量，在传动比和模数一定时，小齿轮齿数越少，与之啮合的大齿轮齿数越小，从而使齿轮机构的尺寸和重量也减小。因此设计齿轮机构时应使小齿轮齿数尽可能的少。但是，当用展成法加工渐开线

案例 6-3
　　如图 6-1 所示的汽车变速器所用齿轮是否需要变位？

齿轮时，如果齿数过少，切削刃会把轮齿根部的渐开线齿廓切去一部分，如图 6-14 所示，这种现象称为根切。根切的出现不仅削弱了轮齿的抗弯强度，而且使齿轮传动的重合度有所降低。

图 6-15 是齿条插刀加工标准齿轮的情况，刀具中心线与分度圆相切（切点即节点 C），并作纯滚动，齿条顶线恰好通过啮合极限点 N。

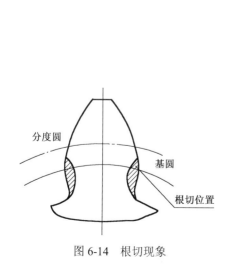

图 6-14　根切现象

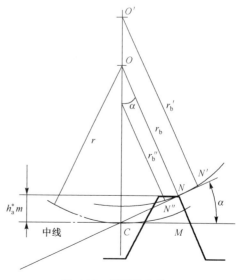

图 6-15　根切的产生

如果基圆半径增大，$r_b' > r_b$，N 点沿啮合线上移至 N' 点，加工不会产生根切。而如果基圆半径减小，$r_b'' < r_b$，N 点沿啮合线下移至 N'' 点，刀具顶线超过啮合极限点 N''，加工会出现根切。

所以如图 6-15 所示的 r_b 是不产生根切的最小基圆半径，得

$$r_b = r\cos\alpha = \frac{mz}{2}\cos\alpha \tag{6-11}$$

由于被切齿轮的 m 和 α 与刀具相同，所以基圆半径的大小取决于齿数 z，与不产生根切的基圆半径相对应的齿数称为标准齿轮无根切的最少齿数，用 z_{min} 表示。

要求无根切，则应满足 $h_a^* m \leqslant \overline{NM}$，而

$$\overline{NM} = \overline{CN}\sin\alpha = (\overline{OC}\cdot\sin\alpha)\cdot\sin\alpha = r\sin^2\alpha = \frac{mz}{2}\sin^2\alpha$$

由此得

$$z \geqslant \frac{2h_a^*}{\sin^2\alpha}, \quad z_{min} = \frac{2h_a^*}{\sin^2\alpha} \tag{6-12}$$

因此可知，当 $\alpha = 20°$、$h_a^* = 1$ 时，$z_{min} = 17$；当 $\alpha = 20°$、$h_a^* = 0.8$ 时，$z_{min} = 14$。

6.6.2 变位齿轮

在齿轮加工过程中，为了防止用标准刀具切制齿数较少的齿轮而发生根切现象，通过改变刀具与轮坯的相对位置来切制齿轮，避免了齿轮加工中的根切，这种方法就是所谓的变位修正法，利用这种方法加工的齿轮即变位齿轮。刀具中线（或分度线）相对齿坯移动的距离称为变位量（或移距）X，常用 xm 表示，x 称为变位系数。$x > 0$ 时，刀具移离齿坯，称为正变位；$x < 0$ 时，刀具移近齿坯，称为负变位。变位切制所得的齿轮称为变位齿轮。

1. 变位系数与变位齿轮齿厚

与标准齿轮相比，正变位齿轮分度圆齿厚和齿根圆齿厚增大，轮齿强度增大，负变位齿轮齿厚的变化恰好相反，轮齿强度削弱。

变位系数选择与齿数有关，对于 $h_a^* = 1$ 的齿轮，最小变位系数可计算为

> **案例 6-3 分析**
>
> 变位齿轮常为了避免齿轮产生根切和配凑中心距。
>
> 对于有几对齿轮安装在中间轴和第二轴上组合并构成的变速器，会因保证各档传动比的需要，使各相互啮合齿轮副的齿数和不同。为保证各对齿轮有相同的中心距，此时应对齿轮进行变位。

$$x_{min} = \frac{17 - z}{17} \tag{6-13}$$

刀具变位后，刀具节线上的齿距、模数、压力角相同，均为标准值。因此，变位齿轮分度圆上的模数、压力角也保持标准值不变。但是，节线上的齿厚和槽宽不相等，因此变位齿轮分度圆上的齿厚和齿槽宽也不再相等。正变位齿轮分度圆上的齿厚变大，齿槽宽变小；负变位齿轮则相反。图 6-16 中刀具作正变位，从图中可以看出，其分度线上的齿槽宽增大了 $2ab$；同时被切齿轮分度圆上的齿槽宽减小了 $2ab$。从图 6-16 可知

$$ab = xm\tan\alpha$$

因此，变位齿轮分度圆齿厚和齿槽宽分别为

$$s = \frac{\pi m}{2} + 2xm\tan\alpha \qquad (6\text{-}14)$$

$$e = \frac{\pi m}{2} - 2xm\tan\alpha \qquad (6\text{-}15)$$

式（6-14）和式（6-15）适用于正变位和负变位，负变位时 x 以负值代入。

2. 变位齿轮的传动类型

按照一对齿轮的变位系数之和 $(x_1 + x_2)$ 的取值情况不同，可将变位齿轮传动分为三种基本类型。

（1）零传动。若一对齿轮的变位系数之和为零（$x_1 + x_2 = 0$），则称为零传动。零传动又可分为两种情况。

一种是两齿轮的变位系数都等于零（$x_1 = 0$，$x_2 = 0$），这种齿轮传动就是标准齿轮传动。为了避免根切，两轮齿数均需大于 $z_{\min}$。

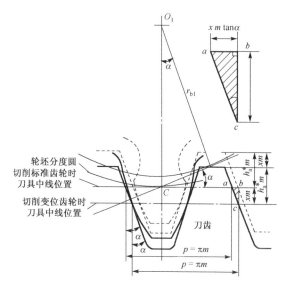

图 6-16 变位齿轮分度圆上的齿厚与齿槽宽

另一种是两轮的变位系数绝对值相等，即 $x_1 = -x_2$。这种齿轮传动称为高度变位齿轮传动。采用高度变位必须满足的齿数和条件为 $z_1 + z_2 \geqslant 2z_{\min}$。高度变位可以在不改变中心距的前提下合理协调大小齿轮的强度，有利于提高传动的工作寿命。

（2）正传动。若一对齿轮的变位系数之和大于零（$x_1 + x_2 > 0$），则这种传动称为正传动。因为正传动时，实际中心距 $a' > a$，因而啮合角 $\alpha' > \alpha$，因此也称为正角度变位。正角度变位有利于提高齿轮传动的强度，但使重合度略有减少。

（3）负传动。若一对齿轮的变位系数之和小于零（$x_1 + x_2 < 0$），则这种传动称为负传动。负传动时实际中心距 $a' < a$，因而啮合角 $\alpha' < \alpha$，因此也称为负角度变位。负角度变位使齿轮传动强度削弱，只用于安装中心距要求小于标准中心距的场合。为了避免根切，其齿数和条件为 $z_1 + z_2 \geqslant 2z_{\min}$。

6.7 齿轮的失效形式和设计准则

6.7.1 齿轮的失效形式

齿轮传动可分为开式传动和闭式传动。实践中应用较多的是闭式传动，这是封闭良好的一种传动类型。根据齿面硬度，齿轮传动又可分为软齿面（≤350HBS）齿轮和硬齿面（>350HBS）齿轮。根据工作转速不同，齿轮传动也可分为高速和低速。根据工作载荷不同，又分为轻载和重载。所以在实际应用时，齿轮会由于不同结构、不同工况、不同材料而出现各种不同的失效形式。

案例 6-4

案例图 6-1 所示的汽车变速器齿轮一般会发生怎样的失效？

齿轮传动是靠轮齿的依次啮合来传递运动和动力，且齿轮的齿圈、轮毂和轮辐通常根据经验设计，实践中很少失效，因此齿轮的失效主要发生在轮齿上。总结来说，齿轮轮齿经常出现的失效形式有以下五种。

1. 轮齿折断

轮齿折断通常有两种情况：一种是由于多次重复的弯曲应力和应力集中造成的疲劳折断；另一种是由于突然严重过载或冲击载荷作用引起的过载折断。这两种折断都起始于轮齿根部受拉的一侧。

> **案例 6-4 分析**
>
> 在所有汽车故障当中，因齿轮失效导致汽车变速器产生故障的要占到 60% 左右。变速器齿轮失效，主要表现为齿面磨损过度、点蚀剥落严重和因过度弯曲引起断齿等现象。在工作条件良好状况下，有关过度弯曲而引起断齿这种现象比较少出现，这种现象一旦产生，是能够比较容易判断出来的。

齿宽较小的直齿轮往往发生全齿折断，如图 6-17（a）所示；齿宽较大的直齿轮或斜齿轮则容易发生局部折断，如图 6-17（b）所示。

轮齿折断是齿轮传动中常出现的一种失效形式，应采取相应措施来避免这种失效形式的产生。可采取的措施：①提高齿根弯曲疲劳强度；②增大齿根过渡圆角半径以减少应力集中；③增大轴及支承的刚度使接触线上受载均匀；④在齿根处采用喷丸处理等强化措施；⑤采用适当的材料和热处理方法增大齿根的韧性，从而提高齿轮的抗折断能力。

2. 齿面点蚀

轮齿工作时，在齿面啮合处脉动循环变接触应力长期作用下，当应力峰值超过材料的接触疲劳极限，经过一定应力循环次数后，先在节线附近的齿根表面产生细微的疲劳裂纹。随着裂纹的扩展，将导致小块金属剥落，产生齿面点蚀，如图 6-18 所示。在直齿圆柱齿轮中，齿面点蚀主要出现在单对轮齿承载，即啮合点在节线附近靠近齿根处。

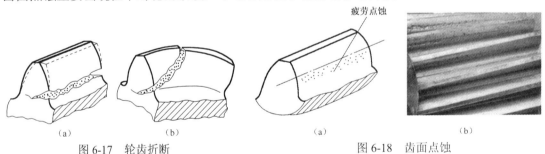

（a）　　　　　　（b）

图 6-17　轮齿折断

（a）　　　　　　（b）

图 6-18　齿面点蚀

点蚀常发生于润滑状态良好、齿面硬度较低（HB≤350 HBS）的闭式传动中。在开式传动中，由于齿面的磨损较快，往往点蚀还来不及出现或扩展即被磨掉了，所以看不到点蚀现象。

提高齿面抗点蚀能力的措施：①提高齿面材料的硬度；②采用合理的润滑，降低接触应力；③在合理的限度内，增大齿轮直径，从而减小接触应力；④在合理的限度内，用较高黏度的润滑油，以避免较稀的油挤入疲劳裂纹，加速裂纹扩展。

3. 齿面胶合

高速重载传动时，啮合区载荷集中、温升快，因而易引起润滑失效；低速重载时，油膜不易形成，均可导致两齿面金属直接接触而熔黏到一起，随着运动的继续而使软齿面上的金属被撕下，在轮齿工作表面上形成与滑动方向一致的沟纹，这种现象称为齿面胶合，如图 6-19 所示。

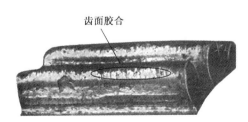

图 6-19　齿面胶合

防止齿面胶合的措施：①适当提高齿面硬度和降低齿面胶合表面粗糙度；②对于低速传动宜采用黏度大的润滑油，高速传动则应采用含有抗胶合添加剂的润滑油。

4. 齿面磨损

在开式齿轮传动中，由于灰尘、硬质颗粒等进入啮合齿面间会引起齿面磨损。齿面严重磨损后将破坏渐开线齿形，并使齿侧间隙增大，工作时会产生冲击和噪声，甚至会使齿厚过度减薄而引起轮齿折断，如图 6-20 所示。

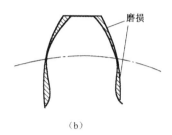

（a） （b）

图 6-20　齿面磨损

齿面磨损通常有磨粒磨损和跑合磨损两种。新的齿轮副，由于加工后表面具有一定的粗糙度，受载时实际上只有部分峰顶接触，接触处载荷大，因此在开始工作期间，磨损量较大，磨损到一定程度后，摩擦面变的较为光滑，这种磨损称为跑合。新齿轮副通常要进行跑合，当跑合结束后，必须清洗和更换润滑油。

防止齿面磨损的措施：①提高齿面材料的硬度；②采用闭式齿轮传动，并加以合理的润滑；③尽量为齿轮传动保持清洁的工作环境。

5. 塑性变形

低速重载传动时，若轮齿齿面硬度较低，当齿面间作用力过大，啮合中的齿面表层材料就会沿着摩擦力方向产生塑性流动，这种现象称为塑性变形，如图 6-21 所示。在起动和过载频繁的传动中，容易产生齿面塑性变形。

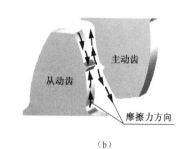

（a） （b）

图 6-21　齿轮塑性变形

降低齿面滑动系数，提高齿面硬度以及改善润滑等措施，都能有效地增强齿轮抗塑性变形的能力。

6.7.2　齿轮的设计准则

齿轮传动在具体的工作条件下，必须有足够的工作能力，以保证齿轮在整个工作过程中

> **案例 6-5**
>
> 图 6-1 所示的汽车变速器齿轮常采用什么材料？

不致失效。因此，必须针对齿轮轮齿的失效形式，建立相应的设计准则。但在工程上，不可能对所有的失效形式进行有效的设计计算。例如，对磨损，由于影响磨损的因素很多，而且很复杂，对磨损的本质和规律目前还在研究之中。因此，对磨损还没有比较成熟的计算方法。对于抗胶合能力计算，由于一些测试因素比较困难，计算方法也比较繁杂，因此在工程上还没有普遍采用。目前，工程实际应用的计算方法是齿根的弯曲疲劳强度计算和齿面的接触疲劳强度计算。

6.8　齿轮材料和精度等级

6.8.1　齿轮的材料及其选择

齿轮材料及其热处理方法的选择，应根据齿轮传动的载荷大小与性质、工作环境条件、结构尺寸和经济性等多方面的要求来确定。基本的要求是使齿轮具有一定的抗点蚀、抗疲劳折断、抗磨损、抗胶合、抗塑性变形等能力。总之，齿轮材料性能的要求是齿面硬、芯部韧。

1. 常用的齿轮材料

最常用的材料是钢，其次是铸铁，还有非金属材料。

（1）锻钢。由于锻钢的力学综合性能好，它是最常用的齿轮材料。常用含碳量为$0.15\%\sim0.6\%$的碳钢或者合金钢，适用于中小直径的齿轮。

> **案例 6-5 分析**
>
> 变速器齿轮经常在高转速、高负荷、转速和负荷不断交变的情况下工作。齿轮除了由于正常磨损外，还会由于润滑油品质不佳、润滑条件不良、驾驶操作不当等其他原因加速齿轮的磨损。齿轮是依靠本身的结构尺寸和材料强度来承受外载荷的，这就要求材料具有较高强度韧性和耐磨性；由于齿轮形状复杂，齿轮精度要求高，还要求材料工艺性好。因而，汽车变速器齿轮，多使用 20CrMnTi 合金结构钢制成，渗碳淬火处理，层深 $0.8\sim1.8$mm，表面硬度 HRC55 以上。

（2）铸钢。直径较大的齿轮采用铸钢，其毛坯要进行正火处理以消除残余应力和硬度不均匀的现象。

（3）铸铁。普通灰铸铁的铸造性能和切削性能好、性质较脆，抗点蚀和抗胶合能力强，但是抗冲击性能和韧性差，弯曲强度低，常用于低速、轻载、小功率的场合；球墨铸铁的力学性能和抗冲击性能远高于灰铸铁。

（4）非金属材料。如尼龙、塑料等。适用于高速、轻载、且要求降低噪声的场合。非金属材料的导热性差，使用时应注意润滑和散热。

齿轮常用材料及其机械性能如表 6-5 所示。

齿轮毛坯一般采用锻造（适用于中、小尺寸的齿轮）或铸造（适用于形状复杂、尺寸大的齿轮）的方法进行制造。

2. 常用的热处理方法

1）调质、正火：获得软齿面，强度低，工艺简单

（1）正火。正火能消除内应力、细化晶粒、改善力学性能。强度要求不高和不很重要的齿轮，可用中碳钢或中碳合金钢正火处理。大直径的齿轮可用铸钢正火处理。

（2）调质。调质后齿面硬度不高，易于跑合，可精切成形，力学综合性能较好。对中速、中等平稳载荷的齿轮，可采用中碳钢或中碳合金钢调质处理。

表 6-5　常用材料及机械性能

材料牌号	热处理方式	硬度	接触疲劳极限 $\sigma_{H\lim}$/MPa	弯曲疲劳极限 σ_{FE}/MPa	应用场合
45	正火	156~217HBS	350~400	280~340	低速轻载
	调质	197~286HBS	550~620	410~480	低速中载
	表面淬火	40~50HRC	1 120~1 150	680~700	高速中载，低速重载，冲击小
20Cr	渗碳淬火回火	56~62HRC	1 500	850	高速中载，承受冲击
40Cr	调质	217~286HBS	650~750	560~620	高速中载，无剧烈冲击
	表面淬火	48~55HRC	1 150~1 210	700~740	
35SiMn	调质	207~286HBS	650~760	550~610	高速中载，无剧烈冲击
	表面淬火	45~50HRC	1 130~1 150	690~700	
40MnB	调质	241~286HBS	680~760	580~610	高速中载，无剧烈冲击
	表面淬火	45~55HRC	1 130~1 210	690~720	
38SiMnMo	调质	241~286HBS	680~760	580~610	高速中载，无剧烈冲击
	表面淬火	45~55HRC	1 130~1 210	690~720	
	碳氮共渗	57~63HRC	880~950	790	中速中载，有较小冲击
20CrMnTi	渗氮	>850HV	1 000	715	高速中载，承受冲击
	渗碳淬火回火	56~62HRC	1 500	850	
ZG310-570	正火	163~197HBS	280~330	210~250	中速中载，大直径
ZG340-640	正火	179~207HBS	310~340	240~270	
ZG35SiMn	调质	241~269HBS	590~640	500~520	高速中载，无剧烈冲击
	表面淬火	45~53HRC	1 130~1 190	690~720	
HT250	人工时效	170~240HBS	320~380	90~140	低速轻载，冲击很小
HT300	人工时效	187~255HBS	330~390	100~150	
QT500-7	正火	170~230HBS	450~540	260~300	低、中速轻载，有较小的冲击
QT600-3	正火	190~270HBS	490~580	280~310	

注：表中的 $\sigma_{H\lim}$，σ_{FE} 数值，是根据 GB/T 3480—1997 提供的线图，依材料的硬度值查得的，它适用于材质和热处理质量达到中等要求时。

2）整体淬火、表面淬火、表面渗碳淬火、渗氮等：获得硬齿面，强度高

（1）整体淬火。整体淬火后再低温回火，这种热处理工艺较简单，但轮齿变形较大，质量不易保证，芯部韧性较低，不适于承受冲击载荷，热处理后必须进行磨齿、研齿等精加工。中碳钢或中碳合金钢可采用这种热处理。

（2）表面淬火。表面淬火后再低温回火，由于芯部韧性高，接触强度高，耐磨性能好，能承受中等冲击载荷。因为只在表面加热，轮齿变形不大，一般不需要最后磨齿，如果硬化层较深，则变形较大，应进行热处理后的精加工。

（3）表面渗碳淬火。表面渗碳淬火的齿轮表面硬度高，接触强度好，耐磨性好，芯部韧性好，能承受较大的冲击载荷，但轮齿变形较大，弯曲强度也较低，载荷较大时渗碳层有剥离的可能，常用低碳钢或低碳合金钢。

整体淬火、表面淬火适用于中碳钢；表面渗碳淬火适用于低碳钢。淬火后需磨齿，工艺较复杂；渗氮不需要磨齿。

3. 齿轮材料选用的基本原则

（1）齿轮材料必须满足工作条件的要求，如强度、寿命、可靠性、经济性等。

（2）应考虑齿轮的尺寸大小，毛坯成型方法及热处理和制造工艺。

（3）钢制软齿面齿轮，小轮的齿面硬度应比大齿轮高 30~50HBS。

（4）硬齿面齿轮传动，两轮的齿面硬度可大致相同，或小轮硬度略高。

6.8.2 齿轮传动的精度等级

齿轮作为非常重要的传动通用零件，在设计制造过程中会存在加工误差，如齿形误差、齿距误差、齿向误差等，在装配过程中又会存在安装误差。这些误差会对传动造成传动比不准确、传动不平稳、载荷分布不均匀等。

渐开线圆柱齿轮精度（GB/T 10095—2008）和渐开线锥齿轮精度标准（GB/T 11365—1989）对圆柱齿轮和齿轮副规定了 12 个精度等级，其中 1 级最高，12 级最低。根据齿轮的误差特性及其对传动性能的影响，精度要求分为三个组：第 I 公差组、第 II 公差组、第 III 公差组，各公差组主要反映运动精度、运动平稳性和承载能力方面的要求。一般动力传动的公差等级，要根据传动用途、平稳性要求、节圆圆周速度、载荷、运动精度要求等确定。常见机器所用齿轮传动的精度等级范围列于表 6-6，根据圆周速度推荐的齿轮传动精度等级如表 6-7 所示。

小思考 6-3

齿轮传动的精度将会直接影响机器的传动质量、效率和使用寿命，请思考：如何检测齿轮的精度呢？

表 6-6　机器所用齿轮传动的精度等级

机器名称	精度等级	机器名称	精度等级
汽轮机	3～6	拖拉机	6～8
金属切削机床	3～8	通用减速机	6～8
航空发动机	4～8	锻压机床	6～9
轻型汽车	5～8	起重机	7～10
载重汽车	7～9	农业机械	8～11

注：主传动齿轮或重要的齿轮传动，精度等级偏上限选择；辅助传动的齿轮或一般齿轮传动，精度等级居中或偏下限选择。

表 6-7　传动精度等级的选用

精度等级	圆周速度 v/(m/s)			应用
	直齿圆柱齿轮	斜齿圆柱齿轮	直齿锥齿轮	
6 级	≤15	≤30	≤12	高速重载的齿轮传动，如飞机、汽车和机床中的重要齿轮，分度机构的齿轮传动等
7 级	≤10	≤15	≤8	高速中载或中速重载的齿轮传动，如标准系列减速器的齿轮，汽车和机床中的齿轮
8 级	≤6	≤10	≤4	机械制造中对精度无特殊要求的齿轮
9 级	≤2	≤4	≤1.5	低速和对精度要求低的传动

6.9　标准直齿圆柱齿轮传动设计计算

6.9.1　标准直齿圆柱齿轮轮齿的受力分析

齿轮在啮合过程中，是依靠轮齿之间的接触来传递运动和动力。直齿圆柱齿轮的轮齿沿宽度方向与轴线平行，因此实际接触线为一条平行于轴线的线段，接触线的宽度为轮齿的有效啮合宽度。主动轮齿依靠这些接触线将运动和动力传递给从动轮齿。在这个过程中，主、从动轮齿都要受力，当该力大到一定程度时，

案例 6-6

图 6-1 所示的汽车变速器，哪些挡位采用直齿圆柱齿轮，如何进行设计？

其引起的齿根弯曲应力和齿面接触应力也过大，从而使得齿根弯曲疲劳强度和齿面接触疲劳强度不足，齿轮轮齿失效。因此，要对直齿圆柱齿轮进行设计计算，必须先确定轮齿上作用力的大小和方向。

1. 轮齿上的作用力

对齿轮进行受力分析时，若忽略摩擦力，则轮齿之间相互作用的总压力为法向力 F_n，沿接触线均匀分布。为简化分析，常用作用在齿宽中点处的集中力来代替。设一对标准直齿圆柱齿轮按标准中心距安装，小齿轮 1 为主动轮，齿轮齿廓在节点 C 处啮合接触，如图 6-22 所示。由渐开线特性可知，节点 C 处法向力 F_n 的方向与啮合线、正压力作用线和基圆的公切线重合。由图 6-22 可知，F_n 可分解为两个方向的分力：

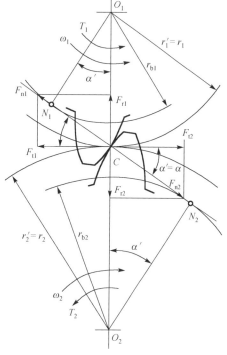

圆周力 $$F_t = \frac{2T_1}{d_1} \qquad (6\text{-}16)$$

径向力 $$F_r = F_t \tan \alpha \qquad (6\text{-}17)$$

法向力 $$F_n = \frac{F_t}{\cos \alpha} \qquad (6\text{-}18)$$

式中，T_1 为小齿轮上的转矩，$T_1 = 10^6 \frac{p}{\omega_1} = 9.55 \times 10^6 \frac{p}{n_1}$，其中 P 为传递的功率，kW；ω_1 为小齿轮上的角速度，$\omega_1 = \frac{2\pi n_1}{60}$，$n_1$ 为小齿轮的转速，r/min；d_1 为小齿轮的分度圆直径，mm；α 为压力角，标准齿轮 $\alpha = 20°$。

以上分析的是主动轮齿所受的反作用力，从动轮齿的作用力与其大小相等，方向相反。

齿轮所受力的方向取决于该齿轮是主动齿轮还是从动齿轮。轮齿在法向力的作用下均受压，因此使

图 6-22 轮齿受力分析

得径向力的方向均指向齿轮的中心，简称"指向轮心"，圆周力的方向符合"主反从同"的原则。即对于一对互相啮合的齿轮而言，当两齿轮在节点 C 处啮合时，主动轮 1 的径向力 F_{r1} 由啮合点 C 指向中心 O_1，圆周力 F_{t1} 过节点 C 且与节点 C 处圆周线速度的方向相反。而从动轮 2 的径向力 F_{r2} 由啮合点 C 指向中心 O_2，圆周力 F_{t2} 过节点 C 且与节点 C 处圆周线速度的方向相同。

2. 计算载荷

上述计算过程中的 F_n 是在理想状态下，作用在节点 C 处的接触线上的集中名义载荷。当齿轮在实际状况下工作时，由于原动机和工作机的载荷特性不同，产生附加动载荷，由于齿轮、轴和支承装置加工、安装误差和受载后产生的弹性变形，使载荷沿齿宽分布不均匀造成载荷集中等原因，结果使实际载荷比名义载荷大。

在齿轮传动的强度计算时，需引入载荷系数 K，使设计计算更为准确，确定载荷系数 K 要考虑多种因素的影响，一般由使用系数、动载系数、分布系数、分配系数四部分组成。本

书为简化计算，仅用计算载荷 KF_n 表示来考虑上述各种因素的影响，以代替名义载荷 F_n，使之尽可能符合作用在轮齿上的实际载荷，载荷 KF_n 称为计算载荷，用符号 F_{ca} 表示，即

$$F_{ca} = KF_n \qquad (6-19)$$

载荷系数 K 可由表 6-8 查取。

表 6-8　载荷系数

工作机械	载荷特性	原动机		
		电动机	多缸内燃机	单缸内燃机
均匀加料的输送机和加料机、轻型卷扬机、发电机、机床辅助传动	均匀、轻微冲击	1～1.2	1.2～1.6	1.6～1.8
不均匀加料的输送机和加料机、重型卷扬帆、球磨机、机床主传动	中等冲击	1.2～1.6	1.6～1.8	1.8～2.0
冲床、钻机、轧机、破碎机、挖掘机	大的冲击	1.6～1.8	1.9～2.1	2.2～2.4

注：斜齿、圆周速度低、精度高、齿宽系数小、齿轮在两轴间对称布置，取小值；直齿、圆周速度高、精度低、齿宽系数大、齿轮在两轴间不对称布置和悬臂布置，取大值。

用集中作用于分度圆上齿宽中点处的法向力 F_n 代替轮齿所受的分布力，将 F_n 分解，得

切向力　　　　　　　　　　　　　　　　$F_t = \dfrac{2T_1}{d_1}$

径向力　　　　　　　　　　　　　　　　$F_r = F_t \tan \alpha$

法向力　　　　　　　　　　　　　　　　$F_n = \dfrac{F_t}{\cos \alpha}$

式中，d_1 为小轮的分度圆直径，mm；T_1 为小轮的名义转矩，N·mm。

各个分力方向的确定如下。

（1）主动轮 F_{t1} 的方向与其转向相反；从动轮 F_{t2} 的方向与其转向相同。

（2）外齿轮的径向力 F_r 的方向指向各自的轮心，内齿轮的径向力 F_r 由节点背离轮心。

6.9.2　标准直齿圆柱齿轮齿面接触疲劳强度计算

齿面接触应力的计算是以两圆柱体接触时的最大接触应力推导出来的。根据渐开线的性质，一对齿轮啮合时轮齿表面啮合位置是不同的，可以看作两个曲率半径随时变化的平行圆柱体的接触过程，所以各个啮合位置的接触应力也不相同。考虑到轮齿在节点处啮合时通常有一对轮齿承担载荷，而且点蚀多发生在节线附近的齿根区域，因此，在工程上，常计算节点处的接触应力。经推导得出齿面接触疲劳强度校核公式为

案例 6-6 分析

如图 6-1 所示的汽车变速器，一般倒挡和一挡采用直齿圆柱齿轮，因为这两个挡位使用频率低，对平稳性与可靠性要求较低，同时也满足加工工艺性要求。

直齿圆柱齿轮设计步骤如下。

（1）根据齿根弯曲疲劳强度设计公式进行设计。

（2）对齿面接触疲劳强度进行校核计算。

$$\sigma_H = Z_E \cdot Z_H \cdot Z_\varepsilon \cdot \sqrt{\frac{2KT_1}{bd_1^2} \cdot \frac{u \pm 1}{u}} \leq [\sigma_H] \qquad (6-20)$$

为简化公式，减少未知参数，引入齿宽系数 ϕ_d（表 6-9），令有效齿宽 $b = \phi_d d_1$，整理公式（6-20）得齿面接触疲劳强度设计公式为

$$d_1 \geq 3 \sqrt{\frac{2KT_1}{\phi_d} \cdot \frac{u \pm 1}{u} \left(\frac{Z_E \cdot Z_H \cdot Z_\varepsilon}{[\sigma_H]} \right)^2} \quad \text{（"+"用于外啮合，"-"用于内啮合）} \tag{6-21}$$

式中，u 为齿数比，$u = d_2 / d_1 = z_2 / z_1$；$Z_E$ 为弹性系数，用来修正材料弹性模量 E 和泊松比 μ 对接触应力的影响，$\text{MPa}^{1/2}$，（不同材料组合的齿轮副，其弹性系数可查表 6-10 获得。泊松比 μ 除尼龙取 0.5 外，其余材料均取 0.3）；Z_H 为节点区域系数，$Z_H = \sqrt{\dfrac{2}{\sin\alpha \cdot \cos\alpha}}$，对于标准直齿圆柱齿轮 $Z_H = 2.5$，用来考虑节点处齿廓形状对接触应力的影响；Z_ε 为重合度系数，用来考虑重合度对齿宽载荷的影响，$Z_\varepsilon = \sqrt{\dfrac{4 - \varepsilon}{3}}$；$[\sigma_H]$ 为许用接触应力，计算时代入两轮较小的 $[\sigma_H]$，$[\sigma_H] = \dfrac{\sigma_{Hlim}}{S_H}$，其中 σ_{Hlim} 为接触疲劳极限（其值见表 6-5），S_H 为接触疲劳强度的最小安全系数（其值见表 6-11）。

表 6-9 圆柱齿轮的齿宽系数 ϕ_d

两支承相对齿轮的布置	对称布置	非对称布置	悬臂布置
软齿面或大齿轮为软齿面	0.8～1.8	0.2～1.2	0.3～0.4
硬齿面	0.4～0.9	0.3～0.6	0.2～0.25

注：直齿圆柱齿轮宜取小值，斜齿圆柱齿轮可取大值；载荷稳定、轴刚度大时可取大值；变载荷、轴刚度小时应取较小值。

表 6-10 弹性系数 Z_E （$\sqrt{\text{MPa}}$）

	锻钢	铸钢	球墨铸铁	灰铸铁	夹布胶木
锻钢	189.8	188.9	181.4	162	56.4
铸钢	188.9	188.0	180.5	161.4	—
球墨铸铁	181.4	180.5	173.9	156.6	—
灰铸铁	165.4	161.4	156.6	143.7	—

表 6-11 最小安全系数 S_H、S_F 的参考值

失效概率（按使用要求提出）	S_{Hmin}	S_{Fmin}
≤1/10 000（高可靠度）	1.5	2.0
≤1/1 000（较高可靠度）	1.25	1.6
≤1/100（一般可靠度）	1	1.25
≤1/10（低可靠度）	0.85	1.0

6.9.3 标准直齿圆柱齿轮齿根弯曲疲劳强度计算

一般闭式传动中，齿轮的主要失效形式为齿根弯曲疲劳折断和齿面接触疲劳点蚀，所以必须进行相应的强度计算，确定齿轮受力、齿轮尺寸与计算弯曲应力和计算接触应力之间的关系。

1．计算模型

为简化计算，通常假设全部载荷作用在只有一对轮齿啮合时的齿顶，并把轮齿看作悬臂梁，则轮齿根部为危险截面，如图 6-23 所示。

危险截面的确定——30°切线法：作与轮齿对称中线成 30°角并与齿根过渡曲线相切的切线，通过两切点平行于齿轮轴线的截面。

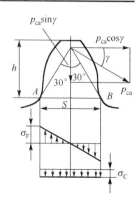

图 6-23 齿根危险截面

应用材料力学的方法，可得齿根弯曲疲劳强度校核公式为

$$\sigma_F = \frac{2KT_1}{bd_1 m} Y_{Fa} Y_{Sa} Y_\varepsilon \leqslant [\sigma_F] \qquad (6\text{-}22)$$

将 $\phi_d = \dfrac{b}{d_1}$，$d_1 = mz_1$ 代入式（6-22），得弯曲疲劳强度设计公式为

$$m \geqslant \sqrt[3]{\frac{2KT_1}{\phi_d z_1^2 [\sigma_F]} \cdot Y_{Fa} Y_{Sa} \cdot Y_\varepsilon} \qquad (6\text{-}23)$$

式中，Y_{Fa} 为复合齿形系数，考虑齿形以及正压力、剪应力对弯曲应力的影响而引入的系数，与齿数和变位系数有关，其值见表 6-12；Y_{Sa} 为应力集中系数，考虑齿根圆角应力集中而引入的系数，其值见表 6-12；Y_ε 为重合度系数，考虑重合度对弯曲应力的影响，$Y_\varepsilon = 0.25 + \dfrac{0.75}{\varepsilon}$；$[\sigma_F]$ 为许用弯曲应力，MPa；$[\sigma_F] = \dfrac{\sigma_{FE}}{S_F}$，其中 σ_{FE} 为齿轮的弯曲疲劳极限（其值见表 6-5），S_F 为弯曲疲劳强度的最小安全系数（其值见表 6-11）。

2. 在对齿轮轮齿进行弯曲疲劳强度校核与设计时要注意的问题

（1）由弯曲应力的推导过程可知，互相啮合的一对齿轮，弯曲应力 σ_F 不同，主要是由于齿数不等，即齿形系数 Y_{Fa} 和应力集中系数 Y_{Sa} 不等。

表 6-12　齿形系数 Y_{Fa} 和应力集中系数 Y_{Sa}

$z(z_v)$	17	18	19	20	22	25	27	30	35
Y_{Fa}	2.97	2.91	2.85	2.81	2.72	2.63	2.57	2.53	2.46
Y_{Sa}	1.52	1.53	1.54	1.56	1.575	1.59	1.61	1.625	1.65
$z(z_v)$	40	45	50	60	70	80	100	200	∞
Y_{Fa}	2.41	2.37	2.33	2.28	2.25	2.23	2.19	2.12	2.06
Y_{Sa}	1.67	1.69	1.71	1.73	1.75	1.775	1.80	1.865	1.97

（2）在式（6-22）中，计算 σ_{F1} 和 σ_{F2} 时所代入的 $\dfrac{2KT_1}{bd_1 m}$ 相同，即公式中 T_1 和 d_1 都是主动轮 1 上的参数，而 b 为接触线的宽度即有效齿宽。

（3）许用弯曲应力 $[\sigma_F] = \dfrac{\sigma_{FE}}{S_F}$，材料、热处理方式不同，许用值不同。所以齿根弯曲疲劳强度的校核应分别校核。式中 σ_{FE} 为试验齿轮的弯曲疲劳极限，可在表 6-5 中查得。当齿轮齿廓双侧工作时，实际的疲劳极限应取查得数值的 70%。S_F 为弯曲疲劳强度的安全系数，一般取 $S_F = 1.25$，当齿轮损坏可能造成严重影响时取 $S_F = 1.6$。

小思考 6-4

齿轮材质完全相同，请思考：①两齿轮的齿根弯曲强度是否相同？齿面接触强度是否相同？②若小齿轮的材质远远优于大齿轮，弯曲疲劳强度和接触疲劳强度又怎样变化？

（4）设计齿轮时，在式（6-23）中代入 $\dfrac{Y_{Fa} Y_{Sa}}{[\sigma_F]}$ 的值要根据弯曲疲劳强度弱的齿轮来确定，即代入两轮比值中的大值。

6.9.4　标准直齿圆柱齿轮传动设计参数的选择

1. 压力角 α

由机械原理可知,增大压力角 α,轮齿的齿厚和节点处的齿廓曲率半径亦皆随之增加,有利于提高齿轮传动的弯曲强度和接触强度。我国对一般用途的齿轮传动规定的标准压力角为 $\alpha=20°$。为增强航空用齿轮传动的弯曲强度和接触强度,我国航空齿轮传动标准还规定了 $\alpha=25°$ 的标准压力角。但增大压力角并不一定都对传动有利。对重合度接近 2 的高速齿轮传动,推荐采用齿顶高系数为 $1\sim1.2$,压力角为 $16°\sim18°$ 的齿轮,这样可增加轮齿的柔性,降低噪声和动载荷。

2. 小齿轮齿数 z_1

若保持齿轮传动的中心距 a 不变,增加齿数,除能增大重合度、改善传动的平稳性外,还可减小模数、降低齿高,因而减少金属切削量,节省制造费用。另外,降低齿高还能减小滑动速度,减少磨损和胶合的可能性。但模数小了,齿厚随之减薄,则要降低轮齿的弯曲强度。不过在一定的齿数范围内,尤其是当承载能力主要取决于齿面接触强度时,以齿数多一些为好。闭式齿轮传动一般转速较高,为了提高传动的平稳性,减小冲击振动,以齿数多一些为好。小齿轮的齿数可取为 $z_1=20\sim40$。开式(半开式)齿轮传动,由于轮齿主要为磨损失效,为使轮齿不至过小,故小齿轮不宜选用过多的齿数,一般可取 $z_1=17\sim20$。

为使轮齿免于根切,对于 $\alpha=20°$ 的标准直齿圆柱齿轮,应取 $z_1 \geqslant 17$。

3. 齿宽系数 ϕ_d

由齿轮的强度计算公式可知,轮齿越宽,承载能力越高;但增大齿宽又会使齿面上的载荷分布不均匀,故齿宽系数应取得适当。

圆柱齿轮的计算齿宽 $b=\phi_d d_1$,并加以圆整。为了防止两齿轮因装配后轴向稍有错位而导致啮合齿宽减小,常把小齿轮的齿宽在计算齿宽 b 的基础上人为地加宽 $5\sim10mm$。

4. 齿轮精度

齿轮精度等级的影响:齿轮精度等级高,内部动载荷、齿间载荷分配与齿向载荷分布较均匀,并且利于润滑油膜的形成,可以有效地降低齿轮传动的振动与噪声,但制造成本高。因而,根据工作机的要求和齿轮的圆周速度确定精度等级。

6.10　斜齿圆柱齿轮传动

6.10.1　斜齿轮齿廓的形成和特点

斜齿轮齿面形成的原理和直齿轮类似,所不同的是形成渐开线齿面的直线 KK 与基圆轴线偏斜了一角度 β_b(图 6-24(a)),KK 线展成斜齿轮的齿廓曲面,称为渐开线螺旋面。该曲面与任意一个以轮轴为轴线的圆柱面的交线都是螺旋线。由斜齿轮齿面的形成原理可知,在端平面上,斜齿轮与直齿轮一样具有准确的渐开线齿形。

案例 6-7

如图 6-1 所示的汽车变速器,哪些挡位采用斜齿圆柱齿轮传动,如何进行设计?

如图 6-24(b)所示,斜齿轮啮合传动时,齿面接触线的长度随啮合位置而变化,开始时接触线长度由短变长,然后由长变短,直至脱离啮合,因此提高了啮合的平稳性。

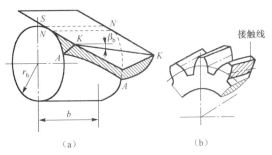

图 6-24　斜齿轮齿面形成及接触线

一对斜齿轮外啮合的正确啮合条件，除要求两轮模数和压力角必须相等外，两轮分度圆圆柱螺旋角 β（以下简称螺旋角）也必须大小相等方向相反，即一为左旋，一为右旋。

由上述分析可知，与直齿圆柱齿轮传动相比，斜齿轮传动具有以下优点。

（1）平行轴斜齿轮传动中齿廓接触线是斜直线，轮齿是逐渐进入和脱离啮合的，故工作平稳，冲击和噪声小，适用于高速传动。

（2）重合度较大，有利于提高承载能力和传动的平稳性。

（3）不发生根切的最少齿数小于直齿轮不发生根切的最小齿数 z_{min}。

斜齿轮的主要缺点是传动中斜齿齿面受法向力作用时会产生轴向分力，运用斜齿轮的场合往往需要安装推力轴承，这无疑会使结构复杂化。为了克服此缺点，可采用人字齿轮。人字齿轮可以看作两个螺旋角大小相等方向相反的斜齿轮合并而成，由于左右对称，所以两轴向力可以相互抵消。但人字齿轮制造较困难，成本高。

6.10.2　斜齿圆柱齿轮的主要参数

对斜齿轮来说，存在端面参数和法向参数两种表征齿形的参数，法向参数通常用下标 n 表示，端面参数用下标 t 表示，两者之间因为螺旋角 β 而存在确定的几何关系。

图 6-25 的上图为斜齿条，中线平面（分度面）是指通过端面齿条中线且平行轮齿齿顶部的剖面。图 6-25 的下图为斜齿条分度面的截面图，从图中可得端面齿距 p_t 和法面齿距 p_n 的关系为

$$p_n = p_t \cos\beta \tag{6-24}$$

由于 $p = \pi m$，故端面模数 m_t 与法面模数 m_n 也有此关系为

$$m_n = m_t \cos\beta \tag{6-25}$$

图 6-26 所示为斜齿条的一个齿，$\triangle OAB$ 在齿条的端面上，$\angle OAB$ 在数值上等于端面压力角 α_t。$\triangle OAC$ 在齿条的法面上，$\angle OAC$ 在数值上等于法向压力角 α_n，由图中的几何关系可得

$$\tan\alpha_n = \tan\alpha_t \cos\beta \tag{6-26}$$

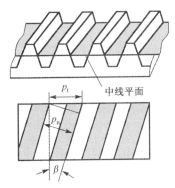

图 6-25　斜齿条分度面截面图

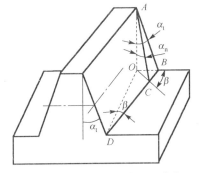

图 6-26　斜齿条法面和端面压力角

由于切齿刀具齿形为标准齿形，所以斜齿轮的法向基本参数也为标准值，设计、加工和测量斜齿轮时均以法向为基准。规定：m_n 为标准值，$\alpha_n = \alpha = 20°$；正常齿制，取 $h_{an}^* = 1$，$c_n^* = 0.25$；短齿制，取 $h_{an}^* = 0.8$，$h_{an}^* = 0.3$。

一对斜齿轮传动在端面上相当于一对直齿轮传动，因此可将直齿轮的几何尺寸计算公式用于斜齿轮端面。渐开线标准斜齿轮的其他尺寸计算公式见表 6-13。

表 6-13　标准斜齿轮尺寸计算公式

名　称	符　号	计　算　公　式
螺旋角	β	一般取 $\beta = 8° \sim 20°$
齿顶高	h_a	$h_a = h_{an}^* m_n$
齿根高	h_f	$h_f = h_a + c = (h_{an}^* + c^*)m_n$
全齿高	h	$h = h_a + h_f = (2h_{an}^* + c^*)m_n$
分度圆直径	d	$d = m_t z = (m_n / \cos \beta)z$
齿顶圆直径	d_a	$d_a = d + 2h_a = (z / \cos \beta + 2h_{an}^*)m_n$
齿根圆直径	d_f	$d_f = d - 2h_f = (z / \cos \beta - 2h_{an}^* - 2c^*)m_n$
基圆直径	d_b	$d_b = d \cos \alpha_t = m_t z \cos \alpha_t$
标准中心距	a	$a = m_n(z_1 + z_2) / 2\cos \beta$

从表 6-13 中可知，斜齿轮传动的中心距与螺旋角 β 有关，当一对齿轮的模数、齿数一定时，可以通过改变螺旋角 β 的方法凑中心距。

6.10.3　平行轴斜齿轮传动的重合度

由平行轴斜齿轮一对齿啮合过程的特点可知，在计算斜齿轮重合度时，还必须考虑螺旋角 β 的影响。

图 6-27 所示为两个端面参数（齿数、模数、压力角、齿顶高系数和顶隙系数）完全相同的标准直齿轮和标准斜齿轮的分度圆柱面（即节圆柱面）展开图。由于直齿轮接触线为与齿宽相当的直线，从 B 点开始啮入，从 B' 啮出，工作区长度为 BB'；斜齿轮接触线，由点 A 啮入，接触线逐渐增大，至 A' 啮出，比直齿轮多转过一个弧 $f = b\tan\beta$，因此平行轴斜齿轮传动的重合度为端面重合度和纵向重合度之和。平行轴

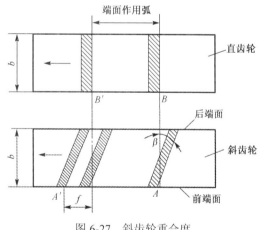

图 6-27　斜齿轮重合度

斜齿轮的重合度随螺旋角 β 和齿宽 b 的增大而增大，其值可以达到很大。这也是斜齿轮传动平稳、承载能力高的原因之一。工程设计中，常根据齿数和 $(z_1 + z_2)$ 以及螺旋角 β 查表求取重合度。

6.10.4　平行轴斜齿轮传动的当量齿轮和当量齿数

用范成法加工斜齿轮选择刀具时，刀具的刀刃位于斜齿轮的法面内，并沿着螺旋齿槽的方向进刀。因此，刀具的刀刃形状必须与轮齿的法向齿槽形状相当，如图 6-28 所示，过斜齿

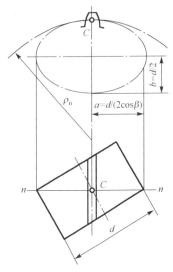

图 6-28 斜齿圆柱齿轮的当量齿轮

轮分度圆柱面上 C 点作轮齿螺旋线的法面 $n\text{-}n$，它与分度圆柱面的交线为一椭圆。椭圆的短半轴为 $d/2$，长半轴为 $d/(2\cos\beta)$。已知椭圆上 C 点的曲率半径为

$$\rho_n = \frac{a^2}{b} = \frac{d}{2\cos^2\beta}$$

若以曲率半径 ρ_n 为分度圆半径，取斜齿轮的法面模数 m_n 为标准模数，以标准即法向压力角作一假想直齿圆柱齿轮，该齿轮齿形与斜齿轮的法面齿形非常接近。该假想直齿轮称为斜齿轮的当量齿轮，其齿数称为斜齿轮的当量齿数，用 z_v 表示，则

$$z_v = \frac{2\rho_n}{m_n} = \frac{z}{\cos^3\beta} \qquad (6\text{-}27)$$

由式（6-27）可知，斜齿轮的当量齿数不为整数，且大于斜齿轮的齿数。

由于斜齿轮的当量齿轮是一个标准直齿圆柱齿轮，其最小根切齿数 $z_{vmin} = 17$，由此可知斜齿轮的最小根切齿数为

$$z_{min} = z_{vmin}\cos^3\beta$$

6.10.5 斜齿圆柱齿轮传动设计计算

1. 平行轴渐开线斜齿轮的受力分析

与直齿圆柱齿轮相同，在进行设计计算之前必须先进行受力分析。已知斜齿轮的轮齿螺旋线方向与齿轮轴线夹角为螺旋角 β。取斜齿轮节线宽度中点作为节点 C，过 C 作法向平面，因此，斜齿轮轮齿之间的法向力 F_n 作用于该法向平面内，分解为径向力 F_r、圆周力 F_t 和轴向力 F_a，如图 6-29 所示。各力大小为

圆周力
$$F_t = \frac{2T_1}{d_1} \qquad (6\text{-}28)$$

径向力
$$F_r = \frac{F_t \tan\alpha_n}{\cos\beta} \qquad (6\text{-}29)$$

轴向力
$$F_a = F_t \tan\beta \qquad (6\text{-}30)$$

法向力
$$F_n = \frac{F_t}{\cos\alpha_n \cos\beta} \qquad (6\text{-}31)$$

斜齿轮的轴向力的大小与螺旋角的正切成正比，因此，为限制轴向力的大小，螺旋角不能太大，一般取 $\beta = 8° \sim 20°$。

斜齿轮圆周力和径向力方向的判断方法与直齿圆柱齿轮相同，但判断轴向力方向前必须先判断主动斜齿轮的螺旋线方向，简称旋向。当斜齿轮轴线竖直放置时，若轮齿倾斜方向使得左边高，则斜齿轮为左旋，右边高则为右旋。用左右手定则来判断轴向力，左旋用左手，右旋用右手，四指弯曲的方向表示转动方向，大拇指的方向即为轴向力的方向，且注意左右手定则仅适用于主动斜齿轮。然后可以根据作用力和反作用力的原则确定从动斜齿轮轴向力的方向。

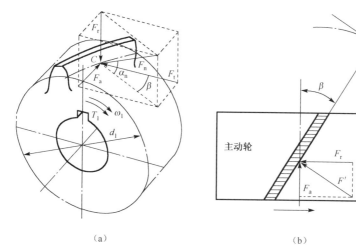

（a）　　　　　　　　　　　（b）

图 6-29　平行轴渐开线斜齿轮的受力分析

案例 6-7 分析

如图 6-1 所示的汽车减速器，除一挡和倒挡，其他挡位采用斜齿圆柱齿轮传动，因为这些挡位使用频率高，对传动的平稳性与可靠性要求高，斜齿圆柱齿轮满足该要求。

斜齿圆柱齿轮设计步骤：（1）根据齿根弯曲疲劳强度设计公式进行设计；（2）对齿面接触疲劳强度进行校核。斜齿圆柱齿轮比直齿圆柱齿轮多出一个参数，即螺旋角 β，可以通过螺旋角 β 凑中心距。

2. 斜齿圆柱齿轮的强度计算

斜齿轮的强度计算方法可参看直齿圆柱齿轮，但斜齿轮重合度更大，接触线方向倾斜，且其当量齿轮可视作直齿圆柱齿轮，因此在建立斜齿圆柱齿轮传动的弯曲强度计算模型时，用一对当量直齿圆柱齿轮来代替原来的斜齿轮，把当量齿轮的相关参数代入，并考虑到斜齿圆柱齿轮倾斜的接触线对提高弯曲强度有利，故引入螺旋角系数 Y_β 对其进行修正，从而得到一对钢制标准斜齿轮传动的齿根弯曲疲劳强度校核与设计公式，分别为

$$\sigma_F = \frac{2KT_1}{bd_1 m_n} \cdot Y_{Fa} Y_{Sa} \leqslant [\sigma_F] \qquad (\text{MPa}) \qquad （6-32）$$

$$m_n \geqslant \sqrt[3]{\frac{2KT_1}{\phi_d z_1^2} \frac{Y_{Fa} Y_{Sa}}{[\sigma_F]} \cos^2 \beta} \qquad (\text{mm}) \qquad （6-33）$$

式中，Y_{Fa} 为齿形系数，由当量齿数 $z_v = z/(\cos^3 \beta)$ 查表 6-12；Y_{Sa} 为应力集中系数，由当量齿数 z_v 查表 6-12。

齿面接触疲劳强度校核与设计公式为

$$\sigma_H = Z_E Z_H Z_\beta \sqrt{\frac{2KT_1}{bd_1^2} \frac{u \pm 1}{u}} \leqslant [\sigma_H] \qquad (\text{MPa}) \qquad （6-34）$$

$$d_1 \geqslant \sqrt[3]{\frac{2KT_1}{\phi_d} \frac{u \pm 1}{u} \left(\frac{Z_E Z_H Z_\beta}{[\sigma_H]} \right)^2} \qquad (\text{mm}) \qquad （6-35）$$

式中，Z_E 为材料弹性系数，由表 6-10 查取；Z_H 为节点区域系数，标准齿轮 $Z_H = 2.5$；$Z_\beta = \sqrt{\cos \beta}$ 为螺旋角系数。

$[\sigma_H]$ 和 $[\sigma_F]$ 的确定方法同标准直齿圆柱齿轮。

6.11 直齿锥齿轮传动

6.11.1 圆锥齿轮传动的特点和应用

圆锥齿轮机构用于相交轴之间的传动,两轴的交角 $\Sigma = \delta_1 + \delta_2$ 由传动要求确定,可为任意值。

差速器

主减速器

案例图 6-2 汽车主减速器

一对圆锥齿轮啮合传动相当于一对节圆锥作纯滚动,如图 6-30 所示。一对正确安装的标准圆锥齿轮,分度圆锥与节圆锥重合。设 δ_1 和 δ_2 分别为小齿轮和大齿轮的分度圆锥角(实为锥顶半角),其传动比仍可表示为

$$i_{12} = \frac{\omega_1}{\omega_2} = \frac{r_2}{r_1} = \frac{z_2}{z_1}$$

(a)

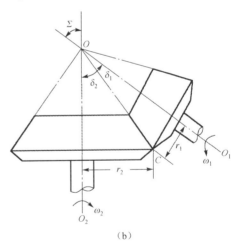

(b)

图 6-30 锥齿轮传动

由于 $r_1 = \overline{OC} \cdot \sin \delta_1$,$r_2 = \overline{OC} \cdot \sin \delta_2$,所以一对锥齿轮的传动比为

$$i_{12} = \frac{\omega_1}{\omega_2} = \frac{r_2}{r_1} = \frac{z_2}{z_1} = \frac{\sin \delta_2}{\sin \delta_1} \tag{6-36}$$

其中 $\Sigma = \delta_1 + \delta_2 = 90°$ 的圆锥齿轮传动应用最广泛,如图 6-31 所示。此时锥齿轮的传动比为

$$i_{12} = \frac{\sin \delta_2}{\sin \delta_1} = \cot \delta_1 = \tan \delta_2 \tag{6-37}$$

式（6-37）表明圆锥齿轮机构的传动比与分度圆锥角的一种特殊关系，设计圆锥齿轮机构时，若 $\Sigma = 90°$，则可根据给定的传动比，由式（6-37）即可确定两锥齿轮分度圆锥角。

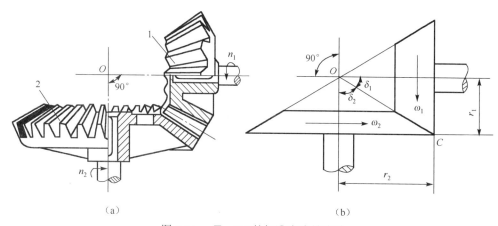

（a） （b）

图 6-31　$\Sigma = 90°$ 的标准直齿锥齿轮

由于圆锥齿轮的轮齿分布在圆锥面上，所以齿形从大端到小端逐渐缩小。一对圆锥齿轮传动时，两个节圆锥作纯滚动，与圆柱齿轮相似，圆锥齿轮也有基圆锥、分度圆锥、齿顶圆锥和齿根圆锥。正确安装的标准圆锥齿轮传动，其节圆锥与分度圆锥重合。为了计算和测量方便，通常取锥齿轮的大端参数为标准值。一对锥齿轮的正确啮合条件为：两锥齿轮的大端模数和大端压力角相等。除此之外，两轮的外锥距也必须相等。

圆锥齿轮的轮齿有直齿、斜齿和曲齿等类型，直齿圆锥齿轮因加工相对简单，应用较多，适用于低速、轻载的场合；曲齿圆锥齿轮设计制造较复杂，但因传动平稳，承载能力强，常用于高速、重载的场合；斜齿圆锥齿轮目前已很少使用。

圆锥齿轮几何尺寸的计算公式和相应标准请查阅相关机械设计手册，这里就不再进行详细介绍。

6.11.2　直齿圆锥齿轮的背锥和当量齿数

如图 6-32 所示为直齿锥齿轮的轴平面，$\triangle OAB$ 为锥齿轮的分度圆锥，过 A 点作大端球面的切线与锥齿轮的轴线交于 O' 点；以 OO' 为轴，$O'A$ 为母线作一圆锥体，其轴平面为 $O'AB$，此圆锥称为锥齿轮的背锥或辅助圆锥。

若将球面渐开线的轮齿向背锥上投影，则 a、b 点的投影为 a'、b' 点，由图 6-32 可知，$a'b'$ 与 ab 相差很小，即背锥上的齿高部分近似等于球面上的齿高部分。由于圆锥面可以展开成平面，所以可用背锥上的齿廓代替球面上的齿廓。

取标准模数和标准压力角，将背锥展开成平面后，则成为扇形齿轮。将扇形齿轮补足为完整的直齿圆柱齿轮，该齿轮称为锥齿轮的当量齿轮，其齿数 z_v 称为锥齿轮的当量齿数。由图 6-32 可知，当量齿轮的分度圆半径为

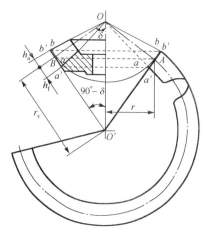

图 6-32　锥齿轮的背锥和当量齿数

$$r_v = \frac{mz}{2\cos\delta}$$

所以直齿锥齿轮的当量齿数为

$$z_v = \frac{z}{\cos\delta} \tag{6-38}$$

6.11.3 直齿锥齿轮传动设计计算

1. 直齿锥齿轮受力分析

由于直齿锥齿轮的轮齿与齿轮轴线成一锥角 δ，垂直于齿面的方向力 F_n 与随之旋转一个角度，因此法向力 F_n 可分解为径向力 F、圆周力 F_t 和轴向力 F_a，如图 6-33 所示。锥齿轮有大端和小端之分，受力分析时常假定法向力 F_n 集中作用于齿宽中点处，因此各力大小为

圆周力 $$F_t = \frac{2T_1}{d_{m1}} \tag{6-39}$$

径向力 $$F_r = F_t \tan\alpha \cos\delta \tag{6-40}$$

轴向力 $$F_a = F_t \tan\alpha \sin\delta \tag{6-41}$$

式中，d_{m1} 为小齿轮齿宽中点处的分度圆直径。由图 6-33 中的几何关系可得

$$d_{m1} = d_1 - b\sin\delta_1$$

直齿锥齿轮径向力和圆周力的判断方法与直齿圆柱齿轮相同，轴向力的方向平行于轴线由力的作用点指向大端。

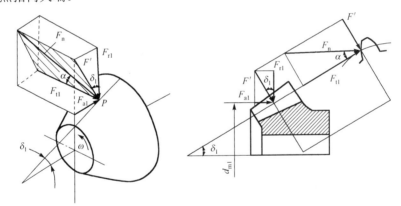

图 6-33　直齿锥齿轮受力分析

2. 直齿锥齿轮的强度计算

一对直齿锥齿轮的啮合传动和位于齿宽中点的一对当量直齿圆柱齿轮的强度大致相等。因此轴交角为 90° 的一对钢制直齿圆锥齿轮的齿根弯曲疲劳强度的校核和设计公式为

$$\sigma_F = \frac{2KF_{t1}}{bm_m} \cdot Y_{Fa}Y_{Sa} = \frac{KF_{t1}Y_{Fa}Y_{Sa}}{bm(1-0.5\phi_R)} \leqslant [\sigma_F] \tag{6-42}$$

$$m \geqslant \sqrt[3]{\frac{4KT_1}{\phi_R z_1^2 (1-0.5\phi_R)^2 \sqrt{u^2+1}} \frac{Y_{Sa}Y_{Fa}}{[\sigma_F]}} \tag{6-43}$$

式中，m 为大端模数；Y_{Fa} 为齿形系数，由当量齿数 $z_v = z/\cos\delta$ 查表 6-12；Y_{Sa} 为应力集中系数，由当量齿数 z_v 查表 6-12。

齿面的接触疲劳强度校核和设计公式为

$$\sigma_{H} = Z_{E} Z_{H} \sqrt{\frac{2KF_{t1}}{bd_{mv1}} \frac{u_{v}+1}{u_{v}}} = Z_{E} Z_{H} \sqrt{\frac{KF_{t1}}{bd_{1}(1-0.5\phi_{R})} \frac{\sqrt{u^{2}+1}}{u}} \leqslant [\sigma_{H}] \qquad (6-44)$$

$$d_{1} \geqslant 3\sqrt{\frac{4KT_{1}}{\phi_{R} u (1-0.5\phi_{R})^{2}} \left(\frac{Z_{E} Z_{H}}{[\sigma_{H}]}\right)^{2}} \qquad (6-45)$$

式中，齿宽系数 $\phi_{R} = b/R_{e}$，b 为齿宽，R_{e} 为锥距，一般取 $\phi_{R} = 0.25 \sim 0.3$；$u = z_{2}/z_{1}$，对一级直齿锥齿轮传动，取 $u \leqslant 5$。

6.12 齿轮的结构设计、润滑和效率

按齿轮的强度设计计算能确定齿轮的模数、齿宽、分度圆直径等轮齿部分的参数，而齿轮的结构形状、轮毂、轮辐和齿圈部分的尺寸需要通过齿轮的结构设计来确定，而这部分的尺寸通常是根据经验值而定。

案例 6-8

如图 6-1 所示的汽车变速器齿轮传动主要采用什么样的润滑方式？

齿轮的结构设计，通常是先根据齿轮直径的大小选择合理的结构形式，然后再由经验公式确定有关尺寸，绘制齿轮零件工作图。齿轮的结构形状与齿轮的毛坯与直径、材料与热处理、制造工艺、使用条件和经济性等都有关，齿轮的结构形式应在综合考虑上述因素的基础上确定。

按毛坯制造方法的不同，齿轮结构可分为锻造齿轮、铸造齿轮、镶圈齿轮和焊接齿轮等类型。按照直径的大小，齿轮结构可分为齿轮轴、实心式、腹板式和轮辐式。

6.12.1 齿轮的结构设计

1. 齿轮轴

对直径较小的钢制齿轮，若齿根圆直径与轴的直径相差不多，即齿根圆至键槽底部的距离 $e < 2.5m_{n}$ 或 $e < 16m$（m_{n}、m 分别为圆柱齿轮的法面模数和锥齿轮的大端模数）时，应将齿轮和轴做成一体，称为齿轮轴，如图 6-34 所示。如果 e 值超过上述尺寸时，则无论从方便制造还是从节约贵重金属材料的角度来考虑，都应把齿轮和轴分开制造。齿轮轴尺寸较小，可锻造而成。

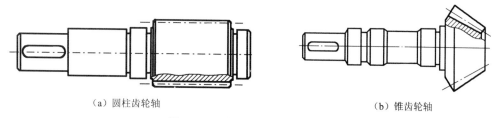

（a）圆柱齿轮轴　　　　　　　　　　　　（b）锥齿轮轴

图 6-34　圆柱齿轮轴和锥齿轮轴

2. 实心式

当 e 值较大不需要做成齿轮轴且齿顶圆直径 $d_{a} \leqslant 200mm$ 时，则做成实心式齿轮，如图 6-35 所示。实心式齿轮尺寸不大，也可锻造而成。

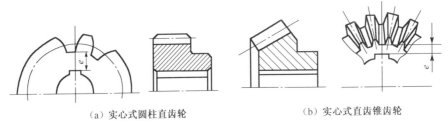

（a）实心式圆柱直齿轮　　　　　　　　（b）实心式直齿锥齿轮

图 6-35　实心式圆柱齿轮和锥齿轮

3. 腹板式

当齿轮齿顶圆直径 $200\text{mm} < d_a \leqslant 400\text{mm}$ 时，为减轻重量和节省材料，齿轮需做成腹板式结构，如图 6-36 所示，此种结构的齿轮常用锻造而成，也可铸造而成。

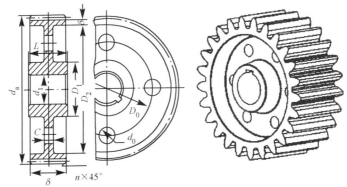

$D_0 = 0.5(D_1 + D_2)$，$d_0 = 0.25(D_2 - D_1)$，

$D_1 = 1.6d_h$，$\delta = (2.5 \sim 4)m_n$，但不小于 $8 \sim 10\text{mm}$，

$C = 0.3b$，$n = 0.5m_n$，$L = (1.2 \sim 1.5)d_h$

（a）锻造圆柱齿轮

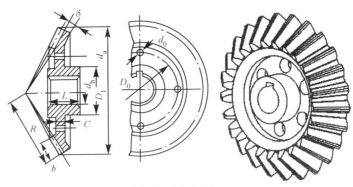

$D_1 = 1.6d_h$，$C = (0.1 \sim 0.2)R$，

$\delta = (3 \sim 4)m \geqslant 10\text{mm}$，

$L = (1 \sim 1.2)d_h$，D_0、d_0 由结构确定

（b）锻造锥齿轮

图 6-36　腹板式圆柱齿轮和圆锥齿轮

4. 轮辐式

当齿顶圆直径 $d_a > 400 \sim 500\text{mm}$ 时，因尺寸较大，锻造较困难，宜采用铸钢或铸铁铸造毛坯，其结构做成轮辐式，如图 6-37 所示。

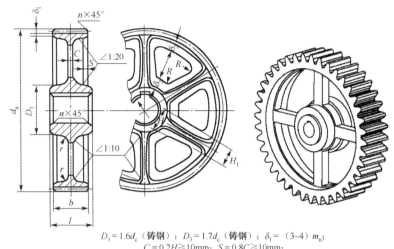

$D_3 = 1.6d_c$（铸钢）；$D_3 = 1.7d_c$（铸钢）；$\delta_1 =$（3~4）m_n；
$C = 0.2H \geq 10mm$；$S = 0.8C \geq 10mm$；
$\delta_2 =$（1~1.2）δ_1；$H = 0.8d_c$；$H_1 = 0.8H$；$r > 5mm$；$R \approx 0.5H$；$l \geq b$

图 6-37　轮辐式齿轮

除此之外，当齿轮直径很大，为节约贵重金属，可将齿轮做成镶圈结构。将优质材料制成的齿圈（轮缘）用过盈配合的方法套装在铸铁或铸钢轮心上，并在配合面处加装紧定螺钉。当单件或小批量生产或尺寸过大不便铸造时，也可采用焊接齿轮结构。

6.12.2　齿轮的润滑

齿轮传动常因润滑不充分、润滑油选择不当和润滑油不清洁等原因，造成齿轮提前损坏。因此，对齿轮传动进行适当地润滑，可以大为改善轮齿的工作状况，确保运转正常和预期的寿命。合理选择润滑油和润滑方式，使轮齿之间形成一层很薄的油膜，以避免两轮齿直接接

> **案例 6-8 分析**
> 　　对于汽车变速器，变速器里没有油泵，齿轮传动常采用飞溅润滑，用的是变速器油。

触，降低摩擦因数，减少磨损，提高传动效率，延长使用寿命，还能起到散热和防锈等作用。

常见的润滑方式有人工定期润滑、浸油润滑（油浴润滑）、喷油润滑等。开式齿轮传动一般采用人工定期加油润滑，可采用润滑油或润滑脂。闭式齿轮传动的润滑方式，一般根据齿轮传动的圆周速度来确定。

1. 浸油润滑

当闭式传动的圆周速度≤12m/s 时，多采用浸油润滑，如图 6-38 所示。大齿轮浸入油池一定的深度，齿轮转动时把润滑油带到啮合区。齿轮浸油深度可根据齿轮的圆周速度大小而定，圆柱齿轮通常不宜超过一个齿高，但一般应大于 10mm。圆锥齿轮应浸入全齿宽，至少应浸入齿宽的一半。

多级齿轮传动中，当几个大齿轮直径不相等时，可采用惰轮油浴润滑，如图 6-39 所示。

2. 喷油润滑

当齿轮的圆周速度 $v>12m/s$ 时，应采用喷油润滑，如图 6-40 所示。喷油润滑是用油泵以一定的压力供油，借喷嘴将润滑油喷到齿面上。当 $v \leq 25m/s$ 时，喷嘴位于轮齿啮入边或啮出边均可。当 $v>25m/s$ 时，喷嘴应位于轮齿啮出的一边，以便借润滑油及时冷却刚啮合过的轮齿，同时对轮齿进行润滑。

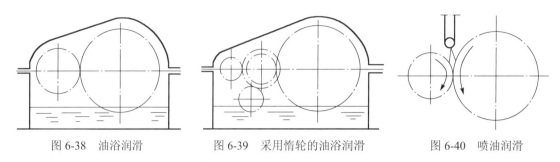

图 6-38　油浴润滑　　　图 6-39　采用惰轮的油浴润滑　　　图 6-40　喷油润滑

6.12.3　齿轮的效率

齿轮传动的功率损耗主要包括轮齿啮合摩擦损失、轴承摩擦损失和搅动润滑油的油阻损失。所以齿轮传动的总效率为

$$\eta = \eta_1 \eta_2 \eta_3$$

式中，η_1 为啮合效率，8 级以上的齿轮传动，近似地取 $\eta_1 = 0.98$；η_2 为轴承效率，滚动轴承取 $\eta_2 = 0.99$，滑动轴承取 $\eta_2 = 0.98$；η_3 为搅油效率，η_3 与齿轮浸油面积、圆周速度和油的黏度有关，一般近似地取 $\eta_3 = 0.96 \sim 0.99$。

对于采用滚动轴承的中速中载齿轮传动，齿轮传动的平均效率见表 6-14。

表 6-14　齿轮传动的平均效率

传动装置	6 级或 7 级精度的闭式传动	8 级精度的闭式传动	开式传动
圆柱齿轮	0.98	0.97	0.95
锥齿轮	0.97	0.96	0.93

6.13　工程应用案例：减速器

带式输送机广泛地应用在冶金、煤炭、化工等部门，它具有输送量大、结构简单、维修方便、成本低、通用性强等优点。如图 6-41 所示，带式输送机由电动机驱动，经减速器降速，然后驱动辊筒旋转。减速器一般要求为二级齿轮减速器，本例中为展开式二级圆柱齿轮减速器，其中高速级为斜齿圆柱齿轮传动，低速级为直齿圆柱齿轮传动。

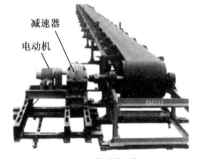

（a）带式输送机

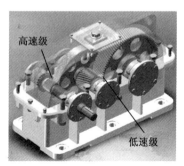

（b）减速器

图 6-41　带式输送机及其减速器

本例题中要求设计此二级齿轮传动，具体设计要求为：

单向运转，载荷平稳，室内工作，有粉尘。工作寿命为 8 年，每年 300 个工作日，每天工作 16 小时。高速级传动比 $i_1=4.2$，低速级传动比 $i_2=3.5$。高速级小齿轮轴的功率为 $P_1=4.244\text{kW}$，转速 $n_1=1440\text{r/min}$；低速级小齿轮轴的功率为 $P_2=4.034\text{kW}$。

6.13.1 高速级齿轮传动设计

1. 选择齿型、材料、精度等级、齿数

（1）两齿轮均采用标准斜齿圆柱齿轮。

（2）小齿轮材料用 40Cr 调质，大齿轮材料用 45 钢调质，查表 6-5，分别取硬度为 280HBS 和 240HBS。

（3）输送机为一般工作机器，速度不高，故选用 7 级精度。

（4）选小齿轮齿数 $z_1=24$，大齿轮齿数 $z_2=i_1\cdot z_1=4.2\times24=100.8$，取整 $z_2=101$。

（5）实际传动比 $i=\dfrac{101}{24}=4.21$，误差率在 ±5% 以内，允许。

（6）初选螺旋角 $\beta=14°$。

2. 按齿面接触疲劳强度设计

1）由式（6-35）知设计公式 $d_1\geqslant\sqrt[3]{\dfrac{2KT_1}{\phi_d}\cdot\dfrac{u+1}{u}\left(\dfrac{Z_H Z_E Z_\beta}{[\sigma_H]}\right)^2}$，确定公式内的各参数

（1）查表 6-8，取载荷系数 $K=1.1$。

（2）标准齿轮，取节点区域系数 $Z_H=2.5$。

（3）查表 6-10，取材料弹性系数 $Z_E=189.8$。

（4）螺旋角系数 $Z_\beta=\sqrt{\cos\beta}=\sqrt{\cos14°}=0.985$。

（5）计算小齿轮传递的转矩。

$$T_1=9.55\times10^6 P_1/n_1=9.55\times10^6\times4.244/1440=2.81\times10^4\text{N}\cdot\text{mm}$$

（6）查表 6-9，选取齿宽系数 $\phi_d=1$。

（7）齿数比 $u=\dfrac{z_2}{z_1}=\dfrac{101}{24}=4.21$。

（8）查表 6-5 得小齿轮的接触疲劳强度极限 $\sigma_{H\lim1}=700\text{MPa}$，弯曲疲劳强度极限 $\sigma_{F\lim1}=580\text{MPa}$；大齿轮的接触疲劳强度极限 $\sigma_{H\lim2}=580\text{MPa}$，弯曲疲劳强度极限 $\sigma_{F\lim2}=450\text{MPa}$。

（9）计算接触疲劳强度许用应力。

取失效概率为 1%，查表 6-11 得安全系数为 $S_H=1$，$S_F=1.25$ 得

$$[\sigma_{H1}]=\frac{\sigma_{H\lim1}}{S_H}=\frac{700}{1}=700\text{MPa},\qquad [\sigma_{F1}]=\frac{\sigma_{F\lim1}}{S_F}=\frac{580}{1.25}=464\text{MPa}$$

$$[\sigma_{H2}]=\frac{\sigma_{H\lim2}}{S_H}=\frac{580}{1}=580\text{MPa},\qquad [\sigma_{F2}]=\frac{\sigma_{F\lim2}}{S_F}=\frac{450}{1.25}=360\text{MPa}$$

2）计算过程如下

（1）根据公式（6-35），试算齿轮分度圆直径。

$$d_1 = \sqrt[3]{\frac{2KT_1}{\phi_d} \cdot \frac{u+1}{u} \left(\frac{Z_H Z_E Z_\beta}{[\sigma_H]}\right)^2}$$

$$= \sqrt[3]{\frac{2 \times 1.1 \times 2.81 \times 10^4}{1} \cdot \frac{4.21+1}{4.21} \left(\frac{2.5 \times 189.8 \times 0.985}{580}\right)^2} = 36.78\text{mm}$$

$$d_2 = id_1 = 4.21 \times 36.78 = 154.84\text{mm}$$

（2）根据表 6-13 所示公式计算模数 m_n。

$$m_n = \frac{d_1 \cos\beta}{z_1} = \frac{36.78 \times \cos 14°}{24} = 1.49\text{mm}，\quad 查表 6-2，取模数 m_n = 2\text{mm}。$$

（3）根据表 6-13 所示公式计算中心距及螺旋角。

$$a = \frac{m_n(z_1 + z_2)}{2\cos\beta} = \frac{2 \times (24+101)}{2 \times \cos 14°} = 128.83\text{mm}，\quad 取 a = 130\text{ mm}。$$

确定螺旋角 $\beta = \text{arccos} \dfrac{m_n(z_1 + z_2)}{2a} = \arccos \dfrac{2 \times (24+101)}{2 \times 130} = 15°56'24''$。

（4）确定分度圆直径。

$$d_1 = \frac{m_n z_1}{\cos\beta} = \frac{2 \times 24}{\cos 15°56'24''} = 49.92\text{mm}$$

$$d_2 = id_1 = 4.21 \times 49.92 = 210.16\text{mm}$$

（5）确定齿宽。

$$b = \phi_d d_1 = 1 \times 49.92 = 49.92\text{mm}，\quad 取 b_2 = 50\text{mm}，\quad b_1 = 55\text{mm}。$$

3. 按齿根弯曲疲劳强度进行校核

1）确定公式（6-29）中 $\sigma_F = \dfrac{2KT_1}{bd_1 m_n} \cdot Y_{Fa} Y_{Sa} \leqslant [\sigma_F]$ （MPa）内各参数的数值

（1）根据公式（6-27）计算大、小齿轮的当量齿数分别为 $z_{v1} = \dfrac{z_1}{\cos^3\beta} = \dfrac{24}{\cos^3 15°56'24''} = 27$，

$z_{v2} = \dfrac{z_1}{\cos^3\beta} = \dfrac{101}{\cos^3 15°56'24''} = 113.61$。

（2）查表 6-12 得 $Y_{Fa1} = 2.57$，$Y_{Fa2} = 2.18$；$Y_{Sa1} = 1.61$，$Y_{Sa2} = 1.81$。

2）由公式（6-32）计算得结果

$$\sigma_{F1} = \frac{2KT_1}{bd_1 m_n} \cdot Y_{Fa1} Y_{Sa1} = \frac{2 \times 1.1 \times 2.81 \times 10^4}{50 \times 49.92 \times 2} \times 2.57 \times 1.61 = 51.24\text{MPa} \leqslant [\sigma_{F1}] = 460\text{MPa}$$

$$\sigma_{F2} = \frac{2KT_1}{bd_1 m_n} \cdot Y_{Fa2} Y_{Sa2} = \frac{2 \times 1.1 \times 2.81 \times 10^4}{50 \times 49.92 \times 2} \times 2.18 \times 1.81 = 48.86\text{MPa} \leqslant [\sigma_{F2}] = 360\text{MPa}$$

满足要求。

4. 齿轮的圆周速度

$$v = \frac{\pi d_1 n_1}{60 \times 1000} = \frac{\pi \times 49.92 \times 1440}{60 \times 1000} = 3.77\text{m/s}$$

对照表 6-7 可知选用 7 级精度是合适的。

其他计算从略。

6.13.2　低速级齿轮传动设计

1. 选择齿型、材料、精度等级、齿数

（1）两齿轮均采用标准直齿圆柱齿轮。

（2）小齿轮材料用 40Cr 调质，大齿轮材料用 45 钢调质，查表 6-5，分别取硬度为 280HBS 和 240HBS。

（3）输送机为一般工作机器，速度不高，故选用 7 级精度。

（4）选小齿轮齿数 $z_1 = 24$，大齿轮齿数 $z_2 = i_2 z_1 = 3.5 \times 24 = 84$。

（5）实际传动比 $i_2 = \dfrac{84}{24} = 3.5$。

2. 按齿根弯曲疲劳强度设计

1）设计公式（6-23）中 $m \geqslant \sqrt[3]{\dfrac{2KT_1}{\phi_d z_1^2} \cdot \dfrac{Y_{Fa} Y_{Sa} Y_\varepsilon}{[\sigma_F]}}$ 内的各参数确定

（1）查表 6-8，取载荷系数 $K = 1.1$。

（2）查表 6-12 得 $Y_{Fa1} = 2.64$，$Y_{Fa2} = 2.22$；$Y_{Sa1} = 1.58$，$Y_{Sa2} = 1.77$。

（3）重合度系数，取 $\varepsilon_a = 1.2$，$Y_\varepsilon = 0.25 + \dfrac{0.75}{1.2} = 0.875$。

（4）计算小齿轮传递的转矩。

低速级小齿轮轴的转速为 $n_2 = \dfrac{n_1}{i_1} = \dfrac{1440}{4.21} = 342.04 \ \text{r/min}$，故

$$T_1 = 9.55 \times 10^6 P_2 / n_2 = 9.55 \times 10^6 \times 4.034 / 342.04 = 1.13 \times 10^5 \, \text{N} \cdot \text{mm}$$

（5）查表 6-9，选取齿宽系数 $\phi_d = 1$。

（6）查表 6-5 得小齿轮的接触疲劳强度极限 $\sigma_{Hlim1} = 700\text{MPa}$，弯曲疲劳强度极限 $\sigma_{Flim1} = 580\text{MPa}$；大齿轮的接触疲劳强度极限 $\sigma_{Hlim2} = 580\text{MPa}$，弯曲疲劳强度极限 $\sigma_{Flim2} = 450\text{MPa}$。

（7）计算接触疲劳强度许用应力。

取失效概率为 1%，查表 6-11 得安全系数为 $S_H = 1$，$S_F = 1.25$，得

$$[\sigma_{H1}] = \frac{\sigma_{Hlim1}}{S_H} = \frac{700}{1} = 700\text{MPa}, \qquad [\sigma_{F1}] = \frac{\sigma_{Flim1}}{S_F} = \frac{580}{1.25} = 464\text{MPa}$$

$$[\sigma_{H2}] = \frac{\sigma_{Hlim2}}{S_H} = \frac{580}{1} = 580\text{MPa}, \qquad [\sigma_{F2}] = \frac{\sigma_{Flim2}}{S_F} = \frac{450}{1.25} = 360\text{MPa}$$

2）详细计算过程

（1）计算模数 m。

因为 $\dfrac{Y_{Fa1} Y_{Sa1}}{[\sigma_{F1}]} = \dfrac{2.64 \times 1.58}{464} = 0.0090 < \dfrac{Y_{Fa2} Y_{Sa2}}{[\sigma_{F2}]} = \dfrac{2.22 \times 1.77}{360} = 0.011$，故应对大齿轮进行弯曲强度计算。根据公式（6-23）计算模数 m 为

$$m = \sqrt[3]{\frac{2KT_1}{\phi_d Z_1^2} \cdot \frac{Y_{F\alpha} Y_{S\alpha} Y_\varepsilon}{[\sigma_{F1}]}} = \sqrt[3]{\frac{2 \times 1.1 \times 1.13 \times 10^5}{1 \times 24^2} \times 0.011 \times 0.875} = 1.61\text{mm}$$

查表 6-2，取模数 $m = 2\text{mm}$。

（2）计算分度圆直径。

$$d_1 = mz_1 = 2 \times 24 = 48\text{mm}$$

$$d_2 = mz_2 = 2 \times 84 = 168\text{mm}$$

（3）计算中心距。

$$a = \frac{d_1 + d_2}{2} = \frac{48 + 168}{2} = 108\text{mm}，\ 取中心距\ a = 110\text{mm}。$$

（4）计算齿宽。

$b = \phi_d d_1 = 1 \times 48 = 48\text{mm}$，取 $b_2 = 50\text{mm}$，$b_1 = 55\text{mm}$。

3. 按齿面接触疲劳强度进行校核

1）确定公式（6-20）中 $\sigma_H = Z_E \cdot Z_H \cdot Z_\varepsilon \cdot \sqrt{\dfrac{2KT_1}{bd_1^2} \cdot \dfrac{u \pm 1}{u}} \leq [\sigma_H]$ 内各参数的数值

（1）标准齿轮，取节点区域系数 $Z_H = 2.5$。

（2）查表 6-10，取材料弹性系数 $Z_E = 189.8$。

（3）重合度系数，取 $\varepsilon = 1.2$，$Y_\varepsilon = \sqrt{\dfrac{4 - \varepsilon}{3}} = \sqrt{\dfrac{4 - 1.2}{3}} = 0.97$。

（4）齿数比 $u = \dfrac{z_2}{z_1} = \dfrac{84}{24} = 3.5$。

2）由公式（6-20）计算结果为

$$\sigma_H = Z_E \cdot Z_H \cdot Z_\varepsilon \cdot \sqrt{\frac{2KT_1}{bd_1^2} \cdot \frac{u+1}{u}}$$

$$= 189.8 \times 2.5 \times 0.97 \times \sqrt{\frac{2 \times 1.1 \times 1.13 \times 10^5}{50 \times 48^2} \times \frac{3.5+1}{3.5}} = 766.66\text{MPa} > [\sigma_H] = 700\text{MPa}$$

不满足要求。

> **小思考 6-6**
>
> 如果按齿根弯曲疲劳强度设计的齿轮不满足齿面接触疲劳强度要求，其他的解决办法是什么？

4. 修改设计

（1）模数不变，增大小齿轮齿数 $z_1 = 30$，以增大小齿轮分度圆直径，有 $d_1 = mz_1 = 2 \times 30 = 60\text{mm}$。此时，齿宽 $b = \phi_d d_1 = 1 \times 60 = 60\text{mm}$。

（2）再次根据公式（6-20）按齿面接触疲劳强度进行校核。

$$\sigma_H = Z_E \cdot Z_H \cdot Z_\varepsilon \cdot \sqrt{\frac{2KT_1}{bd_1^2} \cdot \frac{u+1}{u}}$$

$$= 189.8 \times 2.5 \times 0.97 \times \sqrt{\frac{2 \times 1.1 \times 1.13 \times 10^5}{60 \times 60^2} \times \frac{3.5+1}{3.5}} = 559.89\text{MPa} < [\sigma_H] = 700\text{MPa}$$

满足要求。

5. 齿轮几何参数计算

（1）齿轮模数 $m = 2\text{mm}$。

（2）齿数 z。

$$z_1 = 30，\quad z_2 = i_2 z_1 = 3.5 \times 30 = 105$$

（3）齿轮分度圆直径 d 。

$$d_1 = mz_1 = 2 \times 30 = 60 \text{ mm} , \quad d_2 = mz_2 = 2 \times 105 = 210 \text{mm}$$

（4）齿宽 b 。

$$b_2 = \phi_d d_1 = 1 \times 60 = 60 \text{mm} , \quad b_1 = 65 \text{mm}$$

（5）中心距 $a = \dfrac{d_1 + d_2}{2} = \dfrac{60 + 210}{2} = 135 \text{mm}$ 。

6. 齿轮的圆周速度

$$v = \frac{\pi d_1 n_1}{60 \times 1000} = \frac{\pi \times 60 \times 342.04}{60 \times 1000} = 1.07 \text{m/s}$$

对照表 6-7 可知选用 7 级精度是合适的。

其他计算从略。

> **小提示**
>
> 低速级齿轮传动设计结果表明：对于闭式齿轮传动，一般齿轮发生失效的形式为齿面点蚀，最好先按齿面接触疲劳强度进行设计，再按齿根弯曲疲劳强度进行校核。

习　　题

6-1　齿轮传动要匀速、连续、平稳地进行必须满足哪些条件？

6-2　渐开线具有哪些重要性质？渐开线齿轮传动具有哪些优点？

6-3　具有标准中心距的标准齿轮传动具有哪些特点？

6-4　何谓重合度？重合度的大小与齿数 z、模数 m、压力角 α、齿顶高系数 h_a^*、顶隙系数 C^* 及中心距 a 之间有何关系？

6-5　齿轮齿条啮合传动有何特点？为什么说无论齿条是否为标准安装，啮合线的位置都不会改变？

6-6　节圆与分度圆、啮合角与压力角有什么区别？

6-7　已知一对渐开线标准外啮合圆柱齿轮传动，模数 m=5mm，压力角 α =20°，中心距 a=350mm，传动比 i_{12} =9/5，试求两轮的齿数、分度圆直径、齿顶圆直径、基圆直径以及分度圆上的齿厚和齿槽宽。

6-8　设计圆柱齿轮传动时，常取小齿轮的齿宽 b_1 大于大齿轮的齿宽 b_2，为什么？在强度计算公式中，齿宽 b 应代入 b_1 还是 b_2？

6-9　齿轮的齿根弯曲疲劳裂纹发生在危险截面轮齿的哪一边，为什么？为提高轮齿抗弯曲疲劳折断的能力，可采取哪些措施？齿面点蚀首先发生在什么部位，为什么？防止点蚀可采取哪些措施？

6-10　如题 6-10 所示为直齿圆锥齿轮和斜齿圆柱齿轮组成的两级传动装置，动力由轴Ⅰ输入，轴Ⅲ输出，Ⅲ轴的转向如图箭头所示，试分析：

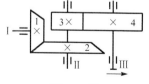

题 6-10 图

（1）在图中画出各轮的转向；为使中间轴Ⅱ所受的轴向力可以抵消一部分，确定斜齿轮 3 和 4 的螺旋方向。

（2）画出圆锥齿轮 2 和斜齿轮 3 所受各分力的方向。

6-11　如题 6-11 图所示为二级圆柱齿轮减速器,高速级和低速级均为标准斜齿轮传动。已知：

电机功率 $P = 3KW$，转速 $n = 970 \text{r/min}$；高速级：$m_n = 2\text{mm}$，$z_1 = 25$，$z_2 = 53$，$\beta = 12°50'19''$；低速级：$m_n = 2\text{mm}$，$z_3 = 25$，$z_4 = 50$，$a = 110\text{mm}$。计算时不考虑摩擦损失，求：

（1）为使 II 轴上的轴承所受轴向力较小，确定齿轮 3、4 的螺旋线方向（可画在图上）。

（2）求齿轮 3 的分度圆螺旋角 β_3 的大小。

（3）画出齿轮 3、4 在啮合处所受各分力的方向（画在图上），计算齿轮 3 所受各分力的大小。

6-12 如题 6-12 图所示为斜齿圆柱齿轮减速器。齿轮 1 主动，转向如图，斜齿轮的参数为：模数 $m_n = 3\text{mm}$，$z_3 = 25$，$z_4 = 99$，$\alpha_n = 20°$。

（1）在图中标出各轴的转向。

（2）为使 II 轴所受轴向力较小，合理确定 3、4 轮的螺旋线方向。

（3）画出齿轮 2、3 所受的各个分力。

（4）为使 II 轴上两轮的轴向力完全抵消，确定斜齿轮 3 的螺旋角 β_3（忽略摩擦损失）。

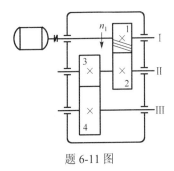

题 6-11 图

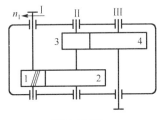

题 6-12 图

6-13 对闭式直齿圆柱齿轮传动，已知：$z_1 = 25$，$z_2 = 75$，$m = 3\text{mm}$，$\phi_d = 1$，小齿轮的转速 $n = 970 \text{r/min}$。主从动轮的 $[\sigma_H]_1 = 690\text{MPa}$，$[\sigma_H]_2 = 600\text{MPa}$，载荷系数 $K = 1.6$，节点区域系数 $Z_H = 2.5$，材料弹性系数 $Z_E = 189.8\sqrt{\text{MPa}}$，重合度系数 $Z_\varepsilon = 0.9$，按接触疲劳强度求该齿轮传动传递的功率。

提示： 接触疲劳强度校核公式为

$$\sigma_H = Z_E Z_H Z_\varepsilon \sqrt{\frac{2KT_1(u+1)}{bd_1^2 u}} \leqslant [\sigma_H]$$

扩展阅读：中国古代齿轮的历史

远在 2400 多年前的东周时代，我国已经有了铜铸的齿轮。山西侯马东周晋国铸铜遗址就曾经发现成套的齿轮陶范，有不同规格的 4 套，齿轮中间有孔，周围 8 个齿，这是迄今所知最早的齿轮铸件。专家研究认为，早期的齿轮大多用于止动，就是古人为了使那些作回转运动的机械（如辘轳）停下来并防止其滑动。

汉代时，我国已经有了比较先进的齿轮。多年来，在陕西、河南、河北、山西等省的许多地方都出土了汉代的齿轮，有铜铸的，还有铁质的。这时的齿轮有很多是作为传动齿轮。

水转连磨，是中国古代由水轮驱动的粮食加工机械。据《魏书》记载，最早为晋人杜预所创制，就是通过齿轮将水轮的动力传递给石磨。明人唐顺之对此有详细记载，大致说明的是一个由水轮驱动通过齿轮传动带动九个磨同时工作的复杂机械。连磨的产生代替了石磨，大大地提高了农业生产的效率。

龙骨水车，是我国古代最著名的农业灌溉机械之一。龙骨车，古书上都叫"翻车"，据《后汉书》记载，这一灌溉机械是东汉末年发明的。最初是利用人力转动轮轴灌水，后来由于齿轮系的发展和机械制造技术的进步，发明了以畜力、风力和水力作为动力的龙骨水车，并且在全国各地广泛使用。这是机械制造方面的一个巨大的进步，也是人们利用技术结合自然力造福于人类的一项重大成就。

指南车，又称司南车，是中国古代用来指示方向的一种机械装置。指南车是古代一种指示方向的车辆，也是古代帝王出门时，作为仪仗的车辆之一，以显示皇权的威武与豪华。与指南针利用地磁效应不同，它利用差速齿轮原理，根据车轮的转动，由车上木人指示方向。不论车子转向何方，木人的手始终指向南方，"车虽回运而手常指南"。指南车的创造标志着中国古代在齿轮传动和离合器的应用上已取得很大成就。

记里鼓车，古代能自报行车里数的车制，又称大章车。出现于东汉以后，由汉代鼓车改装而成。车每行一里，车上木人受凸轮牵动，由绳索拉起木人右臂击鼓一次。其工作原理是，利用车轮带动大小不等的若干齿轮，当车轮走满一里时，其中一个齿轮恰转一圈，拨动木人去打鼓；每走十里则另一齿轮也转了一圈，再拨动木人打钟。这一原理与现代汽车上的里程表的原理相同。记里鼓车的创造是近代里程表、减速器发明的先驱，是科学技术史上的一项重要贡献。三国时期的马钧制造了记里鼓车，但并无详细记载。到宋代，卢道隆于 1027 年制成记里鼓车，以及吴德仁于 1107 年同时制成指南车和记里鼓车的详情，则被记载于《宋史·舆服志》中。记里鼓车是减速齿轮系的典型。它也是现代计程车、计速器的重要祖先。它的报告里数的设计，也是近代所有机械钟表中报时木偶的始祖。

对于轮系，古代人还应用到了水利、天文仪器、机械计时器等机械创造上。由此可见，中国古代对于齿轮的应用不但对于农业发展上有着现实意义的运用，而且在科学技术上有着举世瞩目的成就，在世界历史上也是具有重大意义的成就。

第7章 蜗杆传动

现如今，人们经常乘坐电梯进出写字楼、商场或高层住宅，如图 7-1（a）所示，电梯已成为日常生活和工作中不可或缺的建筑物内垂直交通运输工具。它是一种以电动机为动力的垂直升降机，装有箱状吊舱，用于多层建筑乘人或载运货物。电梯也有台阶式的，踏步板装在履带上连续运行，俗称自动扶梯，如图 7-1（b）所示。

（a）垂直升降电梯　　　　　　　　　　　　　　（b）台阶式电梯

图 7-1　电梯外观图

电梯是以电动机作为动力的，曳引电动机通过减速器变速后带动曳引轮转动，靠曳引绳与曳引轮摩擦产生的牵引力，实现轿厢和对重物的升降运动，达到运输的目的。这里所用的减速器应该是何种结构？具体应具有什么特点？通过本章的学习会找到答案。

📚 本章知识要点 ▶▶

（1）了解蜗杆传动的常见类型、传动特点和应用场合。

（2）掌握蜗杆传动的几何尺寸计算。

（3）掌握蜗杆传动的强度计算方法。

（4）熟悉蜗杆传动的效率、润滑和热平衡。

📚 兴趣实践 ▶▶

观察重型机械中所用的蜗杆机构，注意其自锁性能。

📚 探索思考 ▶▶

（1）蜗杆传动与交错轴斜齿轮传动比较，具有怎样的优点？

（2）蜗轮蜗杆减速机如果发生发热和漏油现象，分析可能的原因是什么？

7.1 蜗杆传动的类型、特点和应用

蜗杆传动由蜗杆和蜗轮组成，如图 7-2 所示，它主要用于在交错轴间传递运动和动力，一般蜗杆为主动件，通常交错角为 90°。

> **小提示**
>
> 蜗轮蜗杆机构是由交错轴斜齿圆柱齿轮机构演化而来的，属于齿轮机构的一种特殊类型；特殊在于交错角为 90°、蜗杆的头数 z_1 很少。

> **案例 7-1**
>
> 案例图 7-1 所示为卷扬机，常用在船上拉锚，或用在升降机、起重机上拉缆绳。卷扬机工作过程中必然有动力传递。
> 问题：
> 请你设计该卷扬机用的传动装置，要求结构紧凑，传动比大，考虑采用哪类机构实现？

图 7-2 蜗杆和蜗轮

案例图 7-1 卷扬机

蜗杆的形状像圆柱形螺纹；蜗轮的形状像斜齿轮，只是它的轮齿沿齿长方向又弯曲成圆弧形，以便与蜗杆更好地啮合。

蜗杆和螺纹一样有右旋和左旋之分，分别称为右旋蜗杆和左旋蜗杆，与螺纹和斜齿轮的旋向判断方法相同。

蜗杆上只有一条螺旋线的称为单头蜗杆，即蜗杆转一周，蜗轮转过一个齿；蜗杆上有两条螺旋线，就称为双头蜗杆，即蜗杆转一周，蜗轮转过两个齿；依此类推，设蜗杆头数为 z_1（一般 $z_1 = 1 \sim 4$），蜗轮齿数为 z_2、则传动比 i 为

$$i = \frac{n_1}{n_2} = \frac{z_2}{z_1}$$

1. 蜗杆传动的类型

蜗杆传动种类繁多，常用的蜗杆传动分类如下。

$$
蜗杆传动\begin{cases} 圆柱蜗杆传动 \begin{cases} 普通圆柱蜗杆传动 \begin{cases} 阿基米德圆柱蜗杆传动（ZA型）\\ 渐开线圆柱蜗杆传动（ZI型）\\ 法向直廓蜗杆传动（ZN型）\\ 锥面包络圆柱蜗杆传动（ZK型）\end{cases} \\ 圆弧圆柱蜗杆传动（ZC型）\end{cases} \\ 环面蜗杆传动 \end{cases}
$$

图 7-3（a）所示为圆柱蜗杆传动，图 7-3（b）所示为环面蜗杆传动；图 7-4 所示为阿基米德圆柱蜗杆。

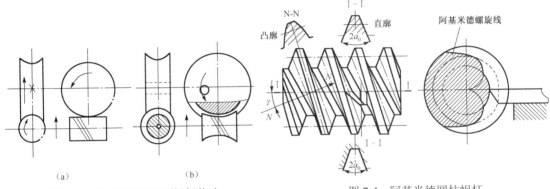

（a）　　　　　　　　（b）

图 7-3　圆柱蜗杆和环面蜗杆传动

图 7-4　阿基米德圆柱蜗杆

2. 蜗杆传动的特点

1）蜗杆传动的优点

（1）传动比大、结构紧凑。一般动力传动，$i = 10 \sim 80$；在分度机构或手动机构中，i 可达 300；若主要传递运动，i 可达 1000。

（2）传动平稳、无噪声。因为蜗杆齿是连续不间断的螺旋齿，它与蜗轮轮齿啮合时也是连续不断的，蜗杆轮齿无啮入和啮出的过程，因此工作平稳，冲击、振动和噪声小。

> **案例 7-1 分析**
> 　　蜗杆传动具有单级传动比大、结构紧凑的优点，且具有自锁功能，能起到安全保护的作用，因此可以采用蜗杆传动。

> **小思考 7-1**
> 能实现分度功能的机构都有哪些？

（3）具有自锁性。当蜗杆的导积角很小且小于啮合面的当量摩擦角时，蜗杆只能带动蜗轮传动，而蜗轮不能带动蜗杆转动。

2）蜗杆传动的缺点

（1）传动效率较低。

（2）蜗轮材料较贵。为了减摩耐磨，蜗轮齿圈常需用青铜制造，成本较高。

（3）不能实现互换。由于蜗轮是用与其匹配的蜗轮滚刀加工而成的，因此，仅模数和压力角相同的蜗杆与蜗轮是不能任意互换的。

3. 蜗杆传动的应用

由于蜗杆传动具有上述特点，故一般用于功率不太大，且不作连续运转的场合。如今，

案例 7-2

蜗轮齿数和蜗杆头数的选取是有限制，还是可以随意选取？

蜗杆传动广泛应用于各种机器和仪器中。

对于重载、高速和要求精度高的重要传动，可选用圆弧圆柱蜗杆传动或平面包络环面蜗杆传动；对于速度高、载荷较大、要求精度高的多头蜗杆传动，宜选用渐开线圆柱蜗杆传动，或锥面包络蜗杆传动和法向直廓蜗杆传动；对于轻载低速的不重要传动，可选用阿基米德圆柱蜗杆传动。

7.2 蜗杆传动的主要参数和几何尺寸

蜗杆传动的基本参数与基本尺寸计算是以中间平面上的参数与尺寸为基准的。这里的中间平面是指通过蜗杆轴线并垂直于蜗轮轴线的平面，如图 7-5 所示。

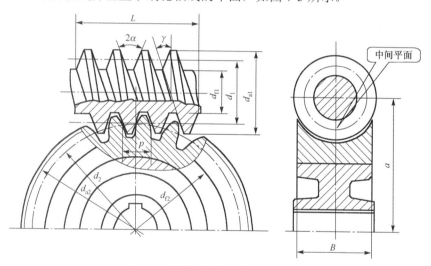

图 7-5 圆柱蜗杆传动的主要参数

7.2.1 圆柱蜗杆传动的主要参数

1. 模数 m 和压力角 α

在中间平面内，蜗杆与蜗轮的啮合相当于渐开线齿条和齿轮啮合。因而蜗杆轴向模数 m_{a1} 必等于蜗轮端面模数 m_{t2}；蜗杆轴向压力角 α_{a1} 必等于蜗轮端面压力角 α_{t2}，即

$$\begin{cases} m_{a1} = m_{t2} = m \\ \alpha_{a1} = \alpha_{t2} = \alpha \end{cases}$$

模数 m 的标准值如表 7-1 所示，压力角标准值为 20°。相应于切削刀具，ZA 蜗杆取轴向压力角为标准值，ZI 蜗杆取法向压力角为标准值。

2. 蜗杆直径系数 q 和分度圆直径 d_1

如图 7-5 所示，齿厚与齿槽宽相等的圆柱称为蜗杆分度圆柱（或称为中圆柱）。由于蜗轮是用与蜗杆尺寸相同的蜗轮滚刀配对加工而成的，蜗杆的尺寸参数与加工蜗轮的蜗轮滚刀尺寸参数相同，为了限制滚刀的数目和便于滚刀的标准化，国家标准对每一标准模数规定了一定数目的标准蜗杆分度圆直径 d_1，如表 7-1 所示。直径 d_1 与模数 m 的比值 $q = \dfrac{d_1}{m}$，称为蜗杆的直径系数。蜗轮的分度圆直径以 d_2 表示。蜗杆直径计算公式为：

> **案例 7-2 分析**
> 蜗杆传动设计时，蜗杆头数越少，传动比越大；蜗轮齿数越多，传动越平稳。但是蜗杆蜗轮齿数的选择也是有限制的。

$$d_1 = mq$$

表 7-1　圆柱蜗杆的基本尺寸和参数

m/mm	d_1/mm	z_1	q	$m^2 d_1$/mm³	m/mm	d_1/mm	z_1	q	$m^2 d_1$/mm³
1	18	1	18.000	18	6.3	63	1,2,4,6	10.000	2 500
1.25	20	1	16.000	31.25		112	1	17.778	4 445
	22.4	1	17.920	35	8	80	1,2,4,6	10.000	5 120
1.6	20	1,2,4	12.500	51.2		140	1	17.500	8 960
	28	1	17.500	71.68	10	90	1,2,4,6	9.000	9 000
2	22.4	1,2,4,6	11.200	89.6		160	1	16.000	16 000
	35.5	1	17.750	142	12.5	112	1,2,4	8.960	17 500
2.5	28	1,2,4,6	11.200	175		200	1	16.000	31 250
	45	1	18.000	281	16	140	1,2,4	8.750	35 840
3.15	35.5	1,2,4,6	11.270	352		250	1	15.625	64 000
	56	1	17.778	556	20	160	1,2,4	8.000	64 000
4	40	1,2,4,6	10.000	640		315	1	15.750	126 000
	71	1	17.750	1 136	25	200	1,2,4	8.000	125 000
5	50	1,2,4,6	10.000	1 250		400	1	16.000	250 000
	90	1	18.000	2 250					

注：（1）本表取材于 GB 10085—1988，本表所列 d_1 值为国标规定的优先使用值。
　　（2）表中同一模数有两个 d_1 值，当选取其中较大的 d_1 值时，蜗杆导程角 γ 小于 $3°30'$，有较好的自锁性。

3. 传动比 i、蜗杆头数 z_1 和蜗轮齿数 z_2

蜗杆传动比的计算公式为

$$i = \frac{n_1}{n_2} = \frac{z_2}{z_1} = \frac{d_2/m}{q \tan \gamma} = \frac{d_2/m}{(d_1/m)\tan \gamma} = \frac{d_2}{d_1 \tan \gamma} \neq \frac{d_2}{d_1} \tag{7-1}$$

由式（7-1）可知，较少的蜗杆头数（如单头蜗杆）可以实现较大的传动比，但传动效率较低；蜗杆头数越多，传动效率越高，但蜗杆头数过多时不易加工。通常蜗杆头数取 1、2、4。

蜗轮齿数主要取决于传动比，即 $z_2 = iz_1$。z_2 不宜太小（如 $z_2 < 26$，蜗轮轮齿将发生根切），否则将使传动平稳性变差。z_2 也不宜太大，一般不大于 80，否则在模数一定时，蜗轮直径将增大，从而使相啮合的蜗杆支撑间距加大，降低蜗杆的弯曲刚度，啮合精度也会降低。z_1、z_2 的推荐值如表 7-2 所示。

表 7-2　蜗杆头数 z_1 与蜗轮齿数 z_2 的推荐值

传动比 i	7～13	14～27	28～40	>40
蜗杆头数 z_1	4	2	2、1	1
蜗轮齿数 z_2	28～52	28～54	28～80	>40

4. 蜗杆导程角 γ 和蜗轮螺旋角 β

如图 7-6（a）所示，蜗杆螺旋面与分度圆柱面的交线是螺旋线。设 γ 为蜗杆分度圆柱上的螺旋线导程角，p_a 为轴向齿距，由图 7-6（b）可得

$$\tan\gamma = \frac{z_1 p_a}{\pi d_1} = \frac{z_1 m}{d_1} = \frac{z_1}{q} \tag{7-2}$$

由式（7-2）可知，d_1 或 q 越小，导程角 γ 越大，传动效率也越高，但蜗杆的刚度和强度越小；通常，转速高的蜗杆可取较小的 d_1 值，蜗轮齿数 z_2 较多时，可取较大的 d_1 值。

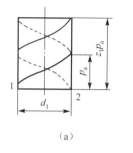
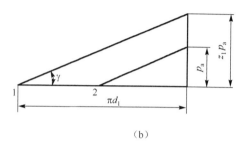

（a）   （b）

图 7-6　蜗杆导程

在两轴交错角为 90° 的蜗杆传动中，蜗轮蜗杆正确啮合条件除需要满足模数和压力角相等的关系外，还应满足蜗杆分度圆柱上的导程角和蜗轮分度圆柱上的螺旋角相等，且旋向相同，即

$$\gamma_1 = \beta_2$$

5. 中心距

当蜗杆节圆与其分度圆重合时称为标准传动，其中心距计算公式为

$$a = \frac{1}{2}(d_1 + d_2) = \frac{1}{2}m(q + z_2) \tag{7-3}$$

6. 齿面间滑动速度 v_s 和蜗轮转向的确定

蜗杆传动即使在节点 C 处啮合，齿廓之间也有较大的相对滑动，滑动速度 v_s 沿蜗杆螺旋线方向。设蜗杆圆周速度为 v_1、蜗轮圆周速度为 v_2，由图 7-7 可得

> **小思考 7-2**
> 齿轮传动时，齿面啮合点是否也存在相对滑动速度？

$$v_s = \sqrt{v_1^2 + v_2^2} = \frac{v_1}{\cos\gamma} \tag{7-4}$$

滑动速度的大小，对齿面的润滑情况、齿面失效形式、发热和传动率等都有很大影响。

蜗轮的转向用左、右手定则的方法进行判断：若为右（左）旋蜗杆，则用右（左）手判断，四指顺着蜗杆的转向空握成拳，大拇指所指反向为蜗轮在啮合点的速度方向；或者右（左）旋蜗杆，用左（右）手判断，四指顺着蜗杆的转向空握成拳，大拇指所指方向即蜗轮在啮合点的速度方向，如图 7-8 所示。

7.2.2　圆柱蜗杆的几何尺寸计算

设计蜗杆传动时，一般是先根据传动的作用和传动比要求，选择蜗杆头数 z_1 和蜗轮齿数 z_2，然后根据强度计算确定中心距 a 和模数 m，上述参数确定后，可根据表 7-3 计算蜗杆、蜗轮的几何尺寸（适用于交错角为 90°、标准传动的蜗杆传动）。

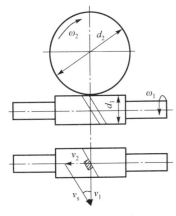

图 7-7　滑动速度

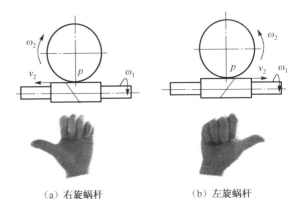

（a）右旋蜗杆　　　　（b）左旋蜗杆

图 7-8　蜗轮旋向判断

表 7-3　圆柱蜗杆传动的几何尺寸计算（参看图 7-5）

名称	计算公式	
	蜗杆	蜗轮
蜗杆分度圆直径、蜗轮分度圆直径	$d_1 = mq$	$d_2 = mz_2$
蜗杆齿顶圆直径、蜗轮喉圆直径	$d_{a1} = m(q + 2)$	$d_{a2} = m(z_2 + 2)$
齿根圆直径	$d_{f1} = m(q - 2.4)$	$d_{f2} = m(z_2 - 2.4)$
齿顶高	$h_a = m$	$h_a = m$
齿根高	$h_f = 1.2m$	$h_f = 1.2m$
蜗杆轴向齿距、蜗轮端面齿距	$p_{a1} = p_{t2} = \pi m$	
径向间隙	$c = 0.20m$	
中心距	$a = \dfrac{1}{2}(d_1 + d_2) = \dfrac{1}{2}m(q + z_2)$	

7.3　蜗杆传动的失效形式、材料和结构

1. 蜗杆传动的失效形式和材料选择

蜗杆传动轮齿的受力情况与齿轮传动基本相同，因而失效形式也相似，主要有胶合、点蚀和磨损等。由于蜗杆传动齿面间具有较大的相对滑动速度，传动效率低，发热量大，使润滑油温度升高而变稀，润滑条件变坏，增大了胶合的可能性。在闭式蜗杆传动中，如果不能及时散热，往往因胶合而影响蜗杆传动的承载能力；在开式蜗杆传动或润滑不良的闭式蜗杆传动中，蜗轮轮齿的磨损就显得突出。所以蜗杆传动的主要失效形式是蜗轮齿面胶合和磨损。

根据蜗杆传动的特点，蜗轮副材料的要求：①足够的强度；②良好的减摩、耐磨性；③良好的抗胶合性。因此常采用青铜作蜗轮齿圈（减摩、耐磨性、抗胶合），与淬硬磨削的钢制蜗杆（表面光洁、硬度高）相配。

小提示

　　锡青铜是指以锡为主要合金元素的青铜。含锡量一般为 3%～14%，主要用于制作弹性元件和耐磨零件。铝青铜是指含铝量一般不超过 11.5% 的青铜，有时还加入适量的铁、镍、锰等元素，以进一步改善性能；铝青铜可热处理强化，其强度比锡青铜高，抗高温氧化性也较好。

（1）蜗杆材料牌号的选择。高速重载的蜗杆常用 20Cr、20CrMnTi（渗碳淬火 56～62HRC）或 40Cr、42SiMn、45（表面淬到 45～55HRC），并应磨削；低速中轻载的蜗杆可用 40、45 钢调质处理（硬度为 220～250HBS）；在低速或人力传动中，蜗杆可不经热处理，甚至可采用铸铁。

（2）蜗轮材料牌号的选择。$v_s > 12m/s$ 时，常采用 10-1 锡青铜（ZCuSn10P1）制造，其抗胶合和耐磨性能好，允许最高滑动速度可达 25m/s，易于切削加工，但价格高；当 $v_s < 12m/s$ 时，常采用含锡量低的 5-5-5 锡青铜（ZCuSn5Pb5Zn5）制造；当 $v_s < 6m/s$ 时，常采用 10-3 铝青铜（ZCuAl10Fe3）制造，其具有足够高的强度，铸造性能好、耐冲击、价格低廉，但切削性能差，抗胶合性能不如锡青铜；$v_s < 2m/s$ 时，常采用球墨铸铁、灰铸铁制造。另外，蜗轮也可用尼龙或增强尼龙材料制成。

2. 蜗杆和蜗轮的结构

蜗杆螺旋部分的直径不大，所以常和轴作成一个整体，称为蜗杆轴，如图 7-9 所示。当蜗杆螺旋部分的直径较大时，可以将轴与蜗杆分开制作。

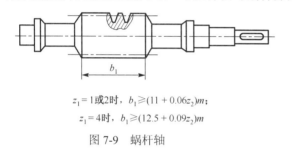

$z_1 = 1$ 或 2 时，$b_1 \geqslant (11 + 0.06z_2)m$；

$z_1 = 4$ 时，$b_1 \geqslant (12.5 + 0.09z_2)m$

图 7-9 蜗杆轴

小思考 7-3

蜗轮丝杆升降机，主要利用蜗轮蜗杆传动的哪些性能？

蜗轮可以制成整体的，如图 7-10（a）所示，主要用于铸铁蜗轮或尺寸较小的青铜蜗轮。

案例 7-3

蜗杆传动的设计过程是否可以完全根据齿轮设计步骤进行？

为了节约贵重有色金属，对大尺寸的蜗轮通常采用组合式结构，即齿圈用有色金属制造，而轮芯用钢或铸铁制造，根据组合方式的不同可分为轮箍式（配合式）、螺栓连接式和镶铸式蜗轮三种形式。

（1）对于轮箍式（配合式）组合蜗轮，如图 7-10（b）所示，齿圈和轮芯间可用过盈（H7/r6 配合）连接，并沿结合面圆周装上 4～8 个螺钉，以增加连接的可靠性。为了便于钻孔，应将螺孔中心线向材料较硬的一边偏移 2～3mm。这种结构用于尺寸不大而工作温度变化又较小的地方，以免热胀冷缩影响配合的质量。

（a）   （b）

图 7-10 蜗轮结构

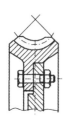

（c）　　　　　　　　　　　　　　　　　　　　　（d）

图 7-10　蜗轮结构（续）

（2）对于螺栓连接式组合蜗轮，如图 7-10（c）所示，轮圈与轮芯可用普通螺栓或铰制孔用螺栓来连接，螺栓的尺寸和数目可参考蜗轮的结构尺寸确定，然后作适当的校核。该种结构装拆方便，常用于尺寸较大或磨损后需要更换齿圈的场合。

（3）对于镶铸式组合蜗轮，如图 7-10（d）所示，在铸铁轮芯上浇铸出青铜齿圈，然后切齿，适合于成品制造的蜗轮。

蜗轮齿圈结构尺寸计算如表 7-4 所示，蜗轮轮芯结构尺寸可参考齿轮结构设计进行确定。

表 7-4　蜗轮齿圈结构尺寸

蜗杆头数 z_1	1	2	4
蜗轮顶圆直径（外径）d_{e2}/mm	$\leqslant (d_{a2} + 2m)$	$\leqslant (d_{a2} + 1.5m)$	$\leqslant (d_{a2} + m)$
轮缘宽度 B/mm	$\leqslant 0.75 d_{a1}$		$\leqslant 0.67 d_{a1}$
蜗轮齿宽角 $\theta / (°)$	$90 \sim 130$		
轮圈厚度 c/mm	$\approx 1.6m + 1.5$		

7.4　圆柱蜗杆传动的设计计算

7.4.1　圆柱蜗杆传动的受力分析

蜗杆传动的受力分析与斜齿圆柱齿轮的受力分析相同，在不计摩擦力的情况下，轮齿上的法向力 F_n 可分解为互相垂直的三个分力：圆周力 F_t、径向力 F_r 和轴向力 F_a，如图7-11 所示。当蜗杆轴和蜗轮轴交错成 90° 时，若不计摩擦力的影响，蜗杆圆周力 F_{t1} 与蜗轮轴向力 F_{a2} 大小相等、方向相反；蜗杆轴向力 F_{a1} 与蜗轮圆周力 F_{t2} 大小相等、方向相反；蜗杆径向力 F_{r1} 与蜗轮径向力 F_{r2} 大小相等、方向相反，并指向各自的轮心。各分力的计算公式为

蜗杆圆周力
$$F_{t1} = F_{a2} = \frac{2T_1}{d_1} \tag{7-5}$$

蜗杆轴向力
$$F_{a1} = F_{t2} = \frac{2T_2}{d_2} \tag{7-6}$$

蜗杆径向力
$$F_{r1} = F_{r2} = F_{a1} \tan \alpha \tag{7-7}$$

式中，T_1、T_2 分别为作用在蜗杆和蜗轮上的转矩，$T_2 = T_1 i \eta$，其中，η 为蜗杆传动的效率。

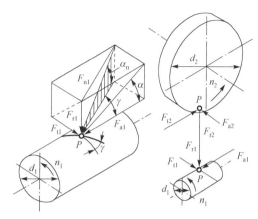

图 7-11 蜗杆与蜗轮的作用力

7.4.2 圆柱蜗杆传动的强度计算

在蜗杆传动中，由于材料和结构的原因，蜗杆螺旋部分的强度总是高于蜗轮轮齿强度，所以失效常发生在蜗轮轮齿上。因而，通常只对蜗轮进行承载能力计算。

对闭式蜗杆传动，通常是先按齿面接触疲劳强度设计，再按齿根弯曲强度进行校核，并进行热平衡计算。

对于开式蜗杆传动，则通常只需按齿根弯曲疲劳强度进行设计计算。

当蜗杆轴的支撑跨距较大时，进行蜗杆的刚度计算。

1. 蜗轮齿面接触疲劳强度计算

1）校核和设计公式

蜗轮齿面接触疲劳强度仍以赫兹公式为基础，其强度校核公式为

$$\sigma_H = Z_E Z_\rho \sqrt{\frac{K_A T_2}{a^3}} \leqslant [\sigma_H] \qquad (7\text{-}8)$$

设计公式为

$$a \geqslant \sqrt[3]{K_A T_2 \left(\frac{Z_E Z_\rho}{[\sigma_H]}\right)^2} \qquad (7\text{-}9)$$

式中，a 为中心距，mm；Z_E 为材料综合弹性系数，钢与铸锡青铜配对时取 $Z_E = 150$，钢与铝青铜或灰铸铁配对时取 $Z_E = 160$；Z_ρ 为接触系数，用以考虑当量曲率半径的影响，由蜗杆分度圆直径与中心距之比 (d_1/a) 查图 7-12，一般 $d_1/a = 0.3 \sim 0.5$，取小值时，导程角大，因而效率高，但蜗杆刚性较小。K_A 为使用系数，$K_A = 1.1 \sim 1.4$，当有冲击载荷、环境温度高 $(t > 35℃)$、速度较高时取大值。

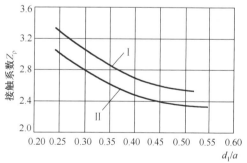

I 适用于 ZI 型蜗杆
（ZA、ZN、ZK 型蜗杆亦可近似查询）；
II 适用于 ZC 型蜗杆

图 7-12 接触系数

2）许用接触应力 $[\sigma_H]$

铸锡青铜的许用接触应力 $[\sigma_H]$ 可根据表 7-5 查取；对于铸铝青铜和灰铸铁，其主要失效形式是胶合而不是接触强度，而胶合与相对滑动速度有关，因而应根据表 7-6 查取许用接触应力 $[\sigma_H]$。

根据式（7-9）计算出中心距 a，则蜗杆分度圆直径 d_1 和模数 m 的计算公式为（粗略计算）

$$d_1 \approx 0.68a^{0.875}$$
$$m = \frac{2a - d_1}{z_2} \qquad (7\text{-}10)$$

根据式（7-10）计算出的模数为计算值，需根据表 7-1 选定标准模数。

表 7-5　铸锡青铜蜗轮的许用接触应力 $[\sigma_H]$　　　　（MPa）

蜗轮材料	铸造方法	适用的滑动速度 v_s /(m/s)	蜗杆齿面硬度	
			HBS $\leqslant$ 350	HRC>45
10-1 锡青铜	砂型	$\leqslant$ 12	180	200
	金属型	$\leqslant$ 15	200	220
5-5-5 锡青铜	砂型	$\leqslant$ 10	110	125
	金属型	$\leqslant$ 12	135	150

表 7-6　铸铝青铜和铸铁蜗轮的许用接触应力 $[\sigma_H]$　　　　（MPa）

蜗轮材料	蜗杆材料	滑动速度 v_s /(m/s)						
		0.5	1	2	3	4	6	8
10-3 铝青铜	淬火钢*	250	230	210	180	160	120	90
HT150、HT200	渗碳钢	130	115	90	—	—	—	—
HT150	调质钢	110	90	70	—	—	—	—

注：*为蜗杆未经淬火时，需将表中的 $[\sigma_H]$ 值降低 20%。

2. 蜗轮齿根弯曲疲劳强度计算

1）校核和设计公式

蜗轮齿根弯曲疲劳强度的设计参照斜齿圆柱齿轮近似计算，其校核公式为

$$\sigma_F = \frac{1.53 K_A T_2}{d_1 d_2 m} Y_{Fa2} Y_\beta \leqslant [\sigma_F] \qquad (7\text{-}11)$$

设计公式为

$$m^2 d_1 \geqslant \frac{1.53 K_A T_2}{z_2 [\sigma_F]} Y_{Fa2} Y_\beta \qquad (7\text{-}12)$$

式中，Y_{Fa2} 为蜗轮齿形系数，由当量齿数 $z_v = \dfrac{z_1}{\cos^3 \gamma}$ 根据表 6-12 查取；Y_β 为螺旋角影响系数，

$Y_\beta = 1 - \dfrac{\gamma}{140°}$。

根据式（7-12）计算出 $m^2 d_1$ 的值，然后查表 7-1 可决定主要尺寸。

2）许用弯曲应力 $[\sigma_F]$

蜗轮的许用弯曲应力 $[\sigma_F]$ 通过表 7-7 查取。

表 7-7　蜗轮的许用弯曲应力 $[\sigma_F]$　　　　（MPa）

蜗轮材料	ZCuSn10P1		ZCuSn5Pb5Zn5		ZCuAl10Fe3		HT150	HT200
铸造方法	砂模铸造	金属模铸造	砂模铸造	金属模铸造	砂模铸造	金属模铸造	砂模铸造	
单侧工作	50	70	32	40	80	90	40	47
双侧工作	30	40	24	28	63	80	25	30

3．蜗杆的刚度计算

蜗杆较细长，支撑跨距较大，若受力后产生的挠度过大，则会影响正常啮合传动。蜗杆产生的挠度应小于许用挠度[Y]。

由切向力 F_{t1} 和径向力 F_{r1} 产生的挠度分别为

$$\begin{cases} Y_{t1} = \dfrac{F_{t1}l^3}{48EI} \\ Y_{r1} = \dfrac{F_{r1}l^3}{48EI} \end{cases}$$

合成挠度为

$$Y = \sqrt{Y_{t1}^2 + Y_{r1}^2} \leqslant [Y]$$

式中，E 为蜗杆材料的弹性模量，Mpa，钢蜗杆 $E = 2.06 \times 10^5 \, \text{MPa}$；$I$ 为蜗杆危险截面惯性矩，$I = \dfrac{\pi d_1^4}{64}$；$l$ 为蜗杆支点跨距，mm，初步计算时可取 $l = 0.9d_2$；[Y] 为许用挠度，mm；$[Y] = \dfrac{d_1}{1000}$。

7.5 蜗杆传动的效率、润滑和热平衡计算

1．蜗杆传动的效率

与齿轮传动类似，闭式蜗杆传动的效率也包括三部分，其计算公式为

$$\eta = \eta_1 \times \eta_2 \times \eta_3$$

式中，η_1 为涉及啮合摩擦损耗的效率；η_2 为涉及轴承摩擦损耗的效率；η_3 为涉及搅动润滑油损耗的效率。

一般，$\eta_2\eta_3 = 0.95 \sim 0.97$，$\eta_1$ 是对总效率影响最大的因素，蜗杆传动的总效率可写为

> **小思考 7-4**
> 用于数控机床精密分度机构的蜗杆传动机构，是否还需要考虑蜗杆传动的效率问题？

$$\eta = (0.95 \sim 0.97) \frac{\tan\gamma}{\tan(\gamma + \rho_v)} \tag{7-13}$$

式中，γ 为蜗杆导程角；ρ_v 为当量摩擦角，$\rho_v = \arctan f_v$，f_v 为当量摩擦系数，其值主要与蜗杆副材料、表面状况和滑动速度等有关，如表 7-8 所列。

表 7-8　当量摩擦系数 f_v 和当量摩擦角 ρ_v

蜗轮材料	锡青铜				无锡青铜	
蜗杆齿面硬度	HRC>45		其他情况		HRC<45	
滑动速度 v_s /(m/s)	f_v	ρ_v	f_v	ρ_v	f_v	ρ_v
0.01	0.11	6.28°	0.12	6.84°	0.18	10.2°
0.10	0.08	4.57°	0.09	5.14°	0.13	7.4°
0.50	0.055	3.15°	0.065	3.72°	0.09	5.14°
1.00	0.045	2.58°	0.055	3.15°	0.07	4°
2.00	0.035	2°	0.045	2.58°	0.055	3.15°
3.00	0.028	1.6°	0.035	2°	0.045	2.58°

续表

蜗轮材料	锡青铜				无锡青铜	
蜗杆齿面硬度	HRC>45		其他情况		HRC<45	
滑动速度 v_s /(m/s)	f_v	ρ_v	f_v	ρ_v	f_v	ρ_v
4.00	0.024	1.37°	0.031	1.78°	0.04	2.29°
5.00	0.022	1.26°	0.029	1.66°	0.035	2°
8.00	0.018	1.03°	0.026	1.49°	0.03	1.72°
10.0	0.016	0.92°	0024	1.37°	—	—
15.0	0.014	0.8°	0.020	1.15°	—	—
24.0	0.013	0.74°			—	—

注：（1）HRC>45 的蜗杆，其 f_v 和 ρ_v 的值是指经过磨削和跑合并有充分润滑的情况；

　　（2）当蜗轮材料为灰铸铁时，可以按无锡青铜查取 f_v 和 ρ_v 的值。

根据式（7-13）可知，蜗杆导程角 γ 越大，效率越高，因而常采用多头蜗杆。但是导程角过大，蜗杆加工困难，并且当导程角 $\gamma > 28°$ 时，效率提高的很少。蜗杆头数与传动效率之间的关系如表 7-9 所示。

当蜗杆的导程角小于当量摩擦角时，即 $\gamma \leqslant \rho_v$，蜗杆传动具有自锁性能，但是效率会很低（$\eta < 50\%$）。值得一提的是，在振动条件下，当量摩擦角 ρ_v 的值波动可能会很大，因此不宜单靠蜗杆传动的自锁作用实现制动的功能。在重要场合应另加制动装置。

小提示

尽管蜗杆传动具有自锁功能，但为了保证安全，采用蜗杆传动的卷扬机、起重机械和电梯等都具有额外的制动装置。

2. 蜗杆传动的润滑

对于蜗杆传动，必须要保证良好的润滑。其润滑的主要目的在于减摩与散热，如果润滑不良，传动效率会明显降低，并且可能会使轮齿早期发生胶合和磨损。蜗杆传动的具体润滑方法与齿轮传动的润滑相近，也包括浸油润滑和喷油润滑两种方式。

根据蜗杆、蜗轮配对材料和运转条件选用润滑油。一般蜗杆传动用润滑油的牌号为 L-CKE/P，其黏度选取如表 7-10 所示。

（1）浸油润滑。当 $v_s < 5 \sim 10\text{m/s}$ 时，可采用浸油润滑。常采用蜗杆下置式，由蜗杆带油润滑，浸油深度应为蜗杆的一个齿高；当蜗杆线速度 $v_s > 4\text{m/s}$ 时，为减小搅油损失，一般采用蜗杆上置式，由蜗轮带油润滑，浸油深度约为蜗轮外径的 1/3。

表 7-9　蜗杆头数与传动效率之间的关系

z_1	η	
	闭式传动	开式传动
1	0.7~0.75	
2	0.75~0.82	0.6~0.7
4	0.87~0.92	

表 7-10　蜗杆传动润滑油的黏度和润滑方式

滑动速度 v_s /(m/s)	≤1.5	>1.5~3.5	>3.5~10	>10
黏度 v_{40} /(mm²/s)	>612	414~506	288~352	198~242
润滑方式	$v_s \leqslant 5$ 浸油润滑		$v_s \geqslant 5 \sim 10$ 浸油润滑或喷油润滑	$v_s > 10$ 喷油润滑

（2）喷油润滑。当 $v_s > 10 \sim 15\text{m/s}$ 时，可采用喷油润滑，喷油嘴要对准蜗杆啮入端，而且要控制一定的油压。

3. 蜗杆传动的热平衡计算

由于蜗杆传动效率较低，当长期运转时会产生较大的热量，如果产生的热量不能及时散去，会引起箱体内油温过高，破坏润滑状态，导致轮齿磨损加剧，甚至出现胶合，从而导致系统进一步恶化。因此需要对连续工作的闭式蜗杆传动进行热平衡计算。

在闭式蜗杆传动中，如果仅通过箱体散热，要求箱体内的油温 t(℃) 和周围的环境温度 t_0(℃) 之差 Δt 不能超过允许值，即

$$\Delta t = \frac{1000 P_1 (1-\eta)}{\alpha_t A} \leq [\Delta t] \tag{7-14}$$

式中，Δt 为温度差，$\Delta t = (t - t_0)$；P_1 为蜗杆传递功率，kW；η 为蜗杆传动效率；α_t 为表面传热系数，根据箱体周围通风条件，一般取 $\alpha_t = 10 \sim 17 \mathrm{W}/(\mathrm{m}^2 \cdot ℃)$；$A$ 为散热面积，m^2，指箱体外壁与空气接触而内壁被油飞溅到的箱体壳面积，估算公式为 $A = 9 \times 10^{-5} a^{1.88}$，对于箱体上的散热片其散热面积按50%计算；$[\Delta t]$ 为温差允许值，一般为 $60 \sim 70℃$，并应使油温 ($t = t_0 + \Delta t$) 小于 $90℃$。

如果箱体内的油温超过温差允许值，可采取下述冷却措施。

（1）增加散热面积。合理设计箱体结构，铸出或焊上散热片。

（2）提高表面散热系数。在蜗杆轴上装置风扇，如图 7-13（a）所示，或者在箱体油池内装设蛇形冷却水管，如图 7-13（b）所示，或者用循环油冷却，如图 7-13（c）所示。

小 提 示

L-CKE/P 润滑油是在抗氧防锈型润滑油 L-CKB 的基础上再提高其减摩性，使其具有低的摩擦因数。它可以提高蜗杆蜗轮传动装置的效率和降低噪声，是蜗杆蜗轮传动装置的专用油。我国根据配方不同将其分为 L-CKE 和 L-CKE/P 两个品种。

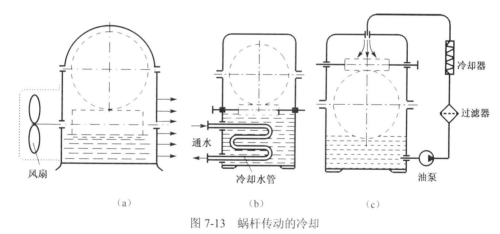

（a）　　　　　　　　　　（b）　　　　　　　　　　（c）

图 7-13　蜗杆传动的冷却

7.6　工程应用案例：减速器

第 5.12 节中，带式输送机所需减速装置的中间环节——二级圆柱齿轮减速器，如图 7-14 所示，在其他条件不变的情况下，由蜗杆传动减速器来实现，如图 7-15 所示，试设计用于该传动系统的单级圆柱蜗杆传动。

【解】　根据 5.12 节分析可知，高速级带传动的输出转速为 962r/min，此为蜗杆减速器的输入转速 n_1；低速级链传动的输入转速为 96r/min，此为蜗杆减速器的输出转速 n_2；因此，蜗杆减速器承担的传动比为 $i = \dfrac{n_1}{n_2} = \dfrac{962}{96} = 10.021$。蜗杆减速器高速轴功率为 $P_1 = P\eta_{带} = 5.5 \times 0.96 = 5.28\mathrm{kW}$。载荷平稳，单向连续运转，每天工作 8 小时，每年工作 300 天，使用寿命为 5 年。

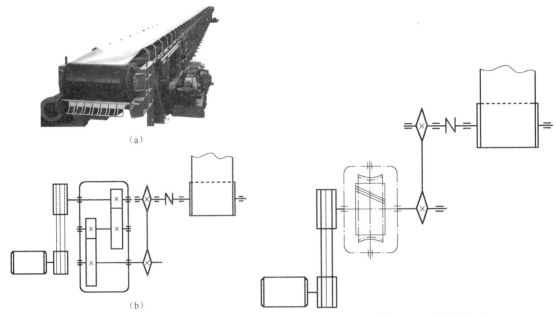

图 7-14　带式输送机及其传动系统图　　　　　　图 7-15　蜗杆减速器

1. 选择蜗杆蜗轮的材料

蜗杆材料：45 钢，表面淬火，齿面硬度为 45～55HRC。

蜗轮材料：初步估算相对滑动速度为

$$v_{s估} = (0.02 \sim 0.03)\sqrt[3]{P_1 n_1^2} = (0.02 \sim 0.03)\sqrt[3]{5.28 \times 962^2} \approx 3.39 \sim 5.09 \text{(m/s)}$$

相对滑动速度在 2～6m/s 之间，故蜗轮选用 10-3 铝青铜 ZCuAl10Fe3 砂模铸造。

（1）查表 7-6 得许用接触应力 $[\sigma_H] = 160 \text{MPa}$。

（2）查表 7-7 得许用弯曲应力 $[\sigma_F] = 80 \text{MPa}$。

2. 确定主要参数，并初步估计传动效率 η

选择蜗杆头数 z_1：根据传动比 $i = 10.021$，带式输送机无自锁要求，根据表 7-2 可选 $z_1 = 4$。由 $z_1 = 4$，查表 7-9，估计 $\eta = 0.90$。

确定蜗轮齿数 z_2：因 $z_2 = iz_1 = 10.021 \times 4 = 40.082$，故蜗轮齿数取 40。

蜗杆传动的实际传动比 i：因 $i = \dfrac{z_2}{z_1} = \dfrac{40}{4} = 10$，故满足误差要求。

3. 按齿面接触疲劳强度条件进行设计计算

（1）确定作用于蜗轮上的转矩 T_2。

$$T_1 = 9.55 \times 10^6 \times \frac{5.28}{962} \approx 5.242 \times 10^4 \text{(N · mm)}$$

$$T_2 = T_1 i \eta = 5.242 \times 10^4 \times 10 \times 0.9 \approx 4.717 \times 10^5 \text{(N · mm)}$$

（2）确定使用系数 K_A。

原动机为电动机，载荷平稳，查表 6-8，取 $K_A = 1.1$。

（3）确定弹性综合影响系数 Z_E。

铝青铜蜗轮与钢制蜗杆相配，取 $Z_E = 160$。

（4）确定接触系数 Z_ρ。

先假定 $d_1/a = 0.4$，由图 7-12 得 $Z_\rho = 2.8$。

（5）根据公式（7-9）计算中心距 a。

$$a \geqslant \sqrt[3]{K_\mathrm{A} T_2 \left(\frac{Z_\mathrm{E} Z_\rho}{[\sigma_\mathrm{H}]} \right)} = \sqrt[3]{1.1 \times 4.717 \times 10^5 \times \left(\frac{160 \times 2.8}{160} \right)^2} \approx 159.63 (\mathrm{mm})$$

（6）确定模数 m、蜗杆直径 d_1 和蜗杆导程角 γ。

根据式（7-10）可知：$d_1 \approx 0.68 a^{0.875} = 0.68 \times 159.63^{0.875} \approx 58 (\mathrm{mm})$

$$m = \frac{2a - d_1}{z_2} = \frac{2 \times 159.63 - 58}{40} \approx 6.53 (\mathrm{mm})$$

根据表 7-1，取 $m = 8\mathrm{mm}$，$q = 10.0$，$d_1 = 80\mathrm{mm}$，由式（7-3）计算得

$$a = \frac{1}{2} m(q + z_2) = \frac{1}{2} \times 8 \times (10.0 + 40) = 200 (\mathrm{mm}) > 159.63 \ \mathrm{mm}$$

接触强度足够，满足要求。

蜗轮分度圆直径 $d_2 = m z_2 = 8 \times 40 = 320 (\mathrm{mm})$。

可知，$\dfrac{d_1}{a} = \dfrac{80}{200} = 0.4$，之前假设满足要求。

由式（7-2）计算导程角 $\gamma = \arctan \dfrac{z_1}{q} = \arctan \dfrac{4}{10} \approx 21.801°$。

4. 校核弯曲强度

（1）蜗轮齿形系数。

由当量齿数 $z_\mathrm{v} = \dfrac{z_2}{\cos^3 \gamma} = \dfrac{40}{(\cos 21.801°)^3} \approx 50$，查表 6-12 可知，$Y_{\mathrm{Fa}2} = 2.33$。

（2）螺旋角影响系数。

$$Y_\beta = 1 - \frac{\gamma}{140°} = 1 - \frac{21.801}{140°} \approx 0.844$$

（3）根据公式（7-11）计算蜗轮齿根弯曲应力。

$$\sigma_\mathrm{F} = \frac{1.53 K_\mathrm{A} T_2}{d_1 d_2 m} Y_{\mathrm{Fa}2} Y_\beta = \frac{1.53 \times 1.1 \times 4.717 \times 10^5}{80 \times 320 \times 8} \times 2.33 \times 0.844 \approx 7.63 (\mathrm{MPa}) < 80 \mathrm{MPa}$$

曲此可知，弯曲强度足够。

5. 传动效率和热平衡计算

（1）计算滑动速度 v_s。

根据式（7-4），齿面间相对滑动速度为

$$v_\mathrm{s} = \frac{v_1}{\cos \gamma} = \frac{\pi \times 80 \times 962}{60 \times 1000 \cos 21.801°} \approx 4.34 (\mathrm{m/s})$$

（2）确定当量摩擦角 ρ_v。

根据表 7-8，$\rho_\mathrm{v} = 2.1914°$。

（3）计算蜗杆传动效率 η。

根据式（7-13），可知

$$\eta = (0.95 \sim 0.97)\frac{\tan \gamma}{\tan(\gamma + \rho_v)} = (0.95 \sim 0.97)\frac{\tan 21.801°}{\tan(21.801° + 2.1914°)} \approx 0.8538 \sim 0.8718$$

因此，取 $\eta = 0.86$。

（4）确定箱体散热面积 A。

$$A = 9 \times 10^{-5} a^{1.88} = 9 \times 10^{-5} \times 200^{1.88} \approx 1.91 \text{m}^2$$

（5）热平衡计算。

取环境温度 $t_0 = 20°$，散热系数 $\alpha_t = 15 \text{W}/(\text{m}^2 \cdot ℃)$，达到热平衡时的油温差值根据式（7-14）计算得

$$\Delta t = \frac{1000 P_1 (1 - \eta)}{\alpha_t A} = \frac{1000 \times 5.28 \times (1 - 0.86)}{15 \times 1.91} \approx 25.801 ℃ < 60 ℃$$

工作时的油温为

$$t = t_0 + \Delta t = 20 ℃ + 25.801 ℃ = 45.801 ℃ < 90 ℃$$

因此，满足热平衡要求。

结论：蜗杆传动的参数选择合理。

6. 蜗杆结构设计和工作图绘制

此步骤在本书省略。

习　题

7-1 蜗杆传动具有哪些特点？它为什么要进行热平衡计算？若热平衡计算不合要求时怎么办？

7-2 如何恰当地选择蜗杆传动的传动比、蜗杆头数和蜗轮齿数，并简述其理由。

7-3 蜗杆传动中为何常用蜗杆为主动件？蜗轮能否作为主动件？为什么？

7-4 蜗杆传动的正确啮合条件是什么？自锁条件是什么？

7-5 影响蜗杆传动效率的主要因素有哪些？导程角的大小对效率有何影响？

7-6 有一阿基米德蜗杆传动，已知传动比 $i = 18$，蜗杆头数 $z_1 = 2$，直径系数 $q = 10$，分度圆直径 $d_1 = 80 \text{mm}$。试求：（1）模数 m、蜗杆分度圆柱导程角 γ、蜗轮齿数 z_2 和分度圆柱螺旋角 β；（2）蜗轮的分度圆直径 d_2 和蜗杆传动中心距 a。

7-7 设计一带式运输机中单级蜗杆减速器。已知电动机功率 $P = 7.5 \text{kW}$，转速 $n_1 = 1440 \text{r/min}$，传动比 $i = 15$，载荷有轻微冲击，单向连续运转，每天工作 8 小时，每年工作 300 天，使用寿命 5 年，设计该蜗杆传动。

7-8 一单级蜗杆减速器输入功率 $P = 3 \text{kW}$，$z_1 = 2$，箱体散热面积为 1m^2，通风条件较好，室温 20 ℃，试验算油温是否满足使用要求。

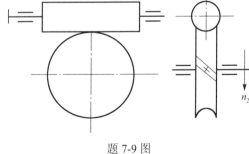

题 7-9 图

7-9 已知在一级蜗杆传动中，蜗杆为主动轮，蜗轮的螺旋线方向和转动方向如题 7-9 图所示。试将蜗杆、蜗轮的轴向力、圆周力、径向力、蜗杆的螺旋线方向和转动方向标在图中。

扩展阅读：电梯的发展历史

电梯进入人们的生活已经 150 年了。一个半世纪的风风雨雨，翻天覆地的是历史的变迁，永恒不变的是电梯提升人类生活质量的承诺。

1854 年，在纽约水晶宫举行的世界博览会上，美国人伊莱沙·格雷夫斯·奥的斯第一次向世人展示了他的发明。他站在装满货物的升降梯平台上，命令助手将平台拉升到观众都能看得到的高度，然后发出信号，令助手用利斧砍断了升降梯的提拉缆绳。令人惊讶的是，升降梯并没有坠毁，而是牢牢地固定在半空中——奥的斯发明的升降梯安全装置发挥了作用。"一切安全，先生们。"站在升降梯平台上的奥的斯向周围观看的人们挥手致意。谁也不会想到，这就是人类历史上第一部安全升降梯。

人类利用升降工具运输货物、人员的历史非常悠久。早在公元前 2600 年，埃及人在建造金字塔时就使用了最原始的升降系统，这套系统的基本原理至今仍无变化：即一个平衡物下降的同时，负载平台上升。早期的升降工具基本以人力为动力。1203 年，在法国海岸边的一个修道院里安装了一台以驴子为动力的起重机，这才结束了用人力运送重物的历史。英国科学家瓦特发明蒸汽机后，起重机装置开始采用蒸汽为动力。紧随其后，威廉·汤姆逊研制出用液压驱动的升降梯，液压的介质是水。在这些升降梯的基础上，一代又一代富有创新精神的工程师们在不断改进升降梯的技术。然而，一个关键的安全问题始终没有得到解决，那就是一旦升降梯拉升缆绳发生断裂时，负载平台就一定会发生坠毁事故。

奥的斯的发明彻底改写了人类使用升降工具的历史。从那以后，搭乘升降梯不再是"勇敢者的游戏"了，升降梯在世界范围内得到广泛应用。1889 年 12 月，美国奥的斯电梯公司制造出了名副其实的电梯，它采用直流电动机为动力，通过蜗轮减速器带动卷筒上缠绕的绳索，悬挂并升降轿厢。1892 年，美国奥的斯公司开始采用按钮操纵装置，取代传统的轿厢内拉动绳索的操纵方式，为操纵方式现代化开了先河。

生活在继续，科技在发展，电梯也在进步。150 年来，电梯的材质由黑白到彩色，样式由直式到斜式，在操纵控制方面更是步步出新——手柄开关操纵、按钮控制、信号控制、集选控制、人机对话等，多台电梯还出现了并联控制、智能群控；双层轿厢电梯展示出节省井道空间、提升运输能力的优势；变速式自动人行道扶梯的出现大大节省了行人的时间；不同外形——扇形、三角形、半菱形、半圆形、整圆形的观光电梯则使身处其中的乘客的视线不再封闭。如今，以美国奥的斯公司为代表的世界各大著名电梯公司各展风姿，仍在继续进行电梯新品的研发，并不断完善维修和保养服务系统。调频门控、智能远程监控、主机节能、控制柜低噪声耐用、复合钢带环保——一款款集纳了人类在机械、电子、光学等领域最新科研成果的新型电梯竞相问世，冷冰冰的建筑因此散射出人性的光辉，人们的生活因此变得更加美好。

中国最早的一部电梯出现在上海，是由美国奥的斯公司于 1901 年安装的。1932 年由美国奥的斯公司安装在天津利顺德酒店的电梯至今还在安全运转着。1951 年，党中央提出要在天安门安装一台由我国自行制造的电梯，天津从庆生电机厂荣接此任，四个月后不辱使命，顺利地完成了任务。十一届三中全会以后，沐浴着改革开放的春风，我国电梯业进入了高速发展的时期。如今，在我国任何一个城市，电梯都在被广泛应用着。电梯给人们的生活带来了便利，也为我国现代化建设的加速发展提供了强大的保障。

第8章 轮　系

在日常生活中，钟表是人们能够准确把握时间的有力工具。除随身携带的腕表外，还有时钟、闹钟等多种形式提醒人们时间的存在。如图 8-1 所示，为一典型的手表外形图。

图 8-1　手表外形图

像大家所知的那样，手表的秒针转动一圈 360 度时，分针转过 6 度为一分钟，而此时时针仅仅转了 0.5 度。那么，是什么样的机构驱动这种转动？是什么样的机构控制秒针、分针和时针之间的转动关系，保证走时正确？本章的学习将帮你找到答案。

本章知识要点 ▶▶

（1）了解轮系的种类。
（2）掌握定轴轮系、周转轮系和复合轮系传动比的计算。
（3）了解轮系的应用。

兴趣实践 ▶▶

观察正在走时的机械手表的内部传动结构。

探索思考 ▶▶

有的轮系中，其中一个齿轮转速的轻微变化会引起输出运动的较大改变，实现这种放大效益的基本原理是什么？

8.1　轮系的类型

由一对齿轮组成的机构是齿轮传动的最简单形式。但是在机械中，为了获得很大的传动比，或者为了将输入轴的一种转速变换为输出轴的多种转速等，常采用一系列互相啮合的齿轮将输入轴和输出轴连接起来。这种由一系列齿轮组成的传动系统称为轮系。

在轮系运转过程中，根据各个齿轮几何轴线在空间的相对位置是否变化，可以将轮系分为定轴轮系、周转轮系和复合轮系三种类型。

1. 定轴轮系

轮系在运转过程中，如果所有齿轮的几何轴线相对于机架位置都固定不动，则称该种轮系为定轴轮系。如图 8-2 所示轮系中，所有齿轮的几何轴线相对于机架在轮系运转过程中都保持不变，因此该轮系属于定轴轮系。

2. 周转轮系

如图 8-3 所示的轮系中，齿轮 1 的轴线和齿轮 3 的轴线重合，轮系在运转过程中，这两个齿轮的轴线位置固定不动，因此，齿轮 1 和齿轮 3 属于定轴齿轮。但是齿轮 2 安装在构件 H 上，除绕着自己的轴线旋转外，它还随构件 H 的转动中心线一起旋转，所以，齿轮 2 的轴线位置在轮系运转过程中处于变动状态，因此定义这种轴系为周转轮系。

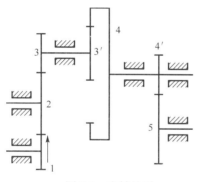

图 8-2　定轴轮系

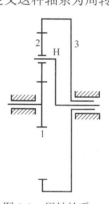

图 8-3　周转轮系

3. 复合轮系

在轮系的具体应用中，除了广泛使用单一的定轴轮系或者单一的周转轮系外，还经常采用由几个基本周转轮系或定轴轮系组合而成的形式，这样的轮系称为复合轮系。该种轮系既不能等同于定轴轮系，也不能简单地认为是周转轮系，对其分析研究时，关键是要找准两种轮系，对其进行划分。

图 8-4 所示轮系中，齿轮 1、2 和 3 组成了一个周转轮系，齿轮 2 的轴线在整个轮系运转过程中相对于齿轮 1 和齿轮 3 作回转运动，齿轮 2 既作自转又作公转。因此，齿轮 2 属于行星轮。齿轮 4 连接在转臂 H 上，与齿轮 5 组成了定轴轮系，所以图 8-4 所示的轮系属于复合轮系。

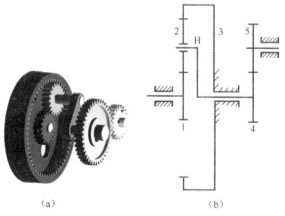

(a)　　　　　　　　(b)

图 8-4　复合轮系

8.2　定轴轮系传动比计算

8.2.1　定轴轮系传动比大小的计算

对于一定轴轮系，如图 8-2 所示，如果把每对齿轮的角速度之比相乘，把齿数的反比相乘，可以得到定轴轮系传动比的计算公式为

$$i_{15} = \frac{\omega_1}{\omega_2} \cdot \frac{\omega_2}{\omega_3} \cdot \frac{\omega_{3'}}{\omega_4} \cdot \frac{\omega_{4'}}{\omega_5} = \frac{z_2 z_3 z_4 z_5}{z_1 z_2 z_{3'} z_{4'}} = \frac{\text{所有从动轮齿数的乘积}}{\text{所有主动轮齿数的乘积}}$$

将定轴轮系传动比的计算公式推广后可知，从首轮 m 到末轮 n 所组成的定轴轮系其传动比的计算公式可写为

$$i_{mn} = \frac{\omega_m}{\omega_n} = \frac{\text{所有从动轮齿数的乘积}}{\text{所有主动轮齿数的乘积}} \tag{8-1}$$

 案例 8-1

如案例图 8-1 所示，已知齿轮 1～5 的角速度和齿数分别为 ω_1、ω_2、ω_3、ω_4、ω_5 和 z_1、z_2、z_3、z_4、z_5。

问题：

（1）能想到这个机构能够实现的功能和应用实例吗？

（2）请写出图中轮系的传动比的计算公式 i_{15}。

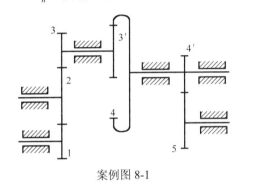

案例图 8-1

8.2.2　首、末轮转向关系的确定

8.2.1 的内容仅仅是定轴轮系中传动比的比值大小，而工程实际中的传动比既包括传动比的大小，又包括轮系中首、末两轮的转向关系。

1. 用"+""-"号表示的方法

对于轴线相互平行的圆柱齿轮传动，主动轮与从动轮的转向关系比较简单，可以根据两齿轮的啮合关系来判断。如果两齿轮的啮合传动属于外啮合传动，则两轮的转向相反，用"-"表示，如图 8-5（a）所示；若两齿轮的啮合传动属于内啮合传动，则两轮的转向相同，用"+"号表示，如图 8-5（b）所示。

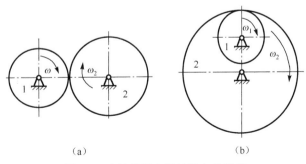

（a）　　　　　　　　（b）

图 8-5　定轴轮系中齿轮转向的判定

以此类推，如果一个轮系中有 k 次外啮合，则从首轮 m 到末轮 n 所组成的定轴轮系其传动比计算公式为

$$i_{mn} = \frac{\omega_m}{\omega_n} = (-1)^k \frac{\text{所有从动轮齿数的乘积}}{\text{所有主动轮齿数的乘积}} \qquad (8\text{-}2)$$

按照式（8-2）分析图 8-2 所示的定轴轮系，齿轮 1 和齿轮 5 之间经过了三次外啮合，二者之间的传动比为

$$i_{15} = (-1)^3 \frac{z_2 z_3 z_4 z_5}{z_1 z_2 z_{3'} z_{4'}} = -\frac{z_3 z_4 z_5}{z_1 z_{3'} z_{4'}}$$

上述计算公式中，齿轮 2 的齿数并不影响传动比的大小，但是齿轮 2 的存在影响了从动轮 5 的转动方向，对运动起到了反向的作用。轮系中不改变轮系传动比的大小，仅影响各齿轮转动方向的齿轮称为惰轮，也称为过轮，此时的齿轮 2 就属于这种情况。

> **案例 8-1 分析**
>
> （1）这是一个用来实现变速且变向的机构简图。
>
> （2）一对齿轮的传动比指的是主动齿轮与从动齿轮转动角速度（转速）的比值，且等于两齿轮齿数的反比，那么图示轮系的传动比的计算公式即每一对齿轮传动比的乘积。

2. 画箭头的方法

当定轴轮系首、末轮轴线不平行或者整个的轮系为空间轮系时，不能通过首、末轮转向相同或者相反来确定末轮的转动方向。因此，不能够用"+""-"号的方法来描述末轮转向，而只能通过画箭头的方法来标注方向。可分为以下几种情况。

（1）平行轴外啮合齿轮：两轮转向相反，用方向相反的箭头表示，如图 8-6（a）所示。

（2）平行轴内啮合齿轮：两轮转向相同，用方向相同的箭头表示，如图 8-6（b）所示。

（3）锥齿轮啮合：表示转向的箭头同时指向啮合点，或者同时背离啮合点，如图 8-6（c）所示。

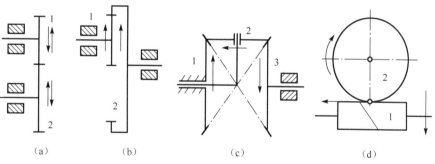

（a）　　　　（b）　　　　（c）　　　　（d）

图 8-6　齿轮传动的转动方向

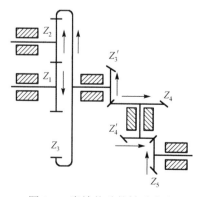

图 8-7　齿轮传动的转动方向

（4）蜗轮蜗杆啮合：如图 8-6（d）所示的右旋蜗杆按图示方向转动时，可借助右手判断如下，拇指伸直，其余四指握拳，令四指弯曲方向与蜗杆转动方向一致，拇指的指向为蜗杆的前进方向（向右）。按照相对运动原理，啮合点蜗轮的运动方向相反（向左），则蜗轮顺时针转动。同理，对于左旋蜗杆，应借助左手按上述方法分析。

【例 8-1】 已知图 8-7 所示的轮系中各轮齿数，求传动比 i_{15}。

【解】 （1）先确定齿轮的转向，用画箭头的方法，齿轮 1 和齿轮 5 的转向相反，如图 8-7 所示。

（2）计算轮系的传动比的大小。

$$i_{15} = \frac{\omega_1}{\omega_5} = \frac{z_2 z_3 z_4 z_5}{z_1 z_2 z_{3'} z_{4'}} = \frac{z_3 z_4 z_5}{z_1 z_{3'} z_{4'}}$$

8.3 周转轮系传动比计算

8.3.1 周转轮系的组成

如图 8-8 所示轮系中，齿轮 1 的轴线和齿轮 3 的轴线重合，轮系在运转过程中，这两个齿轮的轴线位置固定不动，齿轮 1 和齿轮 3 属于定轴齿轮，定义为太阳轮。齿轮 2 套在构件 H

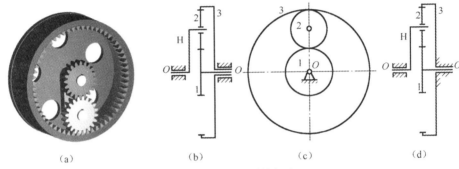

图 8-8 周转轮系的组成

的小轴上，当构件 H 转动时，齿轮 2 随 H 一起转动，除此之外还绕着自身轴线转动，齿轮 2 的轴线位置在轮系运转过程中处于变动状态，称为行星轮。而支撑齿轮 2 的构件 H 定义为转臂。

周转轮系按照轮系自由度数的不同，可以分为**行星轮系**和**差动轮系**两种。周转轮系中，如果两个太阳轮都能够运动，则该轮系属于差动轮系，如图 8-8（b）所示；如果有一个固定的太阳轮，则该轮系属于行星轮系，如图 8-8（d）所示。

8.3.2 转化轮系及传动比计算

周转轮系中行星轮的运动不是绕固定轴线的简单转动，所以其传动比不能直接用求解定轴轮系传动比的方法来计算。但是，如果能使转臂 H 变为固定不动，并保持周转轮系中各个构件之间的相对运动不变，则周转轮系就转化成为一个假想的定轴轮系，便可由定轴轮系传动比的计算公式列出该假想定轴轮系传动比的计算式，从而求出周转轮系的传动比。

如图 8-9（a）所示的周转轮系中，假设转臂 H 的转速为 ω_H。如果假想给整个轮系添加一个公共的运转角速度 $-\omega_H$，由相对运动原理可知，在公共角速度 $-\omega_H$ 的作用下，轮系中各个构件之间的相对运动关系并没有改变，但是

 案例 8-2

差动轮系机构通常称为差速器，人们接触最多且最典型的应用是汽车后桥差速器；而马铃薯和大蒜挖掘机中则用的是行星轮系。

问题：

（1）二者在结构上到底有何区别？

（2）试计算这两种轮系的自由度，如图 8-8（b）和图 8-8（d）所示，以进一步明确这两种周转轮系的不同。

转臂的运动状态将会发生改变，即会由原来的运动状态变成静止状态。这样，通过给周转轮系添加一个公共的运转角速度$-\omega_H$后，转臂 H 就变成了静止不动的构件，那么，所研究的周转轮系就转化成了一个假想的定轴轮系，这个假想的定轴轮系称为原有周转轮系的转化轮系，如图 8-9（b）所示，转化轮系中各个构件之间的相对运动关系仍保持不变。

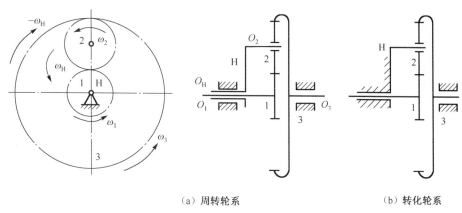

（a）周转轮系　　　　　　（b）转化轮系

图 8-9　周转轮系及其转化轮系

表 8-1 是图 8-9（a）所示的周转轮系转化前后轮系中各个构件的转速，为了与原有轮系中各构件的转速相区别，针对转化轮系，在其传动比及其转速的表示符号中添加上角标 H 来表示转化轮系中的传动比和转速。

表 8-1　周转轮系转化前后各构件的角速度

构件	原周转轮系的角速度	转化轮系中的角速度
1	ω_1	$\omega_1^H = \omega_1 - \omega_H$
2	ω_2	$\omega_2^H = \omega_2 - \omega_H$
3	ω_3	$\omega_3^H = \omega_3 - \omega_H$
H	ω_H	$\omega_H^H = \omega_H - \omega_H = 0$

同理，转化轮系中各构件的转速可写成 n_1^H、n_2^H、n_3^H、n_H^H，右上方都带有角标 H，表示这些转速是各构件对行星架 H 的相对转速。

既然周转轮系的转化轮系是一个定轴轮系，就可应用求解定轴轮系传动比的方法，求出其中任意两个齿轮的传动比。

根据传动比定义，转化轮系中齿轮 1 与齿轮 3 的传动比 i_{13}^H 为

> **案例 8-2 分析**
>
> （1）差动轮系的两个太阳轮都可以转动，而行星轮只有一个太阳轮能够转动。
>
> （2）差动轮系自由度：$F=3\times4-2\times4-2=2$，由机构具有确定运动的条件可知，要使该类机构具有确定的运动状态，必须具有两个原动件。
>
> 行星轮系自由度：$F=3\times3-2\times3-2=1$，要使该类机构具有确定的运动状态，只需要一个原动件即可。

$$i_{13}^H = \frac{n_1^H}{n_3^H} = \frac{n_1 - n_H}{n_3 - n_H} \qquad (8\text{-}3)$$

应注意区分 i_{13} 和 i_{13}^H，前者是两轮真实的传动比，而后者是假想的转化轮系中两轮的传动比。

转化轮系是定轴轮系，且其起始主动轮 1 与最末从动轮 3 轴线平行，故由定轴轮系传动比计算公式可得

$$i_{13}^H = (\pm)\frac{z_2 z_3}{z_1 z_2} \qquad (8\text{-}4)$$

合并式（8-3）和式（8-4）可得

$$i_{13}^H = \frac{n_1^H}{n_3^H} = \frac{n_1 - n_H}{n_3 - n_H} = (\pm)\frac{z_2 z_3}{z_1 z_2} \qquad (8\text{-}5)$$

现将以上分析推广到一般情形。设 n_G 和 n_K 为周转轮系中任意两个齿轮 G 和 K 的转速，n_H 为行星架 H 的转速，则有

$$i_{GK}^{H} = \frac{n_G^H}{n_K^H} = \frac{n_G - n_H}{n_K - n_H} = (\pm)\frac{转化轮系从G到K所有从动轮齿数的乘积}{转化轮系从G到K所有主动轮齿数的乘积} \qquad (8\text{-}6)$$

应用式（8-6）进行周转轮系传动比计算时应注意以下几点：

（1）轮系中首轮 G、末轮 K 和转臂 H 三者的轴线应平行，只有这样其转速才能直接相加或者相减。

（2）计算过程中，不能去除式（8-6）前的正号或者负号，因为正负号不仅表明转化轮系中首轮 G 和末轮 K 之间的转向关系，而且还会影响到周转轮系中各齿轮的转速。

（3）n_i 是周转轮系中各构件的真实转速，如果规定其中之一的转向为正，则其余构件的转向与规定转向相反时，其转速应以负值代入公式中进行计算。

上述这种运用相对运动的原理，将周转轮系转化成假想的定轴轮系，然后计算其传动比的方法，称为**反转法**。

【**例 8-2**】 如图 8-10 所示的轮系中，$z_1 = z_2 = 20$，$z_3 = 60$。

（1）齿轮 3 固定。求 i_{1H}。

（2）$n_1 = 1$，$n_3 = -1$，求 n_H 和 i_{1H} 的值。

【**解**】 （1）$i_{13}^{H} = \frac{n_1^H}{n_3^H} = \frac{n_1 - n_H}{n_3 - n_H} = \frac{n_1 - n_H}{0 - n_H} = -i_{1H} + 1 = -\frac{z_2 z_3}{z_1 z_2} = -\frac{z_3}{z_1} = -\frac{60}{20} = -3$

所以 $i_{1H} = 4$，齿轮 1 和转臂 H 转向相同。

（2）$i_{13}^{H} = \frac{n_1^H}{n_3^H} = \frac{n_1 - n_H}{n_3 - n_H} = \frac{1 - n_H}{-1 - n_H} = -3$

所以 $n_H = -1/2$，得 $i_{1H} = \frac{n_1}{n_H} = -2$，两者转向相反。

【**例 8-3**】 在图 8-11（a）所示的周转轮系中，已知齿轮 1、齿轮 2、齿轮 2′ 和齿轮 3 的齿数分别为 $z_1 = 60$，$z_2 = 20$，$z_{2'} = 25$，$z_3 = 15$，已知齿轮 1 和齿轮 3 的转速分别为 $n_1 = 100\text{r/min}$，$n_3 = 400\text{r/min}$，两个齿轮的转向如图中箭头所示，求转臂 H 的转速，并确定其转向。

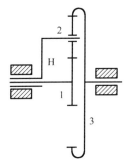

图 8-10 周转轮系

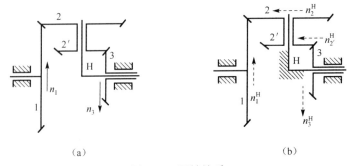

(a)   (b)

图 8-11 周转轮系

【**解**】 在图示的周转轮系中，存在轴不平行的情况，因此只能用画箭头的方法表示各个齿轮间的转向关系，如图 8-11（b）所示。

由图中的箭头关系可知，转化轮系中齿轮 1 和齿轮 3 的转向相反，假定齿轮的转向为正，则有

$$i_{13}^{H} = \frac{n_1^{H}}{n_3^{H}} = \frac{n_1 - n_H}{n_3 - n_H} = -\frac{z_2 z_3}{z_1 z_{2'}} = \frac{100 - n_H}{-400 - n_H} = -\frac{20 \times 15}{60 \times 25} = -\frac{1}{5}$$

得

$$n_H \approx 16.7 \text{r/min}$$

由于已经规定齿轮 1 的转向为正向，而求得的 $n_H > 0$，说明转臂 H 的转向与齿轮 1 的转向相同。

8.4 复合轮系传动比计算

复合轮系中一般既有定轴轮系又有周转轮系，或者有若干个周转轮系组成。求解复合轮系的传动比时，首先必须正确地把复合轮系划分为定轴轮系和周转轮系，并分别写出二者的传动比计算公式，然后联立求解。

整个复合轮系传动比计算的关键是正确划分基本轮系，而轮系划分的关键则是首先要找出轮系中的周转轮系部分。划分周转轮系的方法：先找出具有动轴线的行星轮，再找出支持该行星轮的转臂，最后确定与行星轮直接啮合的一个或几个太阳轮。每个简单的周转轮系中，都应有太阳轮、行星轮和转臂，而且太阳轮的几何轴线与转臂的轴线是重合的。在划出周转轮系后，剩下的就是一个或多个定轴轮系。

【**例 8-4**】 在图 8-12 所示的复合轮系中，已知各齿轮的齿数为 $z_1 = 24$，$z_2 = 52$，$z_{2'} = 21$，$z_3 = 78$，$z_{3'} = 18$，$z_4 = 30$，$z_5 = 78$，求 i_{1H}。

【**解**】 这一复合轮系可划分为由齿轮 1、2、2′、3 和转臂 H 组成的周转轮系，以及由齿轮 5、4、3′ 组成的定轴轮系。而此定轴轮系将周转轮系的太阳轮 3 和充当转臂 H 的齿轮 5 联系起来。

在齿轮 1、2、2′、3 组成的周转轮系中，有

$$i_{13}^{H} = \frac{n_1^{H}}{n_3^{H}} = \frac{n_1 - n_H}{n_3 - n_H} = -\frac{52 \times 78}{24 \times 21} = -\frac{169}{21}$$

在定轴轮系中，有

$$i_{3'5} = \frac{n_{3'}}{n_5} = -\frac{z_5}{z_{3'}} = -\frac{78}{18} = -\frac{13}{3}$$

由此可得

$$n_{3'} = -\frac{13}{3} n_5 = -\frac{13}{3} n_H$$

因 $n_3 = n_{3'}$，所以有

$$\frac{n_1 - n_H}{-\frac{13}{3} n_H - n_H} = -\frac{169}{21}$$

得

$$i_{1H} = 43.9$$

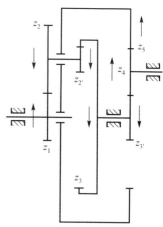

图 8-12 复合轮系

8.5　轮系的作用

轮系广泛应用于各种机械和仪表中，它的主要作用如下。

1. 相距较远的两轴之间的传动

当主动轴和从动轴间的距离较远时，如果仅用一对齿轮来传动，如图 8-13（a）所示，齿轮的尺寸就很大，既占空间，又费材料，而且制造、安装等都不方便。若改用轮系来传动，如图 8-13（b）所示，便无上述缺点。

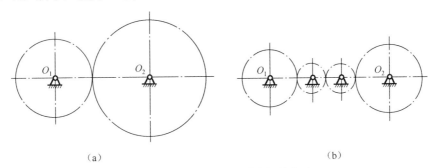

（a）　　　　　　　　　　　　　　（b）

图 8-13　相距较远的两轴之间的传动

2. 实现变速传动

在进行运动和动力传递时，当主动轴转速不变时，可以利用轮系使从动轴获得多种转速。汽车、机床和起重设备等都需要这种变速传动。

如图 8-14 所示的汽车变速器中，轴 Ⅰ 为动力输入轴，轴 Ⅱ 为输出轴，4、6 为滑移齿轮，A、B 为牙嵌式离合器，利用该变速器可使输出轴得到以下四种转速。

（1）第一挡：齿轮 5、6 相互啮合，而 3、4 和离合器 A、B 均脱离。

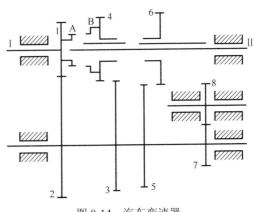

小思考 8-2

尽管两轴之间大的传动比可以使用多级齿轮来实现，但在实际机械传动中，这种多级的齿轮传动存在哪些缺点？

图 8-14　汽车变速器

（2）第二挡：齿轮 3、4 相互啮合，而 5、6 和离合器 A、B 均脱离。

（3）第三挡：离合器 A、B 相嵌合，而齿轮 5、6 和齿轮 3、4 均脱离。

（4）倒退挡：齿轮 6、8 相啮合，而 3、4、5、6 及离合器 A、B 均脱离。此时，由于惰轮 8 的作用，使得输出轴 Ⅱ 反转。

3. 获得大的传动比

采用行星轮系,只需要很少几个齿轮,就可以获得很大的传动比。

如图 8-15 所示的行星轮系, 当 $z_1 = 100$、$z_2 = 101$、$z_{2'} = 100$、$z_3 = 99$ 时, 其传动比 i_{H1} 可达 10000, 其计算如下:

$$i_{13}^H = \frac{n_1^H}{n_3^H} = \frac{n_1 - n_H}{n_3 - n_H} = (+)\frac{z_2 z_3}{z_1 z_{2'}}$$

所以有

$$\frac{n_1 - n_H}{0 - n_H} = (+)\frac{101 \times 99}{100 \times 100}$$

得

$$i_{H1} = 10000$$

应当指出, 这种类型的行星齿轮传动, 当用于减速时, 减速比越大, 其机械效率越低。因此, 它一般只适用于作辅助装置的传动机构, 不宜传递大功率。若将它用作增速传动, 则可能发生自锁。

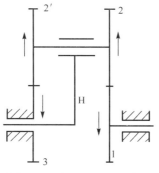

图 8-15 大传动比行星轮系

4. 运动的合成与分解

差动轮系有两个自由度, 所以必须给定三个基本构件中任意两个的运动后, 第三个基本构件的运动才能确定。也就是说, 第三个基本构件的运动为另两个基本构件的运动合成。故差动轮系能作运动的合成。当然还可作运动的分解, 即将一个主动转动按可变的比例分解为两个从动转动, 例如, 汽车后桥差速器就利用运动分解的工作原理, 其三维模型如图 8-16 所示。差动轮系可分解的特性在汽车、飞机等动力传动中得到了广泛的应用。

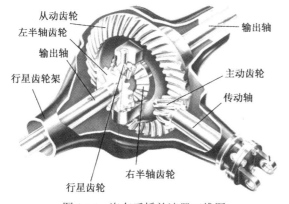

从动齿轮
左半轴齿轮
输出轴
行星齿轮架
右半轴齿轮
行星齿轮
输出轴
主动齿轮
传动轴

图 8-16 汽车后桥差速器三维图

5. 实现换向运动

如图 8-17 所示的车床走刀丝杠三星轮换向机构, 当转动手柄时可改变从动轮的转向, 因为手柄转动前有三对齿轮啮合, 如图 8-17(a)所示, 而转动后有两对齿轮啮合, 如图 8-17(b)所示, 因此两种情况下从动轮的转动方向完全相反。

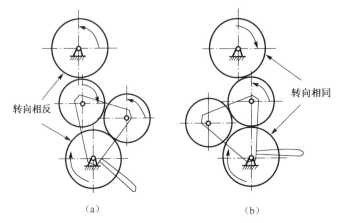

图 8-17　车床走刀丝杠三星轮换向机构

8.6　工程应用案例：龙门刨床工作台

图 8-18 为龙门刨床工作台的变速机构，J、K 为电磁制动器，设已知各轮的齿数，求 J、K 分别制动时的传动比 i_{1B}。

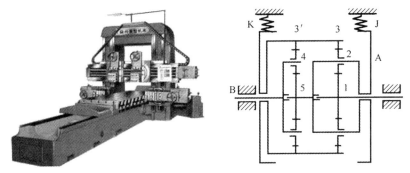

图 8-18　龙门刨床外观和轮系结构图

【解】　（1）刹住 J 时，3 和 3′ 相连。

1-2-3 组成定轴轮系，B-5-4-3′ 组成周转轮系，则有

$$i_{13} = \frac{\omega_1}{\omega_3} = -\frac{z_3}{z_1}, \qquad i_{3'5}^{B} = \frac{\omega_{3'} - \omega_B}{0 - \omega_B} = -\frac{z_5}{z_{3'}}$$

另外，3 和 3′ 相连时存在 $\omega_3 = \omega_{3'}$，所以有

$$i_{1B} = \frac{\omega_1}{\omega_B} = -\frac{z_3}{z_1}\left(1 + \frac{z_5}{z_{3'}}\right)$$

（2）刹住 K 时，5 和 A 相连。

A-1-2-3 组成周转轮系，B-5-4-3′ 组成周转轮系，则有

$$i_{13}^{A} = \frac{\omega_1 - \omega_A}{0 - \omega_A} = -\frac{z_3}{z_1}$$

$$i_{3'5}^B = \frac{\omega_{3'} - \omega_B}{\omega_5 - \omega_B} = -\frac{z_5}{z_{3'}}$$

另外，5 和 A 相连时存在 $\omega_5 = \omega_A$，所以有

$$i_{1B} = \frac{\omega_1}{\omega_B} = \left(1 + \frac{z_3}{z_1}\right)\left(1 + \frac{z_{3'}}{z_5}\right) = \frac{\omega_1}{\omega_A} \cdot \frac{\omega_5}{\omega_B} = i_{1A} \cdot i_{5B}$$

总传动比为两个串联周转轮系的传动比的乘积。

习　　题

8-1　如题 8-1 图所示，已知轮系中各轮齿数 $z_1 = 20$，$z_2 = 50$，$z_{2'} = 15$，$z_3 = 30$，$z_{3'} = 1$，$z_4 = 40$，$z_{4'} = 18$，$z_5 = 54$，求 i_{15} 和提起重物时手轮转向。

8-2　已知题 8-2 图所示的轮系中各轮齿数 $z_1 = 27$，$z_2 = 17$，$z_3 = 99$，$n_1 = 6000\text{r/min}$，求 i_{1H} 和 n_H。

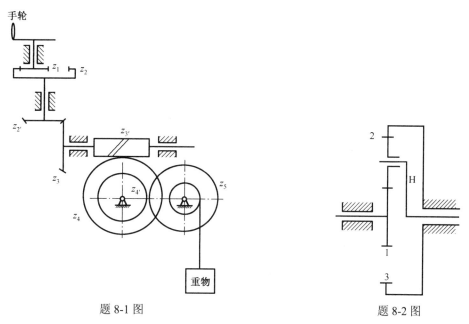

题 8-1 图　　　　　　　　　　题 8-2 图

8-3　如题 8-3 图所示的外啮合周转轮系中，已知各轮齿数 $z_1 = 100$，$z_2 = 101$，$z_{2'} = 100$，$z_3 = 99$，求系杆 H 与齿轮 1 之间的传动比 i_{H1}。

8-4　如题 8-4 图所示的圆锥齿轮组成的周转轮系中，已知各轮齿数 $z_1 = 20$，$z_2 = 30$，$z_{2'} = 50$，$z_3 = 80$，$n_1 = 50\text{r/min}$。求系杆 H 转速。

8-5　如题 8-5 图所示为标准圆柱直齿轮传动系统，已知各轮齿数 $z_1 = 60$，$z_2 = 20$，$z_{2'} = 25$，各轮模数相等，求：（1）齿数 z_3。（2）若已知 $n_3 = 200\text{r/min}$，$n_1 = 50\text{r/min}$，n_3，n_1 转向如图所示，求系杆 H 转速大小和方向。（3）若 n_1 方向与图中相反时，则系杆 H 转速大小和方向如何？

8-6　如题 8-6 图所示的轮系中，已知各轮齿数为 $z_1 = 60$，$z_2 = 20$，$z_{2'} = 20$，$z_3 = 20$，$z_4 = 20$，$z_5 = 100$，试求传动比 i_{41}。

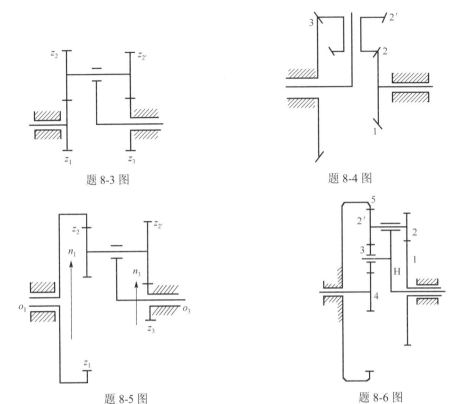

题 8-3 图　　　　　　　　　　　　　题 8-4 图

题 8-5 图　　　　　　　　　　　　　题 8-6 图

8-7　如题 8-7 图所示为用于自动化照明灯具上的周转轮系，已知输入轴转速 $n_1 = 19.5\text{r/min}$，各轮齿数 $z_1 = 60$，$z_2 = z_{2'} = 30$，$z_3 = 40$，$z_4 = 40$，$z_5 = 120$，试求箱体转速？

8-8　已知题 8-8 图所示的轮系中各轮齿数，$z_1 = 30$，$z_4 = z_5 = 21$，$z_2 = 24$，$z_3 = z_6 = 40$，$z_7 = 30$，$z_8 = 90$，$n_1 = 960\text{r/min}$，方向如图所示，求 n_H 的大小和方向。

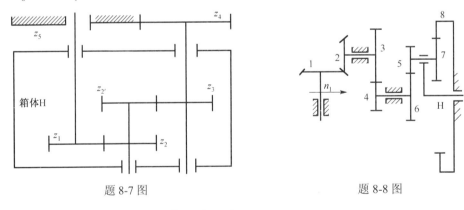

题 8-7 图　　　　　　　　　　　　　题 8-8 图

8-9　已知题 8-9 图所示的轮系各轮齿数为 $z_1 = 12$，$z_2 = 51$，$z_3 = 76$，$z_4 = 49$，$z_5 = 12$，$z_6 = 73$，求此混合轮系传动比 i_{1H}。

8-10　如题 8-10 图所示的轮系，已知锥齿轮齿数 $z_1 = z_4 = 55$，$z_5 = 50$，其余各圆柱直齿轮齿数 $z_{1'} = 100$，$z_2 = z_{2'} = z_3 = z_{4'} = 20$，$n_6 = 3000\text{r/min}$，转向如图所示，求 n_4、n_1 大小和方向。

8-11　如题 8-11 图所示的轮系中，各齿轮均为标准齿轮，已知各齿轮齿数为 $z_1 = 18$，$z_{1'} = 80$，$z_2 = 20$，$z_3 = 36$，$z_{3'} = 24$，$z_{4'} = 80$，$z_5 = 50$，$z_6 = 2$（左旋），$z_7 = 58$，试求：

（1）齿数 z_4。（2）传动比 i_{17}。（3）已知轮 1 转向如图所示，试确定轮 7 的转向。

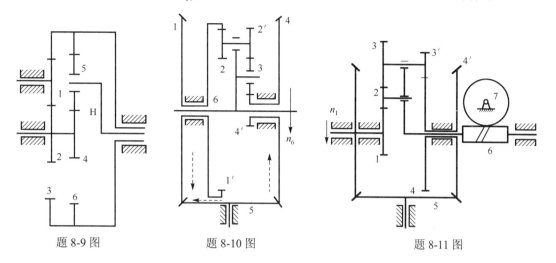

题 8-9 图　　　　　题 8-10 图　　　　　题 8-11 图

扩展阅读：手表的发展史

日晷是最早报"标准时"的仪器，它由晷盘和晷针组成。晷盘是一个有刻度的盘，其中央装有一根与盘面垂直的晷针，针影随太阳运转而移动在盘上的位置。古代有钱人家里自己也装有这种钟表。一张公元前2679年的图样证明中国当时已有日晷。据考证，早在公元前2000年，中国就有了漏壶计时器。

埃及是最早使用日晷的国家，也是第一个漏壶钟出口国。漏壶钟由两个互相叠置的圆筒组成，水从上面的圆筒穿过一个小孔滴入下面的圆筒。水滴完了，就是某个时辰过去了。大一点儿的漏壶灌一次水可报六个小时，然后再重新装满水。古埃及法老王朝的钟表巧匠甚至制作了装有指针和鸣击装置的钟表，每隔一小时，一定数量的圆球便滚落到金属盖上，发出大声的鸣响。

罗马人是埃及漏壶钟的主要买主。清晨，报时人大声地报出钟点，然后，每家每户便往漏壶钟里装满水。罗马诗人普拉图斯对这样的计时方法很不满意。他写道："但愿上帝杀死发明钟点的人，因为钟点把我的整天撕成了碎块。以前，我的肚子便是我的报时钟，在所有的钟表中它是最好和最准确的。"

柏拉图是第一个借助埃及的漏壶制成闹钟的人。他把下面的圆筒挂起来，使它可以旋转，过一定的时间，手表天梭圆筒便翻倒，把水倒出，水又流往一个哨管，水流冲击造成的气流使哨管吱吱作响。每隔同样的时间，柏拉图的闹钟便准时地"吹响"，催促着这位伟大哲学家的学生们去上课。

漏壶计时的方法持续了几千年。直到中国唐朝时期，出现了机械计时器，是由唐朝僧人一行发明的使用擒纵器的水钟。元初郭守敬、明初詹希元创造了"五轮沙漏"和"大明灯漏"，采用机械结构，并增添盘、针来指示时间，其机械的先进性便明显地显了出来，时间性也益见准确。

1270年前后，在意大利北部和南德一带出现的早期机械式时钟，以秤锤为动力，每小时鸣响附带的钟，自动报时。1336年，第一座公共时钟被安装于米兰一教堂内，在接下来的半个世纪里，时钟传至欧洲各国，法国、德国、意大利的教堂纷纷建起钟塔。不久，发条技术发明了，时钟的体积大为缩小。1510年锁匠首次制出了怀表。

之后ROLEX（劳力士）的前身——WILSDORF&DAVIS公司推出银制绅士表和淑女表，大获成功，带动了各家钟表厂商竞相研制开发手表。ROLEX在1926年又开发出完全防水型手表，1931年又率先将自动上发条的手表推向市场。LONGINES（浪琴）公司也不甘示弱，其研制的精密航空钟与美国飞行家林德伯格一起飞渡大西洋，名声大振。1929年，LONGINES公司推出带秒表功能的手表，翌年又在此基础上开发出飞行用的精密手表。

1969年，日本精工手表公司开发出世界上第一块石英电子手表，日误差缩小到0.2秒以内。1972年，美国的汉密尔顿公司发明了数字显示手表，马达和齿轮逐渐从手表中消失了。

手表制造新技术层出不穷，机械手表却并未寿终正寝，产量虽然大减，制造技艺却得以保存。特别是瑞士的钟表厂家，在石英手表独占鳌头的今日，仍对机械手表情有独钟，坚持生产高档机械手表，并源源不断地输往世界各地。

第9章 轴

在日常生活中，轴零件随处可见，如图 9-1 所示。一辆自行车就有前轴、后轴和中轴，而在隧道捣固施工和道岔的捣固维修作业中所使用的专用设备里却用到了软轴，机械加工所使用的零件中最重要的就是机床主轴。另外，在本书的学习中有很多类零件，如齿轮、轴承、键、带轮等，而这些类零件如果要发挥各自的作用都离不开轴。齿轮需要安装在轴上才能够进行运动的传递，二者之间用键进行周向固定；轴承需要安装在轴上才能对轴起到支撑的作用；带轮也需要安装在轴上才能对设备起到保护和运动减速的功能，等等。如图 9-2 所示为一根普通轴，那么，上述零件在轴上如何安装和固定才能发挥各自的作用以保证设备的正常运转？答案就在本章。

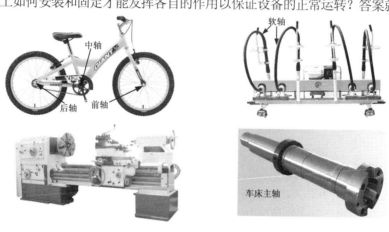

图 9-1 轴的应用

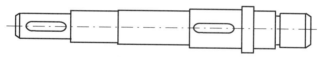

图 9-2 轴的简图

本章知识要点 ▶▶

（1）了解轴的作用、类型和常用材料。

（2）掌握轴的结构设计中需要注意的问题。

（3）掌握轴的强度计算方法。

（4）了解轴的使用和维护方法。

兴趣实践 ▶▶

找出轴在生活中的应用实例，并判断它们属于哪一类型的轴。

探索思考 ▶▶

按照等强度设计的原则，减速器中各轴的最小直径间存在什么样的关系？

9.1 轴的作用和分类

轴是机械中普遍使用的重要零件之一。一切作回转运动的传动零件，如齿轮、蜗轮、带轮等，都必须安装在轴上才能使其具有确定的工作位置、传递运动和动力。

根据承受载荷的不同，轴可分为转轴、传动轴和心轴三种。转轴既传递转矩又承受弯矩；传动轴只传递转矩而不承受弯矩或弯矩很小；心轴只承受弯矩而不传递转矩。

按轴线的形状，可以把轴分为直轴（图9-2）、曲轴（图9-3）和挠性钢丝软轴（图9-4）。其中直轴的应用最为广泛，是本章研究的主要对象，

案例 9-1

案例图 9-1 所示是物料输送机中减速器连接电动机的输入轴图（a）、家用轿车后桥中的轴图（b）和铁路车辆的轴图（c）。

问题：

上述三种轴所承受的载荷各不相同，试根据各轴所受的载荷情况，分析各属于什么类型的轴？

曲轴只在往复式机械中应用，而挠性钢丝轴是由几层紧贴在一起的钢丝层构成的，可以把转矩和旋转运动灵活地传到任何位置，常用于振捣器、扳手和螺丝刀等自动设备中。

案例 9-1 分析

案例图 9-1（a）减速器中连接电动机的输入轴除受电机的扭转作用，齿轮的径向力也作用于输入轴上，与轴承的支撑力形成平衡，所以轴受到转矩和弯矩的作用，属于转轴。

案例图 9-1（b）家用轿车后桥中的轴只负责把发动机的扭矩传到后桥上，不受弯矩的作用，属于传动轴。

案例图 9-1（c）铁路车辆的轴主要承受车箱的重力，最终由火车轮作支撑，所以只受弯矩的作用，属于心轴。

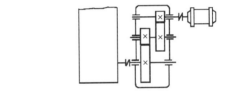

（a）

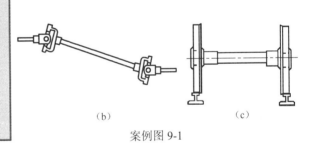

（b）　　　　　　（c）

案例图 9-1

在进行轴的设计时，主要是进行轴的结构设计和强度计算两方面的工作，即根据工作要求和制造工艺及安装调整等因素，选用合适的材料，进行轴的结构设计和强度计算，确定轴的外形结构和尺寸。对于重型机器中的轴，在设计时还要考虑毛坯的制造、探伤检测和运输等特殊问题。

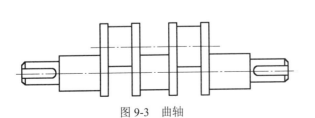

图 9-3　曲轴

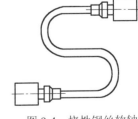

图 9-4　挠性钢丝软轴

9.2　轴的常用材料

轴的材料种类很多，选用时主要根据对轴的强度、刚度、耐磨性等要求，以及为实现这些要求而采用的热处理方式，同时考虑制造工艺问题加以选用，力求经济合理。轴的材料常采用碳素钢和合金钢。

碳素钢比合金钢价格低廉，对应力集中的敏感性较低，同时可以用热处理的方法提高材料的抗疲劳强度和耐磨性，故应用较广。碳素钢中的 35、45、50 钢等型号具备较高的综合力学性能，因此应用较多，其中以 45 钢最为常用。为了改善碳素钢的力学性能，应进行正火或调质处理。不重要的或受力较小的轴和一般传动轴也可用 Q235 等钢，且无需进行热处理。

合金钢比碳素钢具有更高的机械强度和更好的热处理性能，但对应力集中比较敏感，价格较高，因此合金钢多用于对机械强度或耐磨性、耐腐蚀性要求较高和处于高温等条件下工作的场合。常用的有 20Cr、20CrMnTi、38CrMoAlA、40Cr 等，且经渗碳淬火后可提高耐磨性。选择材料时应注意的是，钢材的种类和热处理对材料的弹性模量影响很小，因此，想要通过采用合金钢来提高轴的刚度没有明显效果。

轴的毛坯一般用轧制圆钢和锻件。表 9-1 列出了轴的常用材料及其主要力学性能。

表 9-1　轴的常用材料及其主要力学性能

材料和热处理	毛坯直径/mm	硬度/HBS	强度极限 σ_B /MPa	屈服极限 σ_s /MPa	弯曲疲劳极限 σ_{-1} /MPa	应用说明
Q235	—	—	440	240	200	用于不重要或载荷不大的轴
35 正火	≤100	149～187	520	270	250	好的塑性和适当的强度，用作曲轴、转轴等
45 正火	≤100	170～217	600	300	275	用于较重要的轴，应用最为广泛
45 调质	≤200	217～255	650	360	300	
40Cr 调质	25	—	1000	800	500	用于载荷较大，而无很大冲击的重要轴
	≤100	241～286	750	550	350	
	>100～300	241～266	700	550	340	
40MnB 调质	25		1000	800	485	性能接近于 40Cr，用于重要的轴
	≤200	241～286	750	500	335	
35CrMo 调质	≤100	207～269	750	550	390	用于重载荷的轴
20Cr 渗碳淬火回火	15	56～62HRC	850	550	375	用于要求强度、韧性和耐磨性均较高的轴
	≤60		650	400	280	

9.3　轴的结构设计

轴的结构设计主要是确定轴的各部分的合理形状和尺寸。由于影响轴的结构因素很多，因此轴的结构没有标准形式。设计时，必须针对轴的具体情况进行具体分析，全面考虑解决。轴结构设计的主要要求如下。

（1）轴和轴上零件有确定的位置，且能够进行轴向和周向定位。

（2）轴应便于加工，轴上零件应便于装拆。

（3）轴的结构形状和尺寸应有利于提高其强度和刚度。

（4）具有装配工艺性，尽量减少应力集中和提高疲劳强度。

9.3.1 轴上零件的定位和固定

1. 轴上零件的轴向定位和固定

轴上零件的轴向定位一般采用轴肩、套筒、圆螺母、轴端挡圈、弹性挡圈或者紧定螺钉等方式来实现。

阶梯轴上截面变化处称为轴肩，可起到轴向定位作用。如图 9-5 中齿轮右侧的轴向定位使用右侧①处的轴肩，而左侧的定位使用左侧②处的套筒。轴肩定位结构简单、工作可靠、可承受较大载荷。当轴上两零件间隔距离不大时，套筒可用于轴向定位，其结构简单、定位可靠。应注意，装零件的轴段长度要比轮毂的宽度短 2～3mm，保证套筒靠紧零件端面，但不宜用于转速较高的轴。

在轴上无法使用套筒或者套筒太长时，可采用圆螺母进行轴向固定，如图 9-6（a）中的①处。圆螺母固定可靠，可承受较大的轴向力，但轴上要切制螺纹和退刀槽，应力集中较大，一般常用于轴端零件的固定。

轴端挡圈一般用于轴端零件的固定，可承受较大的轴向力。应注意安装零件的轴段长度要比轮毂的宽度短 2～3mm，保证轴端挡圈紧紧压住零件，如图 9-6（b）中的①处。

小思考 9-2

为了减小应力集中，一般在轴肩和零件毂孔处进行圆角处理，如果要保证轴肩的工作可靠性，这两个圆角半径应满足什么关系？

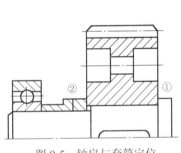

图 9-5　轴肩与套筒定位

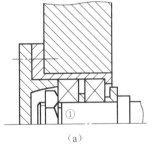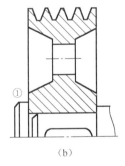

（a）　　　　　（b）

图 9-6　圆螺母与轴端挡圈定位

案例 9-2

案例图 9-2 所示为通用减速器中低速输出轴的结构。

问题：

请分析图（b）中齿轮、轴承和联轴器在轴上的轴向、周向连接和固定方式。

轴向力较小时，零件在轴上的定位可采用弹性挡圈或者紧定螺钉，如图 9-7 所示。

2. 轴上零件的周向定位和固定

轴上零件的周向定位和固定常采用键（图 9-5 和图 9-6 中齿轮和带轮与轴的连接）、花键（图 9-8）或者过盈配合（图 9-5 中轴承与轴的连接）。

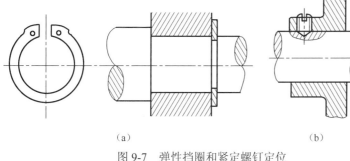

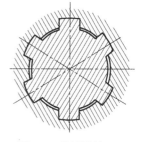

（a）	（b）

图 9-7　弹性挡圈和紧定螺钉定位　　　　　图 9-8　花键连接

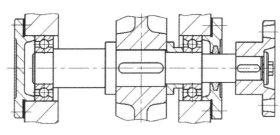

（a）通用减速器　　　　　　　　（b）减速器中低速输出轴结构图

案例图 9-2　减速器低速轴的结构

9.3.2　轴的各段直径和长度确定

1. 制造安装要求

为便于轴上零件的装拆，常将轴做成阶梯形。对于一般剖分式箱体中的轴，它的直径从轴端逐渐向中间增大。如图 9-5 所示，可依次将齿轮、套筒、左端轴承从轴的左端装拆。

为使轴上零件易于安装，轴端和各轴段的端部应有倒角。在满足使用要求的情况下，轴的形状和尺寸应力求简单，以便加工。

　案例 9-3

起重机在工作中多用于搬运重物，受力比较大，合理地布置卷筒的位置结构至关重要。

问题：

案例图 9-3（a）、（b）分别给出了两种布置方案图，请分析哪种情况下轴的受力状态较好。

应按照轴承的内径进行取值。

案例 9-2 分析

案例图 9-2 中，齿轮与轴之间属于间隙配合，应该采用左右固定的方式保证齿轮在轴上的位置不动，其周向定位一般采用键连接。

轴承与轴之间为过盈配合，在轴向内外圈应分别进行定位。

联轴器的轴向只固定一端，周向采用键连接。

2. 各轴段直径的确定

轴段直径确定时应按照扭转强度或弯扭组合强度的计算公式进行估算，然后考虑轴上零件的装配方案和定位要求，确定各轴段的直径。在确定各轴段直径时应注意以下几点。

（1）有配合要求的轴段取标准直径，如安装齿轮、带轮的轴段。

（2）安装标准件的轴径，应取为相应的标准值，如安装滚动轴承联轴器，密封圈的轴段

（3）为了使齿轮、轴承等零件装拆方便，可设置非定位轴肩。其高度可以很小，但也应尽量符合标准直径的要求。有时为了减少轴的阶梯数，也可以不设非定位轴肩，采用相同的公称直径，不同的轴段采用不同的公差来达到便于轴上零件安装的目的。

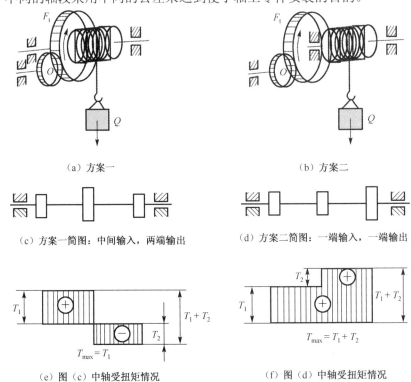

（a）方案一   （b）方案二

（c）方案一简图：中间输入，两端输出   （d）方案二简图：一端输入，一端输出

（e）图（c）中轴受扭矩情况   （f）图（d）中轴受扭矩情况

案例图 9-3　轴上零件的布置形式和受力情况

3. 各轴段长度的确定

轴的各段长度主要是根据轴上零件的宽度和它们的相对位置来确定。在确定各轴段长度时应注意以下几点。

（1）为了保证轴向定位可靠，轴与传动件轮毂相配合部分的轴段长度一般应比轮毂长度短 2～3mm。

（2）其余各轴段的长度，可根据总体结构的要求（如零件间的相对位置、装拆要求、轴承间隙的调整等）来确定，同时应考虑轴上零件之间的距离和轴上零件与机架之间的距离。

9.3.3　改善轴的受力状况和结构工艺性

1. 改善轴的受力状况，减小应力集中

改善轴的受力状况最主要就是减小轴上的应力集中现象。对于承受变轴力或者截面发生

案例 9-3 分析

案例图 9-3 中，方案一和方案二的区别在于驱动齿轮和卷筒是否一体，另外就是力的输入输出方式不同。

方案一中，齿轮和卷筒一体，此时轴只受弯矩作用，而方案二中，轴既受扭矩又受弯矩作用。另外，两种布置方案中分别为力的输入在中间输出在两端图（c）和输入输出各在一端图（d）的情况，图（e）和图（f）为两轴所受的扭矩图。

综合比较，方案一的布置合理。设计一根轴时，要同时考虑到零件在轴上的布置形式，这对于优化轴的受力情况十分重要。

突然变化的轴来说，都会产生应力集中。合金钢对应力集中比较敏感，更应加以注意。

（1）对于阶梯轴，截面尺寸变化处应采用圆角过渡，且两段的轴径不易相差过大，圆角半径不宜过小。

（2）要尽量避免在轴上开横孔、凹槽和加工螺纹，这些结构会产生较大的应力集中。当必须开横孔时，应在孔边倒角。

（3）提高轴的表面质量，降低轴的表面粗糙度，对轴的表面采用辗压、喷丸、渗碳淬火等强化处理，均可提高轴的疲劳强度。

2. 改善轴的结构工艺性

（1）为了便于装配零件并去掉毛刺，轴端应制出 45°的倒角，如图 9-2 所示。

（2）需要磨削加工的轴段，应留有砂轮越程槽，如图 9-9（a）所示。

（3）需要切制螺纹的轴段，应留有退刀槽，如图 9-9（b）所示。

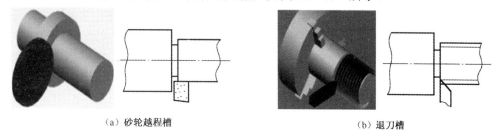

（a）砂轮越程槽　　　　　　　　　　　　（b）退刀槽

图 9-9　轴上的砂轮越程槽和退刀槽

9.4　轴的强度计算

轴的结构设计完成之后，要对轴进行强度计算，且应根据轴的承载情况，采用不同的计算方法，常见轴的强度计算方法有扭转强度计算和弯扭合成强度计算两种。

9.4.1　轴的扭转强度计算

传动轴只承受扭矩，直接按扭转强度进行计算。而对于转轴，在开始设计轴时，通常还不知道轴上零件的位置和支点位置，弯矩值不能确定，因此，一般在进行轴的结构设计前先按纯扭转对轴的直径进行估算。对于圆截面的实心轴，设轴在扭矩 T 的作用下，产生剪应力 τ。对于圆截面的实心轴，其抗扭强度条件为

$$\tau = \frac{T}{W_T} = \frac{9.55 \times 10^6 P}{0.2 d^3 n} \leqslant [\tau] \tag{9-1}$$

式中，τ 为轴的扭转切应力，MPa；T 为轴传递的扭矩，N·mm；W_T 为抗扭截面模量，mm³，对于圆截面轴 $W_T = 0.2 d^3$；P 为轴传递的功率，kW；n 为轴的转速，r/min；d 为轴的直径，mm；$[\tau]$ 为许用扭转切应力，MPa。

由式（9-1）可知实心轴的直径设计公式为

$$d \geqslant \sqrt[3]{\frac{9.55 \times 10^6 P}{0.2 n [\tau]}} = C \sqrt[3]{\frac{P}{n}} \tag{9-2}$$

式中，C 为计算常数，与轴的材料和承载情况有关，见表 9-2。

利用公式（9-2）计算轴的直径时，注意以下几点。

表 9-2　轴常用材料的[τ]值和 C 值

表 9-2　轴常用材料的[τ]值和 C 值

轴的材料	Q235,20	35	45	40Cr，35SiMn
[τ]/MPa	12～20	20～30	30～40	40～52
C	160～135	135～118	118～107	107～98

（1）当轴上开有键槽时，应增大轴径以补偿键槽对轴强度的削弱。

（2）该种计算方法既用于只受扭矩的轴，也用于同时受弯矩的轴。即按扭转强度初步估算轴径，而弯矩的影响，可以用降低许用扭转剪应力的方法予以考虑。由式（9-2）求出的直径值，需圆整成标准直径，并作为轴的最小直径。

9.4.2　轴的弯扭合成强度计算

轴的结构设计初步完成以后，轴的支点位置及轴所受的载荷大小、方向和作用点均为已知。这时，可计算轴的支反力，并画出轴的弯矩图和扭矩图，按弯曲和扭转合成强度条件校核轴的强度。

根据弯矩图和扭矩图可初步判断轴的危险截面，并依据危险截面上产生的弯曲应力 σ_b 和扭转应力 τ_T，按第三强度理论对一般钢制轴进行复合应力作用下危险截面的当量弯曲应力 σ_{ca} 的计算，其强度条件为

$$\sigma_{ca} = \sqrt{\sigma_b^2 + 4\tau_T^2} \leqslant \left[\sigma_b\right] \tag{9-3}$$

对于直径为 d 的实心轴，有 $W_T \approx 2W$，W 为轴的抗弯截面系数，得

$$\sigma_{ca} = \sqrt{\left(\frac{M}{W}\right)^2 + 4\left(\frac{T}{2W}\right)^2} = \frac{1}{W}\sqrt{M^2 + T^2} \leqslant \left[\sigma_b\right] \tag{9-4}$$

对于一般轴，σ_b 为对称循环变应力，而 τ_T 的循环特性则随转矩 T 的性质而定。考虑弯曲应力和扭转应力循环特性的差异，将式（9-4）中的转矩 T 乘以校正系数 α，即

$$\sigma_{ca} = \frac{M_e}{W} = \frac{1}{0.1d^3}\sqrt{M^2 + (\alpha T)^2} \leqslant \left[\sigma_{-1b}\right] \tag{9-5}$$

式中，$\left[\sigma_{-1b}\right]$ 为对称循环时材料的许用弯曲应力；M_e 为当量弯矩，$M_e = \sqrt{M^2 + (\alpha T)^2}$；$\alpha$ 为应力校正系数，对于不变的转矩取 $\alpha = \dfrac{\left[\sigma_{-1b}\right]}{\left[\sigma_{+1b}\right]} \approx 0.3$，对于脉动循环变化的转矩取 $\alpha = \dfrac{\left[\sigma_{-1b}\right]}{\left[\sigma_{+1b}\right]} \approx 0.6$，对于对称循环变化的转矩取 $\alpha = \dfrac{\left[\sigma_{-1b}\right]}{\left[\sigma_{+1b}\right]} = 1$，$\left[\sigma_{+1b}\right]$ 和 $\left[\sigma_{0b}\right]$ 分别为静应力状态下和脉动循环状态下的许用弯曲应力，其中 $\left[\sigma_{-1b}\right]$、$\left[\sigma_{+1b}\right]$ 和 $\left[\sigma_{0b}\right]$ 的取值如表 9-3 所示。

表 9-3　轴的许用弯曲应力　　　　　　　　　　　　　　（MPa）

材料	强度极限 σ_b	$\left[\sigma_{+1b}\right]$	$\left[\sigma_{-1b}\right]$	$\left[\sigma_{0b}\right]$
碳素钢	400	130	70	40
	500	170	75	45
	600	200	95	55
	700	230	110	65
合金钢	800	270	130	75
	900	300	140	80
	10 001	330	150	90
铸钢	400	100	50	30
	500	120	70	40

从而可得危险截面轴径计算公式：

$$d \geqslant 3\sqrt{\frac{M_{\mathrm{e}}}{0.1[\sigma_{-1\mathrm{b}}]}} \quad \text{mm} \tag{9-6}$$

在两种计算方法中，对于有键槽的截面，有一个键槽，可将轴径值增大 3%～5%，若有两个键槽，可增大 7%～10%。若计算出的轴径大于结构设计初步估算的轴径，则表明结构图中轴的强度不够，必须修改结构设计；若计算出的轴径小于结构设计的估算轴径，且相差不很大，一般就以结构设计的轴径为准。

对于一般用途的轴，按上述方法设计计算即可。对于重要的轴，尚需作进一步的强度校核（如安全系数法），其计算方法可查阅有关参考书。

9.5　轴的刚度计算

轴受弯矩作用会产生弯曲变形，受转矩作用会产生扭转变形，如图 9-10 所示。如果轴的刚度不够，就会影响轴的正常工作。例如，电机转子轴的挠度过大，会改变转子与定子的间隙而影响电机的性能；例如，机床主轴的刚度不够，将影响加工精度。因此，为了使轴不致因刚度不够而失效，设计时必须根据轴的工作条件限制其变形量，即

$$\begin{cases} y \leqslant [y] \\ \theta \leqslant [\theta] \\ \phi \leqslant [\phi] \end{cases}$$

$[y]$、$[\theta]$ 和 $[\phi]$ 分别为挠度、偏转角和扭转角的许用值，其值查有关的参考书。

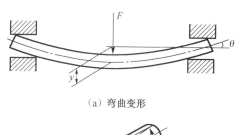

（a）弯曲变形

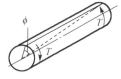

（b）扭转变形

图 9-10　轴的弯曲变形和扭转变形

9.6　工程应用案例：矿用凿井绞车

矿用凿井绞车上通常配置圆锥-圆柱减速器，如图 9-11（a）所示，试设计圆锥-圆柱齿轮减速器的输出轴，减速器的装置简图如图 9-11（b）所示。已知参数见表 9-4 所列。

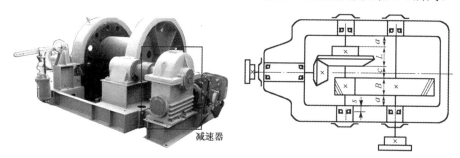

（a）实物图　　　　　　　　（b）减速器装置简图

图 9-11　矿用凿井绞车上的圆锥-圆柱减速器及其简图

表 9-4　减速器参数

级别	z_1	z_2	m/mm	β	α_n	h_a^*	齿宽/mm	
高速级	20	75	3.5	—	20°	1	大锥齿轮轮毂长 $L=50$	
低速级	23	95	4	8°06′34″	20°	1	$B_1=85,\ B_2=80$	
输入参数			电动机功率 $P=10$kW，转速 $n_1=1450$r/min，单向传动					

【解】　**1. 确定输出轴上的功率 P_3、转速 n_3 和转矩 T_3**

取每级齿轮传动的效率 $\eta=0.97$，则有

$$P_3 = P\eta^2 = 10\times0.97^2 \approx 9.41(\text{kW})$$

$$n_3 = \frac{n_1}{i} = 1450\times\frac{20}{75}\times\frac{23}{95} \approx 93.61(\text{r/min})$$

$$T_3 = 9550000\frac{P_3}{n_3} = 9550000\times\frac{9.41}{93.61} \approx 9600000(\text{N}\cdot\text{mm})$$

2. 计算作用在齿轮上的力

由表 6-13 中已知低速级大齿轮的分度圆直径为

$$d_2 = \frac{m_n z_2}{\cos\beta} = \frac{4\times95}{\cos8°06′34″} \approx 383.84(\text{mm})$$

根据公式（6-28）计算圆周力为

$$F_t = \frac{2T_3}{d_2} = \frac{2\times960000}{383.84} \approx 5002(\text{N})$$

根据公式（6-29）和（6-30）计算径向力和轴向力为

$$F_r = F_t\frac{\tan\alpha_n}{\cos\beta} = 5002\times\frac{\tan20°}{\cos8°06′34″} \approx 1839(\text{N})$$

$$F_a = F_t\tan\beta = 5002\times\cos8°06′34″ \approx 713(\text{N})$$

圆周力 F_t、径向力 F_r 和轴向力 F_a 的方向如图 9-12 所示。

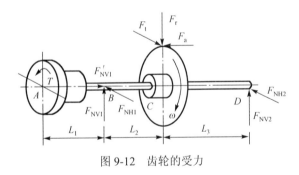

图 9-12　齿轮的受力

3. 初步确定轴的最小直径

（1）计算最小直径。

轴的材料为 45 钢，调制处理，取 $C=112$，由公式（9-2）则有

$$d_{\min} = C\sqrt[3]{\frac{P_3}{n_3}} = 112\times\sqrt[3]{\frac{9.14}{93.61}} \approx 52.1(\text{mm})$$

（2）选择联轴器型号。

根据公式（11-1）计算联轴器的转矩为

$$T_{ca} = K_A T_3 = 1.3\times960 = 1248(\text{N}\cdot\text{m})$$

选用 Hl4 型弹性柱销联轴器，其公称转矩为 1250N·m，半联轴器的孔径 d 为 55mm，半联轴器长度 L 为 112mm。

4. 轴的结构设计

根据轴上零件的装拆和轴向定位可确定各轴段的直径和长度，考虑其他结构尺寸，如图 9-13 所示。

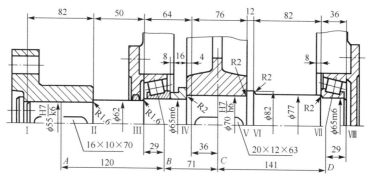

图 9-13 轴的结构设计

5. 求轴上的载荷

（1）轴的载荷分析，如图 9-14 所示。

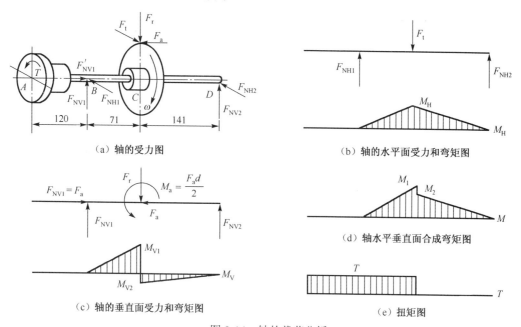

（a）轴的受力图

（b）轴的水平面受力和弯矩图

（c）轴的垂直面受力和弯矩图

（d）轴水平垂直面合成弯矩图

（e）扭矩图

图 9-14 轴的载荷分析

（2）从轴的结构图、弯矩和扭矩图中可以看出，截面 C 是轴的危险截面。根据 F_{NH1} = 3327N、F_{NH2} = 1675N、F_{NV1} = 1869N、F_{NV2} = −30N,可得总弯矩 M_1 = 270938N·mm、M_2 = 236253N·m，扭矩 T_3 = 960000N·mm。

6. 按弯扭合成应力校核轴的强度

由公式（9-5）得

$$\sigma_{ca} = \frac{\sqrt{M_1^2 + (\alpha T_3)^2}}{W} = \frac{\sqrt{270938^2 + (0.696 0000)^2}}{0.1 \times 70^3} \approx 18.6 (\text{MPa})$$

前面已选定轴的材料为 45 钢，调制处理，由轴的材料表 9-1 查得 σ_{-1} = 300MPa 。因此，σ_{ca} 小于 $[\sigma_{-1}]$，故安全。

7. 绘制轴的工作图

轴的工作图，如图 9-15 所示。

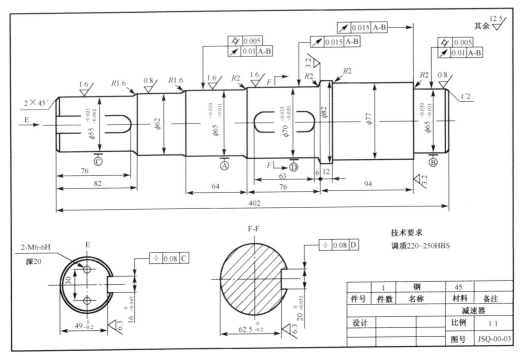

图 9-15　轴的工作图

总结，按扭转强度估算出轴端直径后，按弯扭合成强度对轴的危险截面进行强度校核的步骤如下：

（1）将轴所受的外载荷分解到水平面和垂直面内。根据力系平衡，求水平面的支承反力 F_{NH} 和垂直面的支承反力 F_{NV}。

（2）作出水平面弯矩 M_H 图和垂直面弯矩 M_V 图。

（3）作出合成弯矩 M 图，$M = \sqrt{M_H^2 + M_V^2}$。

（4）作出扭矩 T 图。

（5）根据轴的结构图、弯矩图和扭矩图，找出轴的危险截面，并确定危险截面处的弯矩 M 和扭矩 T 的值。

（6）根据公式（9-5）计算出危险截面处的应力，并与该轴的许用应力进行比较，确定设计结果的合理性。

习　　题

9-1　提高轴的强度的常用措施有哪些？

9-2　轴的结构主要取决于哪些因素？

9-3　轴上零件轴向固定的方法主要有哪些？

9-4　为什么要进行轴的刚度校核计算？

9-5　题 9-5 图中的 1、2、3、4、5 处是否合理？为什么？应如何改进？（用图表达）

9-6　请指出题 9-6 图的轴系结构中的错误或不合理处（至少 5 处），要求在错误处画一个圆圈，标上序号，按序号分别说明理由。（不考虑密封、垫片和倒角）

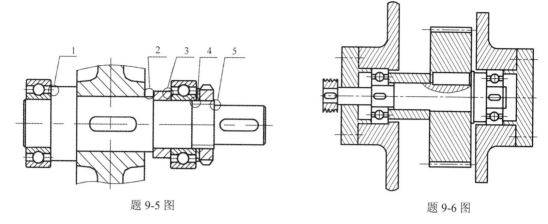

题 9-5 图　　　　　　　　　　　　　题 9-6 图

9-7 题 9-7 图中概括了工程中轴在使用时经常出现的错误，指出并对其进行修正。

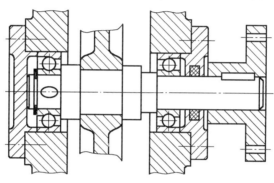

题 9-7 图

9-8 如题 9-8 图所示，计算某减速器输出轴危险截面的直径。已知作用在齿轮上的圆周力 $F_t = 17400\text{N}$，径向力 $F_r = 6140\text{N}$，轴向力 $F_a = 2860\text{N}$，齿轮分度圆直径 $d_2 = 146\text{mm}$，作用在轴右端带轮上外力 $F = 4500\text{N}$（方向未定），$L = 193\text{mm}$，$K = 206\text{ mm}$。

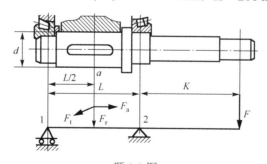

题 9-8 图

扩展阅读：轴的磨损和修复

轴类磨损是轴使用过程中最为常见的设备问题。轴类出现磨损的原因有很多，但是最主要的原因就是由制造轴的金属特性决定的，金属虽然硬度高，但是退让性差（变形后无法复原）、抗冲击性能较差、抗疲劳性能差，因此容易造成黏着磨损、磨料磨损、疲劳磨损、微动磨损等。大部分的轴类磨损不易察觉，只有出现机器高温、跳动幅度大、异响等情况时，才会引起人们的察觉，但是当人们发觉时，大部分轴都已磨损，从而造成机器停机。

大型设备轴头磨损后的修复是一个值得关注的问题。当轴的材质为 45 钢（调质处理）时，如果仅采用堆焊处理，则会产生焊接内应力，在重载荷或高速运转的情况下，可能在轴肩处出现裂纹乃至断裂的现象。如果采用去应力退火，则难于操作，且加工周期长，检修费用高。当轴的材质为 HT200 时，采用铸铁焊也不理想。

国内针对轴类磨损一般采用的是补焊、镶轴套、打麻点等。如果停机时间短并有备件，一般会采用更换新轴。一些维修技术较高的企业会采用电刷镀、激光焊、微弧焊甚至冷焊等，这些维修技术需要采购高昂的设备和高薪聘请技术人员。国内一些中小企业一般通过技术较高的外协来帮助修复高价值轴，只不过要支付高昂的维修费用和运输费用。

对于以上修复技术，在欧美日韩企业已不太常见，因为传统维修技术效果差，而激光焊、微弧焊等高级修复技术对设备和人员要求高，费用支出大。现在欧美日韩一般采用的是福世蓝高分子复合材料技术和纳米技术，现场操作，不仅有效提升了维修效率，更是降低了维修费用和维修劳动量。

因金属材质为"常量关系"，虽然强度较高，但抗冲击性和退让性较差，所以长期的运行必会造成配合间隙不断增大，最终造成轴磨损。意识到这种关键原因后，欧美新技术研究机构研制的高分子复合材料即具有金属所要求的强度和硬度，又具有金属所不具备的退让性（变量关系），通过"模具修复"、"部件对应关系"、"机械加工"等工艺，可以最大限度确保修复部位和配合部件的尺寸配合；同时，利用复合材料本身所具有的抗压、抗弯曲、延展率等综合优势，可以有效地吸收外力的冲击，极大化解和抵消轴承对轴的径向冲击力，并避免了间隙出现的可能性，也就避免了设备因间隙增大而造成相对运动的磨损，所以针对轴与轴承的静配合，复合材料不是靠"硬度"来解决设备磨损的，而是靠改变力的关系来满足设备的运行要求。

第 10 章 轴 承

轴承是在机械传动过程中起固定和减小载荷摩擦系数的部件。也可以说，当其他零部件在轴上彼此产生相对运动时，轴承是用来降低动力传递过程中的摩擦系数和保持轴中心位置固定的机件。轴承可分为滚动轴承和滑动轴承两大类，是当代机械设备中举足轻重的零部件之一。

中国是世界上最早发明滚动轴承的国家之一。从考古文物和资料看，中国最古老的具有现代滚动轴承结构雏形的轴承，出现于公元前 221～207 年（秦朝）的今山西省永济县薛家崖村。公元 1280 年（元朝）在中国古代的天文仪器上也使用了圆柱滚动轴承。在当今日常生活和工程生产中，轴承应用的实例随处可见，如自行车前后轮上使用的滚动轴承、发动机曲轴上使用的滑动轴承等，如图 10-1 所示。你是否还能举出更多轴承应用的实例？轴承的结构是怎么样的？在机械设计中轴承该如何选用，使用中又该注意哪些问题？本章所讲述的内容将对上述问题给出解答。

（a）自行车前轮花鼓和轴承

（b）摩托车发动机曲轴和轴承

图 10-1 轴承应用实例

本章知识要点 ▶▶

（1）了解常用轴承的分类。

（2）掌握轴承类型、型号的选用。

（3）掌握轴承的组合设计和寿命的校核。

兴趣实践 ▶▶

拆卸自行车的前后轮，观察自行车前后轴轴承的结构和运动情况。

探索思考 ▶▶

目前，国内轴承和国外优质轴承在品质上还有明显差距，是哪些因素造成了这个差距？

10.1 滚动轴承的结构、类型和代号

10.1.1 滚动轴承的结构

滚动轴承将运转的轴与轴座之间的滑动摩擦变为滚动摩擦，从而减少摩擦损失。滚动轴承一般由内圈、外圈、滚动体和保持架四部分组成（图 10-2）。内圈的作用是与轴颈相配合，并与轴一起作旋转运动，外圈的作用是与轴承座相配合，起支撑作用，内外圈都制有滚道。当内外圈相对旋转时，滚动体将沿滚道滚动，滚动体是借助保持架均匀地将滚动体分布在内圈和外圈之间，其形状、大小和数量直接影响滚动轴承的使用性能和寿命。保持架的作用是把滚动体沿滚道均匀隔开（图 10-3），如果没有保持架，相邻滚动体将可能接触，并引起较大的磨损。

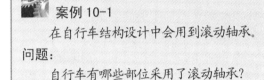

案例 10-1
在自行车结构设计中会用到滚动轴承。
问题：
自行车有哪些部位采用了滚动轴承？

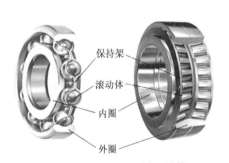

图 10-2 滚动轴承结构

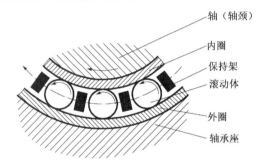

图 10-3 滚动轴承的运动

轴承的内、外圈和滚动体应具有较高的硬度、接触疲劳强度、优良的耐磨性和冲击韧性。一般是用高碳铬轴承钢（如 GCr15）或者渗碳轴承钢（如 G20CrNiMo）制造，经热处理后硬度一般不低于 HRC60，通常当轴承的工作温度不高于 120℃时，其硬度不会下降。保持架一般有冲压式和实体式两种类型，冲压保持架一般用低碳钢板冲压制成，实体保持架多用铜合金、铝合金或塑料等材料经切削加工制成。

与滑动轴承相比，滚动轴承具有摩擦阻力小、起动灵敏、效率高、发热量小、润滑简便和易于更换等优点。它的缺点是抗冲击能力较差、承载能力较小、高速时振动和噪声较大、工作寿命不如液体润滑的滑动轴承。由于滚动轴承属于标准件，所以使用者的主要任务是熟悉滚动轴承的主要类型和特点，掌握如何根据具体工作条件正确选择轴承的类型和尺寸，验算轴承的承载能力，解决轴承在安装、调整、润滑等方面出现的具体问题。

10.1.2 滚动轴承的类型和性能

1. 滚动轴承的类型

滚动轴承按其所能承受的载荷方向或公称接触角的不同，分为向心轴承和推力轴承，具体分类如图 10-4 所示。按滚动体种类可以分为球轴承和滚子轴承，其中滚子又分为圆柱滚子、滚针滚子、圆锥滚子、调心滚子（球面滚子）等类型，如图 10-5 所示。

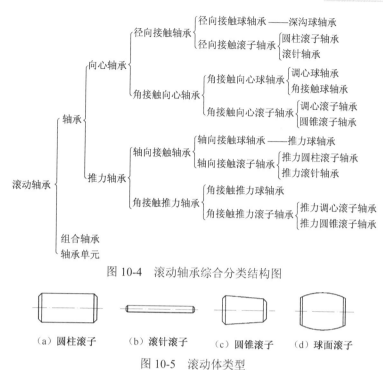

图 10-4　滚动轴承综合分类结构图

（a）圆柱滚子　　（b）滚针滚子　　（c）圆锥滚子　　（d）球面滚子

图 10-5　滚动体类型

滚动轴承的类型很多，常用分类见表 10-1。

表 10-1　常用滚动轴承的类型和性能特点

类型代号	类型名称	实物图	结构简图和承载方向	极限转速	允许角位移 θ	性能与应用
1	调心球轴承	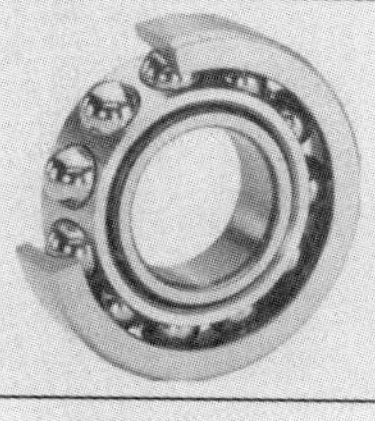	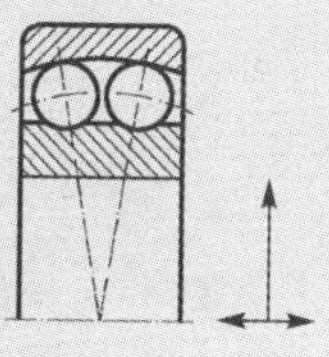	中	2°～3°	主要承受径向负荷，可承受较小的双向轴向载荷。外圈滚道是以轴承中心为中心的球面，故具有自动调心性能。适用于多支点轴、弯曲刚度小的轴和难以精确对中的支撑
2	调心滚子轴承	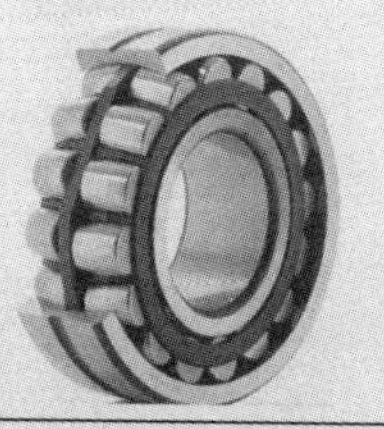	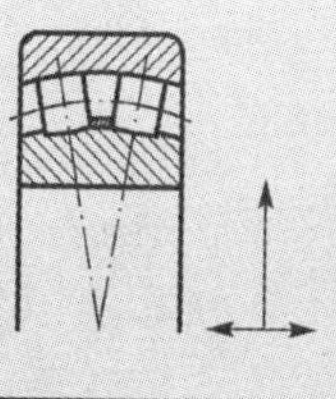	中	1.5°～2.5°	主要承受径向载荷，其承载能力比调心球轴承约大一倍，也可承受较小的双向轴向载荷。外圈滚道为球面，具有调心性能，适用于多支点轴、弯曲刚度小的轴和难以精确对中的支撑
	推力调心滚子轴承	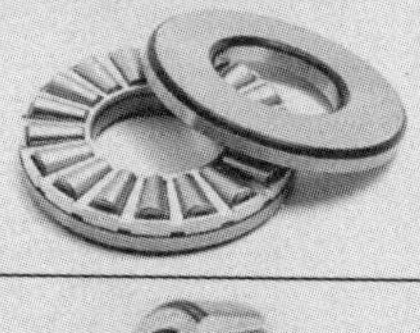	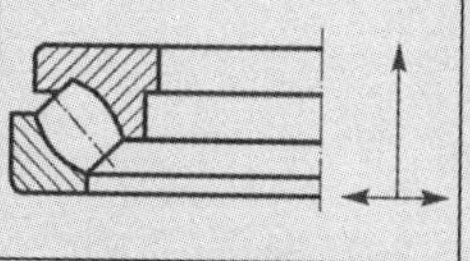	低	1.5°～2.5°	用以承受以轴向载荷为主的轴向、径向联合载荷，滚子为鼓形，具有自动调心性能。常用于水轮机轴和起重机转盘等
3	圆锥滚子轴承	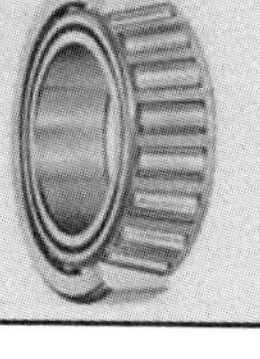	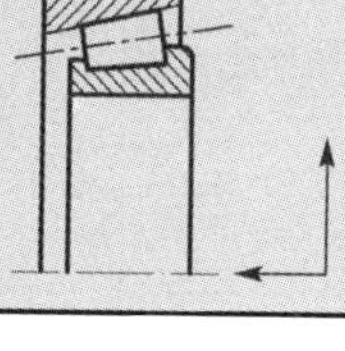	中	2′	能同时承受较大的径向载荷和轴向载荷。内外圈可分离，轴承游隙可调，通常成对使用，对称安装。适用于转速不高、刚性较大的轴

类型代号	类型名称	实物图	结构简图和承载方向	极限转速	允许角位移 θ	性能与应用
4	双列深沟球轴承		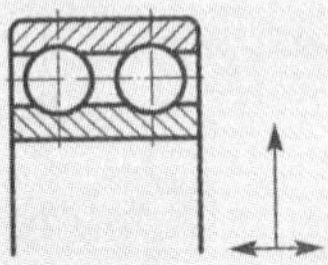	中	不允许	主要承受径向载荷，也能承受一定的双向轴向载荷。它比深沟球轴承具有更大的承载能力
5	推力球轴承		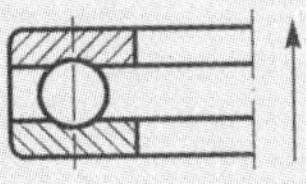	低	不允许	推力球轴承的套圈（分为轴圈和座圈）与滚动体可分离，单向推力球轴承只能承受单向轴向负载，轴圈与轴过盈配合并一起旋转，座圈内径稍大，与轴保持一定的间隙，置于机座中。双向推力球轴承可以承受双向轴向载荷。因滚动体离心力大，滚动体与保持架摩擦发热严重，故此类轴承适用于轴向负荷大但转速不高的场合
	双向推力球轴承		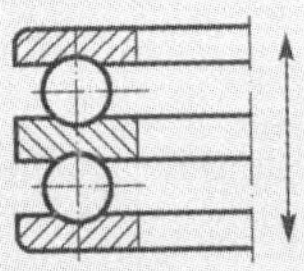			
6	深沟球轴承		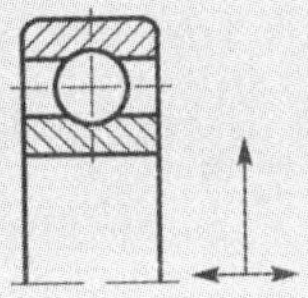	高	$8'\sim16'$	主要承受径向载荷，同时也可承受一定量的双向轴向载荷，工作时内外圈允许偏斜。摩擦阻力小、极限转速高、结构简单、应用最广泛。但承受冲击载荷能力较差，适用于高速场合，在高速且轴向力不大的情况下可代替推力球轴承
7	角接触球轴承		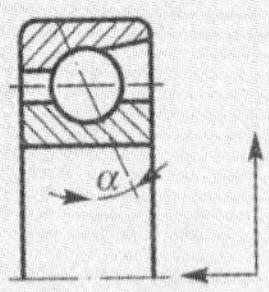	较高	$2'\sim3'$	能同时承受径向载荷与单向的轴向载荷，公称接触角 α 有 $15°$、$25°$ 和 $40°$ 三种，α 越大，轴向承载能力也越大。通常成对使用，对称安装，适用于转速较高，同时承受径向和轴向载荷的场合
N	圆柱滚子轴承		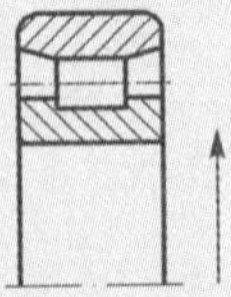	较高	$2'\sim4'$	只能承受径向载荷。承载能力同尺寸的球轴承大，承受冲击载荷能力大，极限转速高。因滚动体与内外圈是线接触，只允许有极小的相对偏转。适用于刚性较大的轴，并要求支承座孔精确地对中
NA	滚针轴承		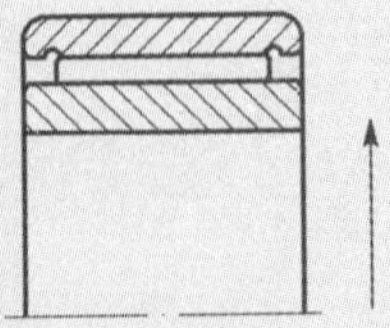	低	不允许	滚动体数量较多，一般没有保持架。径向尺寸较小，承载能力很大。不能承受轴向载荷，不允许有偏斜。因滚动体间有摩擦，极限转速较低。常用于径向尺寸受限制而径向载荷又较大的装置中

2. 滚动轴承的性能

由于结构的不同，各类轴承的使用性能也不相同，简单说明如下。

1）承载能力

在同样的外形尺寸下，滚子轴承的承载能力为球轴承的 1.5～3 倍。所以，在载荷较大或有冲击载荷时，宜采用滚子轴承。但当轴承内径 $d \leqslant 20mm$ 时，滚子轴承和球轴承的承载能力已相差不多，而球轴承的价格一般低于滚子轴承，故可优先选用球轴承。

2）接触角 α

接触角是滚动轴承的一个主要参数，轴承的受力分析和承载能力等都与接触角有关。角接触向心轴承（$0° < \alpha \leqslant 45°$）以承受径向载荷为主；角接触推力轴承（$45° < \alpha < 90°$）以承受轴向载荷为主。轴向接触推力轴承（$\alpha = 90°$）只能承受轴向载荷，径向接触向心轴承（$\alpha = 0°$）只能承受径向载荷，当球为滚动体时，因内外滚道为较深的沟槽，除主要承受径向载荷外，也能承受一定量的双向轴向载荷。

3）极限转速

滚动轴承转速过高会使摩擦面间产生高温，润滑失效，从而导致滚动体回火或胶合破坏。轴承在一定载荷和润滑条件下，允许的最高转速称为极限转速，其具体数值见有关手册。各类轴承极限转速的比较见表 10-1。如果轴承极限转速不能满足要求，可采取提高轴承精度、适当加大间隙、改善润滑和冷却条件、选用青铜保持架等措施进行提高。

4）角偏差

轴承由于安装误差或轴的变形等都会引起内外圈中心线发生相对倾斜。其倾斜角称为角偏差。各类轴承的允许角偏差见表 10-1。

10.1.3　滚动轴承的代号

滚动轴承的类型很多，各类轴承又有不同的结构、尺寸、精度和技术要求，为了便于组织生产和选用，应规定滚动轴承的代号。GB/T 272—1993 规定了滚动轴承代号的表示方法。

我国滚动轴承的代号由基本代号、前置代号和后置代号构成，用字母和数字表示，其构成和排列顺序见表 10-2。

案例 10-1 分析

自行车有多个结构采用了滚动轴承，比较典型的有自行车的前后轮轴承、脚踏板与心轴（中轴）间的轴承等。

表 10-2　滚动轴承代号的构成和排列顺序

前置代号（□）	基本代号					后置代号（□或加×）							
	×（□）	×	×	×	×								
轴承分部件代号	类型代号	尺寸系列代号		内径尺寸系列代号		内部结构代号	密封与防尘结构代号	保持架及其材料代号	特殊轴承材料代号	公差等级代号	游隙代号	多轴承配置代号	其他代号
		宽（高）度系列代号	直径系列代号										

注：× —— 数字；□ —— 字母。

（1）基本代号：由轴承类型代号、尺寸系列代号和内径尺寸系列代号构成（表 10-2），表示轴承的基本类型，是轴承代号的基础。

基本代号左起第一位为类型代号，若代号为"0"（双列角接触球轴承）则可省略。

表 10-3 轴承内径尺寸代号

内径尺寸	代号表示	举例	
		代号	内径
10	00		
12	01		
15	02	6200	10
17	03		
20～480 (5 的倍数)	内径/5 之商	6206	30
22、28、32 和 500 以上	内径	230/500　62/22	500　22

尺寸系列代号由轴承的宽（高）度系列代号（基本代号左起第二位）和直径系列代号（基本代号左起第三位）组合而成，其具体表示规律如表 10-2 所示。

内径代号表示轴承公称内径尺寸，按表 10-3 的规定标注。

（2）前置代号：用字母表示成套轴承的分部件。前置代号及其含义可参阅《机械设计手册》。

（3）后置代号：用字母或附加数字表示内部结构、尺寸、公差等，置于基本代号右边，并于基本代号空半个汉字距离或用符号"–"、"/"分隔，常用后置代号可参阅表 10-4 和表 10-5。

表 10-4 轴承内部结构常用代号

代号	含义	示例
C	角接触球轴承公称接触角 $\alpha = 15°$	7005C
	调心滚子轴承 C 型	23122C
AC	角接触球轴承公称接触角 $\alpha = 25°$	7210AC
B	角接触球轴承公称接触角 $\alpha = 40°$	7210B
	圆锥滚子轴承接触角加大	32310B
E	加强型	N207E

表 10-5 轴承公差等级代号

代号	含义	示例
/P6	公差等级符合标准规定的 6 级	6308/P6
/P6X	公差等级符合标准规定的 6X 级	6308/P6X
/P5	公差等级符合标准规定的 5 级	6308/P5
/P4	公差等级符合标准规定的 4 级	6308/P4
/P2	公差等级符合标准规定的 2 级	6308/P2
/P0	公差等级符合标准规定的 0 级（可省略不标注）	6308

10.2 滚动轴承的选择计算

10.2.1 主要失效形式

1. 滚动轴承受载分析

以深沟球轴承为例，如图 10-6 所示。当轴承内圈受到轴上传来的轴向载荷 F_a 时，可认为各滚动体所承受载荷是相等的。当轴承内圈承受纯径向载荷 F_r 作用时，各接触点上存在弹性变形，使内圈沿 F_r 方向下移一段距离 δ，这样轴承上半圈滚动体不承受载荷，而下半圈各滚动体承受不同的载荷。处于 F_r 作用线最下端的滚动体承受最大载荷 F_{max}，产生最大变形量 δ_{max}。

对于深沟球轴承（点接触轴承）有 $F_{max} = \left(\dfrac{4.37}{z} \right) \cdot F_r$。

对于圆柱滚子轴承（线接触轴承）有 $F_{\max} = \left(\dfrac{4.08}{z} \right) \cdot F_{r}$。

2. 滚动轴承的主要失效形式

（1）疲劳破坏。在工作过程中，滚动体和内外圈不断地接触，轴承各元件是在交变接触应力下工作。在载荷的反复作用下，首先在表面下一定深度处产生疲劳裂纹，随后扩展到接触表面，形成疲劳点蚀。轴承出现点蚀后，噪声和振动加剧，回转精度降低且工作温度升高，致使轴承失去正常工作能力。通常，疲劳点蚀是滚动轴承的主要失效形式。

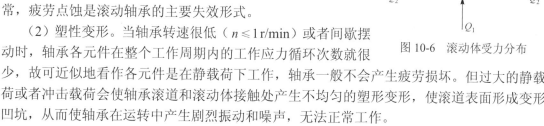

图 10-6　滚动体受力分布

（2）塑性变形。当轴承转速很低（$n \leqslant 1\,\text{r/min}$）或者间歇摆动时，轴承各元件在整个工作周期内的工作应力循环次数就很少，故可近似地看作各元件是在静载荷下工作，轴承一般不会产生疲劳损坏。但过大的静载荷或者冲击载荷会使轴承滚道和滚动体接触处产生不均匀的塑形变形，使滚道表面形成变形凹坑，从而使轴承在运转中产生剧烈振动和噪声，无法正常工作。

（3）磨损。在多尘环境下工作的轴承、滚动体和内外圈间有可能出现磨粒磨损，导致游隙增大，降低旋转精度。

10.2.2　轴承寿命

轴承中任意元件首次出现疲劳点蚀前，轴承的总转数称为轴承的寿命。此外，轴承寿命还可以用在一定转速下的运转小时数来表示。

滚动轴承的疲劳寿命是离散的，即对于一组同一型号的轴承，由于材料、热处理和工艺等很多随机因素的影响，即使在相同的使用条件下，寿命也不一样，有的甚至相差数十倍。因此对于一个具体轴承，很难预知其确切寿命。实际选择轴承时，常以基本额定寿命为标准。它是指一组同一型号轴承在相同条件下运转，其可靠度为 90% 时，能达到或超过的寿命称为额定寿命。换言之，即 90% 的轴承在发生疲劳点蚀前能达到或超过的寿命。基本额定寿命用 L_{10}（或 L_{10h}）表示，单位为 10^{6}r。对单个轴承来讲，能达到或超过此寿命的概率为 90%。

1. 额定动载荷和寿命计算

大量试验表明，对于同一型号轴承，在不同载荷 F_1，F_2，F_3，… 作用下，若轴承的额定寿命分别为 L_1，L_2，L_3，…，则存在如下关系：

$$L_1 F_1^{\varepsilon} = L_2 F_2^{\varepsilon} = L_3 F_3^{\varepsilon} = \cdots = 常数$$

在寿命 $L = 10^{6}\text{r}$（即 $L_{10} = 1$）时，轴承能承受的载荷为基本额定动载荷，用 C 表示。轴承的寿命与基本额定动载荷 $C(\text{N})$、当量动载荷 $P(\text{N})$ 之间的关系式为

$$L_{10} = \left(\frac{C}{P} \right)^{\varepsilon} \tag{10-1}$$

式中，L_{10} 的单位为 10^{6}r；ε 为寿命指数，对于球轴承 $\varepsilon = 3$，对于滚子轴承 $\varepsilon = \dfrac{10}{3}$。

在工程计算中，用小时数表示轴承寿命比较方便，式（10-1）可改写为

$$L_{h} = \frac{10^{6}}{60n} \left(\frac{C}{P} \right)^{\varepsilon} \tag{10-2}$$

式中，n 为轴承转速，r/min。

考虑到轴承工作温度高于 100℃时，轴承的额定动载荷 C 有所降低，故引进一个温度系数 f_T 对 C 值予以修正，f_T 可查表 10-6。又考虑到很多机械在工作中有冲击、振动，使轴承寿命降低，为此又引进载荷系数 f_F 对载荷 P 值进行修正，f_F 可查表 10-7。

表 10-6　温度系数 f_T

轴承工作温度/℃	100	125	150	200	250	300
温度系数 f_T	1	0.95	0.90	0.80	0.70	0.60

表 10-7　载荷系数 f_F

载荷性质	无冲击或轻微冲击	中等冲击	强烈冲击
载荷系数 f_F	1.0～1.2	1.2～1.8	1.8～3.0

修正后的寿命计算公式可写为

$$L_h = \frac{10^6}{60n}\left(\frac{f_T C}{f_F P}\right)^\varepsilon \tag{10-3}$$

若以基本额定动载荷 C 表示，可写为

$$C = \frac{f_F P}{f_T}\left(\frac{60n}{10^6}L_h\right)^{\frac{1}{\varepsilon}} \tag{10-4}$$

式（10-3）和式（10-4）是设计计算时常用的轴承寿命计算公式，由此可确定轴承的寿命或型号。

2. 当量动载荷的计算

当轴承承受径向载荷 F_r 和轴向载荷 F_a 时，必须将实际工作载荷转化为等效的载荷，才能与额定动载荷进行比较。换算后的载荷是一种假定的载荷，称为当量动载荷，用 P 表示。

对于向心轴承，径向当量动载荷 P 与实际载荷 F_a 的关系式为

$$P = XF_r + YF_a \tag{10-5}$$

式中，X、Y 分别为径向载荷系数和轴向载荷系数，可查表 10-8。

径向轴承只承受径向载荷时，其当量动载荷为

$$P = F_r \tag{10-6}$$

推力轴承只能承受轴向载荷，故其当量动载荷为

$$P = F_a \tag{10-7}$$

表 10-8　单列向心轴承当量动载荷的 X、Y 系数

轴承类型		F_a/C_0	e	$F_a/F_r > e$		$F_a/F_r \leqslant e$	
				X	Y	X	Y
深沟球轴承	60000	0.014	0.19	0.56	2.30	1	0
		0.028	0.22		1.99		
		0.056	0.26		1.71		
		0.084	0.28		1.55		
		0.11	0.30		1.45		
		0.17	0.34		1.31		
		0.28	0.38		1.15		
		0.42	0.42		1.04		
		0.56	0.44		1.00		

续表

轴承类型		F_a / C_0	e	$F_a/F_r > e$		$F_a/F_r \leq e$	
				X	Y	X	Y
角接触球轴承	70000C ($\alpha = 15°$)	0.015	0.38	0.44	1.47	1	0
		0.029	0.40		1.40		
		0.058	0.43		1.30		
		0.087	0.46		1.23		
		0.12	0.47		1.19		
		0.17	0.50		1.12		
		0.29	0.55		1.02		
		0.44	0.56		1.00		
		0.58	0.56		1.00		
圆锥滚子轴承	30000	—	$1.5\tan\alpha$	0.4	$0.4\cot\alpha$	1	0
调心球轴承	10000	—	$1.5\tan\alpha$	0.65	$0.65\cot\alpha$	1	0

10.2.3 角接触向心轴承轴向载荷的计算

角接触向心轴承的结构特点是在滚动体和滚道接触处存在接触角 α。当它承受径向载荷 F_r 时，作用在承载区第 i 个滚动体上的法向力 F_i 可分解为径向分力 F_{ri} 和轴向分力 F_{si}，如图 10-7 所示。

为了使角接触向心轴承的内部轴向力得到平衡，以免轴向窜动，通常这种轴承都要成对使用，对称安装。安装方式有两种：图 10-8 为两轴承外圈窄边相对（正装），图 10-9 为两轴承外圈宽边相对（反装）。图中 F_A 为轴向外载荷，计算轴承的轴向载荷 F_A 时还应将由径向载荷 F_r 产生的内部轴向力 F_s 考虑进去。图中 O_1、O_2 点分别为轴承 1 和轴承 2 的压力中心，即支反力作用点。O_1、O_2 与轴承端面的距离 a_1、a_2 可由轴承样本或有关手册查得，但为了简化计算，通常可认为支反力作用在轴承宽度中点。

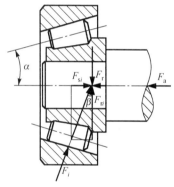

图 10-7 径向载荷产生的轴向分量

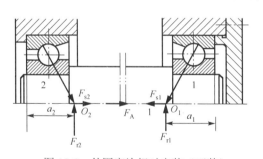

图 10-8 外圈窄边相对安装（正装）

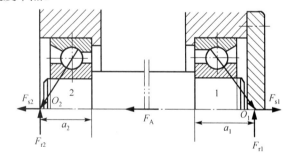

图 10-9 外圈宽边相对安装（反装）

表 10-9 角接触向心轴承内部轴向力 F_s

轴承类型	角接触向心球轴承			圆锥滚子轴承
	$\alpha = 15°$	$\alpha = 25°$	$\alpha = 40°$	$F_r/(2Y)$ (Y 是 $F_a/F_r > e$ 时的轴向系数)
F_s	eF_r	$0.68F_r$	$1.14F_r$	

若把轴和内圈视为一体，应以它为脱离体考虑轴系的轴向平衡，就可确定各轴承承受的轴向载荷。例如，在图 10-8 中，两种受力情况如下。

（1）若 $F_A + F_{s2} > F_{s1}$，由于轴承 1 的右端已固定，轴不能向右移动，即轴承 1 被压紧，由力的平衡条件得

$$\begin{cases} 轴承1（压紧端）承受的轴向载荷：F_{a1} = F_A + F_{s2} \\ 轴承2（放松端）承受的轴向载荷：F_{a2} = F_{s2} \end{cases} \tag{10-8}$$

（2）若 $F_A + F_{s2} < F_{s1}$，则轴承 2 被压紧，由力的平衡条件得

$$\begin{cases} 轴承1（放松端）承受的轴向载荷：F_{a1} = F_{s1} \\ 轴承2（压紧端）承受的轴向载荷：F_{s2} = F_{s1} - F_A \end{cases} \tag{10-9}$$

显然，放松端轴承的轴向载荷等于它本身的内部轴向力，压紧端轴承的轴向载荷等于除本身内部轴向力外其余轴向力的代数和。当轴向外载荷 F_A 与图 10-8 方向相反时，应取负值。

上述分析对图 10-9 所示反装结构能同样使用。

对于转速很低或是缓慢摆动的轴承，为限制轴承在过载和冲击载荷下产生的塑性变形，此时应按静载荷进行校核计算，其校核公式为

$$\frac{C_{0r}}{P_{0r}} \geqslant S_0 \quad 或 \quad \frac{C_{0a}}{P_{0a}} \geqslant S_0 \tag{10-10}$$

式中，C_{0r} 为径向额定静载荷；P_{0r} 为径向当量静载荷；C_{0a} 为轴向额定静载荷；P_{0a} 为轴向当量静载荷；S_0 为静载荷安全系数，常见场合安全系数如表 10-10 所示。

表 10-10　滚动轴承静载荷安全系数 S_0

使用要求或载荷性质		S_0
旋转轴承	正常使用	0.8～1.2
	对旋转精度和运转平稳性要求较低、没有冲击和振动	0.5～0.8
	对旋转精度和运转平稳性要求较高，承受较大振动和冲击	1.5～2.5
静止轴承（包括静止、缓慢摆动、极低速旋转）	不需经常旋转的轴承、一般载荷	0.5～1.5
	不需经常旋转的轴承、有冲击载荷或载荷分布不均	1.2～2.5

10.3　滚动轴承的组合设计

为了保证轴承能在机械设备中正常工作，除了正确选择轴承类型和尺寸外，还应该合理的对轴承安装进行组合设计，处理好轴承的轴向位置固定、轴承与其他零件的配合、间隙调整、拆装和润滑密封等一系列问题。

10.3.1　轴承的固定

1. 两端固定

如图 10-10（a）所示，两轴承均利用轴肩顶住内圈，端盖压住外圈。两端轴承各限制轴一个方向的轴向移动。考虑到温度升高后轴的膨胀伸长，对于径向接触轴承，在轴承外圈与轴承盖之间留出 0.2～0.3mm 的热补偿间隙，如图 10-10（b）所示；对于内部间隙可以调整的角接触轴承，安装时将间隙留在轴承内部。这种固定方式结构简单、安装方便，适用于温差不大的短轴（跨距 $L < 350$mm）。

2. 一端固定一端游动

如图 10-11 所示，这种固定方法是使一个支点处的轴承双向固定，而另一个支点处的轴

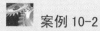

案例 10-2

什么叫轴承"跑内圈"，什么叫轴承"跑外圈"？它们是如何发生的？

承可以轴向游动。固定支点处轴承的内外圈均作双向固定，以承受双向轴向负荷；游动支点处轴承的内圈作双向固定，而外圈与机座孔间采用动配合，以便当轴受热膨胀伸长时，能在孔中自由游动。若游动端采用外圈无挡边的可分离型轴承，则外圈要作双向固定。这种固定方式适用于轴的跨距大或工作时温度较高（t>70℃）的轴。图 10-11（a）中右轴承外圈未完全固定，具有一定的游动量；图 10-11（b）中采用了圆柱滚子轴承，其滚子和轴承的外圈之间可以发生轴向游动。

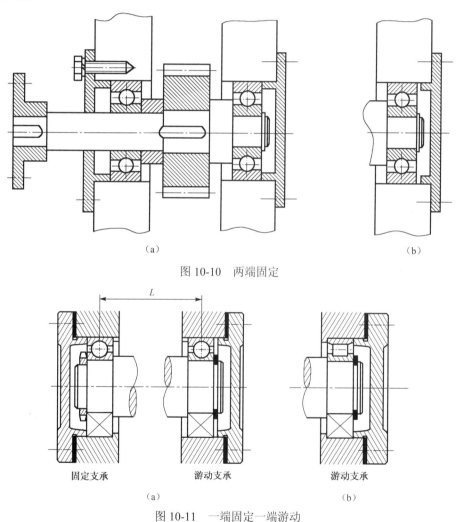

（a）　　　　　　　　　　　　　　　　（b）

图 10-10　两端固定

固定支承　　　　游动支承　　　　　游动支承

（a）　　　　　　　　　　　　　（b）

图 10-11　一端固定一端游动

10.3.2　轴承组合的调整

轴承被安装进机座后，还需要进行细致的调整。轴承的调整包括轴承间隙调整、轴承预紧及轴承组合位置调整。

1. 间隙调整——保证轴承中有正常的游隙

轴承间隙的调整通常是通过调整垫片厚度、调整螺钉和调整套筒等方法实现的。

图 10-12（a）是通过调整轴承端盖与机座间垫片厚度实现轴承间隙的调整。

图 10-12（b）是通过调整螺钉对轴承外圈的压盖进行调整来实现轴承间隙的调整，此螺钉配有锁紧螺母。

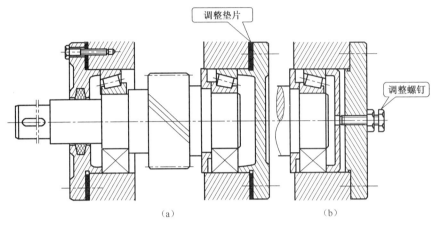

（a）　　　　　　　　　　　　（b）

图 10-12　轴承间隙常用调整方法

2. 轴承的预紧

为了提高轴承的旋转精度，增加轴承组合的刚性，常常对滚动轴承进行预紧。

滚动轴承的预紧是指采用适当的方法使轴承滚动体和内、外套圈之间产生一定的预变形，以保持轴承内、外圈均处于压紧状态，使轴承带负游隙运行。预紧的目的：①增加轴承的刚度；②使旋转轴在轴向和径向正确定位，提高轴的旋转精度；③降低轴的振动和噪声；④减小由于惯性力矩所引起的滚动体相对于内、外圈滚道的滑动；⑤补偿因磨损造成的轴承内部游隙变化；⑥延长轴承寿命。

按预载荷的方向可分为轴向预紧和径向预紧，在实际应用中，球轴承多采用轴向预紧，圆柱滚子轴承为径向预紧。

图 10-13（a）是利用不同厚度的金属垫片预紧。两轴承的内圈或外圈间加入不同厚度的垫片实现预紧，预紧力可以由垫片厚度加以控制。

案例 10-2 分析

在正常状态下，轴承的内圈、外圈分别相对于轴颈和轴承座是固定的。如果轴颈磨损严重，轴承内圈和轴颈间发生了相对转动，这种故障就是"跑内圈"。如果轴承座孔严重磨损，轴承的外圈有可能和轴承座产生相对转动，这种故障俗称"跑外圈"。

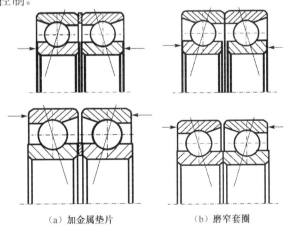

（a）加金属垫片　　　　（b）磨窄套圈

图 10-13　轴承预紧常用方法

图 10-13（b）是利用磨窄套圈预紧。夹紧一对磨窄了外圈的轴承实现预紧。反装时可磨窄轴承的内圈。这种特制的成对安装的角接触轴承可由生产厂选配组合成套提供。并可在滚动轴承样本中查到不同型号成对安装的角接触球轴承的预紧载荷值和相应的内外圈磨窄量。

3．轴承组合位置的调整

对轴承进行组合位置调整的目的是为了使轴上的零件（如齿轮、带轮）具有准确的工作位置。如锥齿轮传动，要求两个节锥顶点相重合，才能保证正确啮合；再如蜗轮蜗杆传动，要求蜗轮中间平面通过蜗杆的轴线等。

10.4　滑动轴承结构和特点

滑动轴承与滚动轴承一样都是用来支撑轴和轴上的零件、保持轴的旋转精度和减少轴颈与支撑座之间的摩擦、磨损。目前，滚动轴承由于其结构性能的优点，在通用机械设备中获得了广泛应用，但在转速特高、高旋转精度、冲击特大、径向尺寸受限或者必须采用剖分安装等工作场合下，滑动轴承就能展现出优异的性能，例如，发动机曲轴轴承。

滑动轴承的种类很多，按照承受载荷方向的不同，可分为：

（1）径向滑动轴承。又称向心滑动轴承，主要承受径向载荷。

（2）止推滑动轴承。它只能承受轴向载荷。

根据轴承滑动表面间润滑状态的不同，可分为：

（1）液体润滑轴承。

（2）不完全液体润滑轴承。它是指滑动表面间处于边界润滑或混合润滑状态。

（3）自润滑轴承。它工作时不需要添加润滑剂。

根据液体润滑承载机理的不同，液体润滑轴承又可分为液体动力润滑轴承（液体动压轴承）和液体静压润滑轴承（液体静压轴承）。

1．径向滑动轴承

图 10-14 所示为整体式径向滑动轴承，它由轴承座 1 和轴瓦 2 组成。轴承座上有油孔，轴瓦上加工有油槽，用以导油润滑。此类轴承的优点是结构简单、成本低廉。其缺点是轴瓦磨损后，轴承间隙无法调整，此外，只能从轴颈端部进行装拆，有所不便。

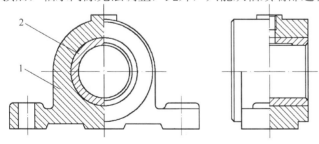

小思考 10-2
想一想日常生活和生产中，还有哪些地方使用了滑动轴承？试举 3～5 例应用。

图 10-14　整体式径向滑动轴承

剖分式径向滑动轴承如图 10-15 所示，它由轴承座 1、剖分式轴瓦 2 和 3、轴承盖 4 和连接螺栓 5 等组成。轴承盖和轴承座的剖分面常作成榫口，以便安装时对中。这种轴承装拆方便。多数剖分轴承的剖分面是水平的，若载荷方向有较大偏斜时，则可将剖分面倾斜布置，使剖分平面垂直于或者接近垂直于载荷方向。

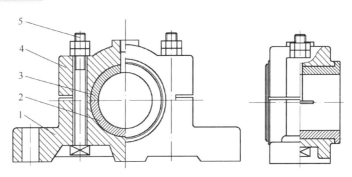

图 10-15 剖分式径向滑动轴承

滑动轴承中，轴瓦是一个重要零件。为了能把润滑油导入整个摩擦面间，轴瓦上需加工出油孔或油槽。径向滑动轴承的轴瓦内孔为圆柱形。若载荷方向向下，下轴瓦为承载区。润滑油应由非承载区引入，所以在轴承顶部设计进油孔。在轴瓦内表面，可纵向、横向或斜向开设油槽连接至油孔，以便润滑油可均布在整个轴颈上。常见油槽形式如图 10-16 所示。

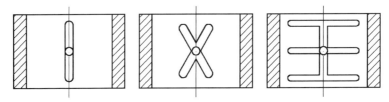

图 10-16 常见油槽形式

轴瓦宽度与轴颈直径之比 B/d 称为宽径比，它是径向滑动轴承的重要参数。一般来说，轴颈 d 是预先确定的，所以若能确定 B/d 的取值范围，宽度 B 就可以确定。对于液体摩擦的滑动轴承，常取 $B/d = 0.5 \sim 1$，对于非液体摩擦的滑动轴承，常取 $B/d = 0.8 \sim 1.5$。

2. 止推滑动轴承

止推滑动轴承用于承受轴向载荷。止推滑动轴承一般利用轴的端面或是在轴上加工出凸肩承载，常用承载面形式如图 10-17 所示。

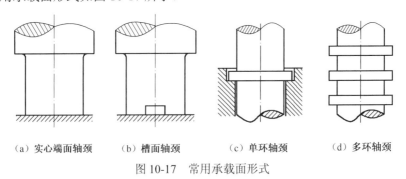

（a）实心端面轴颈　　（b）槽面轴颈　　（c）单环轴颈　　（d）多环轴颈

图 10-17 常用承载面形式

10.5 滑动轴承常用材料

轴瓦和轴承衬的材料统称为滑动轴承材料。滑动轴承的主要失效形式有磨损、胶合、工作表面划伤、疲劳剥落和腐蚀。针对以上滑动轴承的失效形式，通常要求滑动轴承材料具备的基本性能：①良好的减摩性和耐磨性；②导热性好，热膨胀系数小；③足够的强度和抗腐蚀能力；④抗胶合能力强，与轴颈材料的互溶性低。

常用的轴承材料有金属材料、多孔金属材料和非金属材料三大类。

（1）金属材料：如轴承合金、铜合金、铸铁、铝基合金、锌基合金等。

① 轴承合金又称白合金，主要是锡、铅、锑或其他金属的合金。由于其耐磨性好、塑性高、跑合性能好、导热性好、抗胶合性好，以及与油的吸附性好，所以适用于重载、高速情况下，轴承合金的强度较小，价格较贵，使用时必须浇铸在青铜、钢带或铸铁的轴瓦上，形成较薄的涂层。

② 铜合金具有较高的机械强度，良好的减摩性和耐磨性。铜合金又可分为青铜和黄铜两类。青铜的减摩性与耐磨性又优于黄铜，其中以锡青铜的减摩性和耐磨性最好，应用广泛。

③ 铸铁有灰铸铁、耐磨铸铁和球墨铸铁等。铸铁中的石墨成分可在轴瓦表面形成起润滑作用的石墨层，具有一定的减摩性，但铸铁由于含碳量高、性脆、磨合性差，所以一般只用于轻载、低速、载荷平稳的场合。

常用金属轴承材料性能见表 10-11。

（2）多孔金属材料：该材料是由金属粉末采用粉末冶金法制成的轴承材料，具有多孔性组织，孔隙内可储存润滑油，因此也称含油轴承，具有自润滑性能。轴承工作时，轴承温度升高，由于轴颈旋转的抽吸作用和润滑油受热膨胀，孔隙中的润滑油进入滑动表面起到润滑作用。含油轴承适用于低速轻载和不易加注润滑油的场合。

（3）非金属材料：轴承塑料为最常用的非金属材料之一。常用的轴承塑料有酚醛塑料、尼龙和聚四氟乙烯等，塑料轴承有较大的抗压强度和耐磨性，可用油和水润滑，也有自润滑性能，但导热性差。

表 10-11　常用轴承材料性能

名称	代号	$[p]$/MPa	$[pv]$/(MPa·m/s)	最高工作温度/℃	轴颈硬度/HBS	应用范围
锡锑轴承合金	ZSnSb11Cu6	25	20	150	130～170	用于高温重载的重要轴承，变载荷下易于疲劳
铅锑轴承合金	ZPbSb16Sn16Cu2	15	10	150	130～170	用于中速、中等载荷轴承，不宜受显著冲击，可作锡锑轴承合金的代用品
锡磷青铜	ZCuSn10P1	15	15	280	300～400	用于中速重载或变载轴承
锡锌铅青铜	ZCuSn5Pb5Zn5	8	15	280	300～400	用于中速中载轴承
铝青铜	ZCuAl10Fe3	15	12	280	300	用于润滑充分的低速重载轴承

10.6　滑动轴承的润滑

滑动轴承润滑的目的是减少摩擦阻力，降低磨损，同时还起到冷却、吸振和防锈等作用。润滑剂的合理选用是滑动轴承正常工作的保证。

滑动轴承常用的润滑剂分为三类：①润滑油——液体润滑剂；②润滑脂——半固体润滑剂；③固体润滑剂等。

1. 润滑油

润滑油是滑动轴承中应用最为广泛的润滑剂，液体动压轴承通常也采用润滑油作润滑剂。

目前使用的润滑油大部分为矿物油。润滑油最重要的物理性能是黏度，它用以描述润滑油流动时的内摩擦性能，是选择润滑油的主要依据。原则上讲，当轴承转速高、压力小、温度较低时，应选用黏度较低的润滑油；反之，当转速低、压力大、温度较高时，应选用黏度较高的润滑油。滑动轴承常用润滑油牌号可参考表 10-12。

表 10-12　常用润滑油牌号

轴颈线速度/（m/s）	轻载 p<3Mpa	中等载荷 p =（3～7.5）MPa	重载 p>7.5～30MPa
<0.1	L-AN68、100、150	L-AN150，40 号 EQB 汽油机油	38 号、52 号过热气缸油
0.1～0.3	L-AN68、100	L-AN100、150	38 号过热气缸油，220、320 号工业齿轮油
2.5～0.3	L-AN46、68、	L-AN100	30、40 号 EQB 汽油机油
5.0～2.5	L-AN32、46	L-AN68	—
5.0～9.0	L-AN15、22、32	—	—
>9.0	L-AN7、10、15	—	—

2. 润滑脂

润滑脂是由润滑油和各种稠化剂混合稠化而成的。润滑脂流动性差、无冷却效果、不易流失、无需经常添加，可用在竖直的摩擦表面上。润滑脂对载荷和速度的变化有较大的适应范围，但摩擦损耗较大，常用于那些要求不高、难以经常供油或者低速重载轴承中。

3. 固体润滑剂

固体润滑剂可以在摩擦表面上形成固体膜从而起到减摩作用，常用固体润滑剂有石墨、二硫化钼、聚四氟乙烯树脂等。固体润滑剂具有使用温度高、承载能力强、边界润滑优异、耐化学腐蚀性好等特点，一般在超出润滑油、润滑脂的使用范围之内才考虑使用。

10.7　非液体摩擦滑动轴承的计算

非液体摩擦滑动轴承可用润滑油，也可用润滑脂润滑。对于轴承的工作表面，由于得不到足够的润滑剂，相对运动表面间难以产生一个完整的承载油膜，这类轴承可靠工作的前提是边界油膜不遭破坏，这也是非液体摩擦滑动轴承的设计依据。由于边界油膜的强度及其破裂条件受多种因素影响，机理十分复杂，目前尚未被人们完全掌握，故目前采用的计算方法是间接的、有条件的（称为条件性计算）。大量的生产实践和科学实验证明，若能保证压强 $p \leqslant [p]$，以及压强与轴颈线速度的乘积 $pv \leqslant [pv]$，则轴承是能够可靠工作的。

10.7.1　径向滑动轴承的计算

在计算时，通常是已知轴承所承受径向载荷 F、轴颈转速 n 和轴颈直径 d，然后进行以下校核。

（1）轴承的压强 p 为

$$p = \frac{F}{Bd} \leqslant [p] \qquad (10-11)$$

式中，B 为轴瓦宽度；d 为轴颈直径；$[p]$ 为轴瓦材料的许用压强，常用值见表 10-11。

（2）轴承的 pv 值

轴承的发热量与其单位面积上的摩擦功耗 μpv 成正比（μ 是摩擦系数），pv 值越高，轴

承温升越高，越容易引起边界油膜的破裂。验算公式为

$$pv = \frac{F}{Bd}\frac{\pi dn}{60 \times 1000} \leqslant [pv] \qquad (10\text{-}12)$$

式中，n 为轴的转速；$[pv]$ 为轴瓦材料的 pv 许用值，常用值见表 10-11。

10.7.2　止推滑动轴承的计算

（1）轴承的压强 p 为

$$p = \frac{F_a}{\frac{\pi}{4}(d^2 - d_0^2)z} \leqslant [p] \qquad (10\text{-}13)$$

式中，F_a 为轴承的轴向载荷；d、d_0 为止推环的外径和内径；z 为止推环数目。

（2）轴承的 pv 值验算公式为

$$pv_m \leqslant [pv] \qquad (10\text{-}14)$$

式中，v_m 为止推环的平均速度，$v_m = \dfrac{\pi d_m n}{60 \times 1000}$，其中，平均直径 $d_m = \dfrac{d + d_0}{2}$。

10.8　工程应用案例：带式输送机和纺织机

10.8.1　带式输送机

第 5.12 节中所提到的带式输送机，如图 10-18 所示。

（1）试选用减速器高速轴所用轴承的型号，并计算其允许的最大径向载荷。已知条件：$n = 960\,\text{r/min}$，工作温度 $t < 100℃$，载荷平稳，轴承预期寿命为 $L_h = 8000\text{h}$。

（2）已知该输送机滚筒轴上安装有调心球轴承，试选用调心球轴承的型号。已知条件：$F_r = 9000\text{N}$，轴承安装轴颈 $d = 50\,\text{mm}$，转速 $n = 6\,\text{r/min}$，工作温度 $t < 100℃$，轴承预期寿命为 $L_h = 10000\text{h}$。

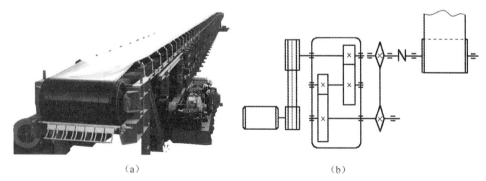

（a）　　　　　　　　　　　　　　（b）

图 10-18　带式输送机及其传动系统图

【解】　（1）对于减速器高速轴，因为采取支持圆柱齿轮，则选用深沟球轴承，型号为 6306。对于向心轴承，由公式（10-4）可得载荷为

$$F = \frac{f_{\mathrm{T}}}{f_{\mathrm{F}}} C \left(\frac{10^6}{60nL_{\mathrm{h}}} \right)^{1/\varepsilon}$$

查《机械设计手册》可得深沟球轴承 6306 的径向额定动载荷为 $C = 26.7\mathrm{kN}$。

由 $t < 100\,^\circ\mathrm{C}$，查表 10-6 可得 $f_{\mathrm{T}} = 1$。

因载荷平稳，查表 10-7 可得 $f_{\mathrm{F}} = 1$，对于球轴承 $\varepsilon = 3$。

由以上数据可得

$$F_{\mathrm{r}} = F = 26700 \left(\frac{10^6}{60 \times 960 \times 8000} \right)^{1/3} \approx 3456.8\mathrm{N}$$

故在规定条件下，6306 轴承可承受的载荷为 3456.8N。

（2）根据轴承寿命初选轴承型号。

由公式（10-6）可得，$P = F_{\mathrm{r}} = 9000\mathrm{N}$。

① 计算额定动载荷。

由公式（10-4），并查表可得

$$C = \frac{f_{\mathrm{F}}F}{f_{\mathrm{T}}} \left(\frac{60n}{10^6} L_{\mathrm{h}} \right)^{\frac{1}{\varepsilon}} = \frac{1.2 \times 9000}{1} \times \left(\frac{60 \times 96}{10^6} \times 10000 \right)^{1/3} \approx 41709.14(\mathrm{N})$$

② 选取轴承型号。

由《机械设计手册》查得 1210 轴承，$C_{\mathrm{r}} = 22800\mathrm{N}$，$C_{0\mathrm{r}} = 8080\mathrm{N}$，可满足寿命要求。

③ 静载荷校核。

查表 10-10，取 $S_0 = 1.0$；由式（10-6）可得 $P_{0\mathrm{r}} = 9000\mathrm{N}$，代入式（10-10）得

$$\frac{C_{0\mathrm{r}}}{P_{0\mathrm{r}}} = \frac{8080}{9000} \approx 0.898 < S_0$$

故轴承 1210 不合格，需重新选取轴承并校核。

④ 重选轴承。

另选轴承型号 1310，查《机械设计手册》得 $C_{\mathrm{r}} = 43200\mathrm{N}$，$C_{0\mathrm{r}} = 14200\mathrm{N}$，代入式（10-10）得

$$\frac{C_{0\mathrm{r}}}{P_{0\mathrm{r}}} = \frac{14200}{9000} = 1.58 > S_0$$

故 1310 轴承满足静载荷条件。

10.8.2 纺织机

图 10-19 所示为纺织机械，其中用到径向滑动轴承，其轴颈最高转速 $n_{\max} = 1600\ \mathrm{r/min}$，最大径向载荷为 2500N，轴颈直径 $d = 48\mathrm{mm}$，试设计该滑动轴承。

图 10-19　纺织机械及其滑动轴承

【解】　（1）选取轴承材料。

选用铸锡锌铅青铜（ZcuSn5Pb5Zn5），查表 10-11 得$[p] = 8$MPa，$[pv] = 10$MPa·m/s。

（2）取宽径比 $B/d = 1$，则 $B = 1×60 = 60$(mm)。

（3）根据公式（10-11）计算压强 p 为

$$p = \frac{F}{Bd} = \frac{2500}{48 \times 48} \approx 1.09\text{(MPa)}$$

（4）根据公式（10-12）计算 pv 值为

$$pv = \frac{F}{Bd} \frac{\pi dn}{60 \times 1000} = \frac{1.09 \times 3.14 \times 48 \times 1600}{60000} \approx 4.38\text{(MPa} \cdot \text{m/s)}$$

（5）结论为

由于

$$\begin{cases} p \leq [p] \\ pv \leq [pv] \end{cases}$$

所以，该轴承满足强度和功率损耗条件。

习　　题

10-1　滚动轴承主要类型有哪几种？各有何特点？

10-2　说明下列轴承代号的含义及其适用场合：6205，N208/P4，7312AC，30208。

10-3　何谓滚动轴承的基本额定寿命？何谓当量动载荷？如何计算？

10-4　滚动轴承的主要失效形式有哪些？计算准则是什么？

10-5　一矿山机械的转轴，两端用 6313 轴承，每个轴承受径向力 $F_R = 5400$N，轴的轴向载荷 $F_A = 2650$N，轴的转速为 $n = 1250$r/min，运转中有轻微冲击，预期寿命 $L_h = 5000$h，问该轴承是否适用？

10-6　一深沟球轴承 6304 在室温下工作，承受径向力 $F_R = 4000$N，载荷轻微冲击，转速 $n = 960$r/min，试求该轴承的额定寿命，并说明能达到此寿命的概率。

10-7　滑动轴承的摩擦状况有哪几种？它们有何本质差别？

10-8　径向滑动轴承的主要结构形式有哪几种？

10-9　试验算一非液体摩擦的滑动轴承，已知轴的转速 $n = 65$r/min，轴径 $d = 85$mm，轴承宽度 $B = 85$mm，径向载荷 $R = 80$kN，轴的材料为 45 钢。

扩展阅读：宝石轴承

宝石轴承是用宝石等硬质材料制成的滑动轴承。宝石轴承在结构形式上主要分为通孔宝石轴承、端面宝石轴承和槽形宝石轴承三种。

宝石轴承主要用于仪器仪表中。仪器仪表轴承承受载荷很小，但要求旋转精度高、灵敏度好、使用寿命长。宝石具有摩擦系数小、硬度高、耐腐蚀、热膨胀系数小、抗压强度高等性能，能满足仪器仪表轴承的使用要求。

制作宝石轴承的材料有刚玉、玛瑙、微晶玻璃等。刚玉俗称红宝石和蓝宝石，是氧化铝的晶体，有天然的和人造的。天然刚玉杂质较多，质地不匀，故人造刚玉应用最广。刚玉轴承在手表和精密机械具有广泛应用，如图 10-20 所示。手表表盘上写的 17ZUAN、23JEWELS 就表示该手表使用的刚玉轴承个数分别为 17 个和 23 个。

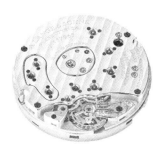

图 10-20　手表上的红宝石轴承

第 11 章　联轴器、离合器和制动器

在工业生产和日常生活中，有许多机器设备需要利用联轴器和离合器才能正常工作，如卷扬机、运输机械、汽车、重型机械等，如图 11-1 所示。因为机器设备中不止一根轴，在轴与轴之间传递运动和动力，就需用到联轴器。轴与轴之间工作过程中不仅要接合，而且还要随时分离，就需用到离合器。除此之外，还有制动器等。

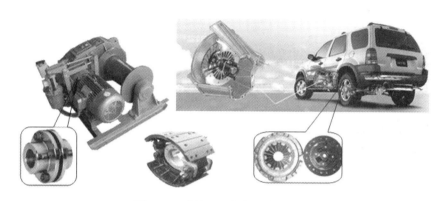

图 11-1　联轴器、离合器等的应用

汽车在行驶过程中，引擎从一开始发动起来，直至停车才会熄火。即使是遇到红灯，引擎也不会熄火，也就是说，它一直在高速运转。请思考一下，为什么汽车在短时间等待时，车子不熄火，引擎一直运转，而车子保持静止不动？汽车继续发动时，从空挡换到一挡，在换挡的过程中，引擎的飞轮一直高速运转，而变速器中的齿轮是静止的，它们接触时为什么不会造成齿轮破坏？这些问题都可以在本章中找到答案。

本章知识要点

（1）掌握联轴器的用途、类型、结构和选用原则。
（2）了解离合器的用途、类型、结构和选用原则。
（3）了解制动器的用途、类型、结构和选用原则。

兴趣实践

观察自行车的制动是如何工作的。

探索思考

汽车的哪些位置需要使用联轴器、离合器和制动器，分别是何种类型，并如何进行工作？

预习准备

（1）请回忆轴和轴承章节的内容，再结合本章，联想这三章间的联系。
（2）阅读关于汽车构造和结构的相关资料。

11.1 联 轴 器

联轴器可连接主、从动轴，使其一起回转并传递转矩；有时也可作为一种安全装置用来防止被连接机件承受过大的载荷，起到过载保护的作用。用联轴器连接轴时，只有在机器停止运转后，经过拆卸才能使两轴分离。

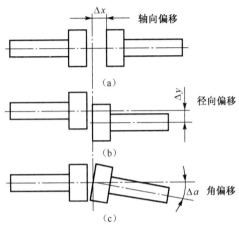

图 11-2　两轴间的偏移形式

联轴器所连接的两轴，由于制造和安装误差、承载后的变形以及温度变化的影响，往往存在某种程度的相对位移与偏斜，如图 11-2 所示的偏移量。因此，设计联轴器时要从结构上采用各种不同的措施，使联轴器具有补偿偏移量的性能。否则，就会在轴、联轴器和轴承中引起附加载荷，导致工作情况的恶化。

联轴器分为刚性和弹性两大类型。刚性联轴器由刚性传力件组成，可分为固定式和可移式两类。其中固定式刚性联轴器不能补偿两轴的相对位移；而可移式刚性联轴器能补偿两轴的相对位移。弹性联轴器包含弹性元件，能补偿两轴的相对位移，并具有缓冲吸振的能力。

本节介绍几种有代表性结构的联轴器，其余种类可查阅《机械设计手册》。

11.1.1　固定式刚性联轴器

固定式刚性联轴器中应用最广的是凸缘联轴器，如图 11-3 所示，是由两个带凸缘的半联轴器用螺栓连接而成，联轴器与轴之间用键连接。图 11-3（a）所示为普通螺栓连接，图 11-3（b）所示为铰制孔用螺栓连接，两半联轴器端面有对中止口，以保证两轴对中。

固定式刚性联轴器全部零件都是刚性的，所以在传递载荷时，不能缓冲吸振，但它具有结构简单、价格低廉、使用方便等优点，且可传递较大的转矩，常用于载荷平稳、两轴要求严格对中的连接。

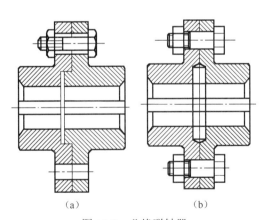

图 11-3　凸缘联轴器

11.1.2　可移式刚性联轴器

由于制造、安装误差和工作时零件变形等原因，当不易保证两轴对中时，宜采用具有补偿位移能力的可移式刚性联轴器。

可移式刚性联轴器有齿式联轴器、滑块联轴器和万向联轴器等。

1．齿式联轴器

如图 11-4 所示，齿式联轴器是利用内、外齿啮合而实现两轴间的连接，同时能实现两轴相对偏移的补偿。内、外齿啮合后具有一定的顶隙和侧隙，故可补偿两轴间的径向偏移；外齿顶部制成球面，球心在轴线上，可补偿两轴之间的角偏移。两内齿凸缘利用螺栓连接。由于齿式联轴器能传递很大的转矩，又有较大的补偿偏移的能力，常用于重型机械，但结构笨重，造价较高。

2．滑块联轴器

如图 11-5 所示，滑块联轴器是利用中间滑块 2 与两个半联轴器 1、3 端面的径向槽配合来实现两轴的连接。滑块沿径向滑动可补偿径向偏移 Δy，还能补偿角偏移 $\Delta \alpha$。滑块联轴器具有结构简单、制造方便的特点，但由于滑块偏心，工作时会产生较大的离心力，故只用于低速场合。

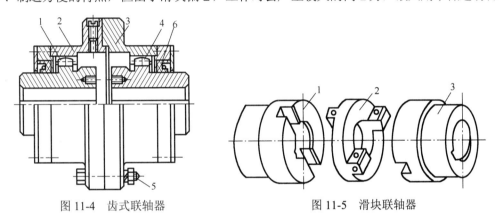

图 11-4　齿式联轴器　　　　　　图 11-5　滑块联轴器

3．万向联轴器

万向联轴器常见形式为十字轴式万向联轴器，如图 11-6 所示。它是利用中间连接件十字轴 3 连接两边的半联轴器，两轴线间夹角可达 $40°\sim50°$。当采用单个十字轴万向联轴器时，其主动轴 1 作等角速转动，从动轴 2 作变角速转动。为避免这种现象，可采用两个万向联轴器，使两次角速度变动的影响相互抵消，从而使主动轴 1 与从动轴 2 同步转动。

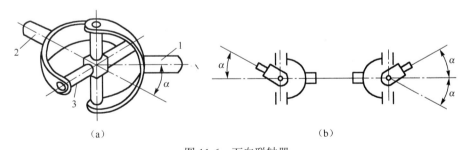

（a）　　　　　　　　　　　　（b）

图 11-6　万向联轴器

除上述刚性联轴器以外，还有弹性联轴器，表 11-1 给出了常用联轴器的类型、特点和应用。

11.1.3　联轴器的选择

常用联轴器已标准化，一般先依据机器的工作条件选择合适的类型；再根据计算得来的转矩、轴的直径和转速，从标准中选择所需型号和尺寸；必要时对某些薄弱、重要的零件进行检验。

表 11-1 联轴器的类型、特点和应用

类型		图示	实物	结构特点和应用
刚性联轴器	固定式刚性联轴器	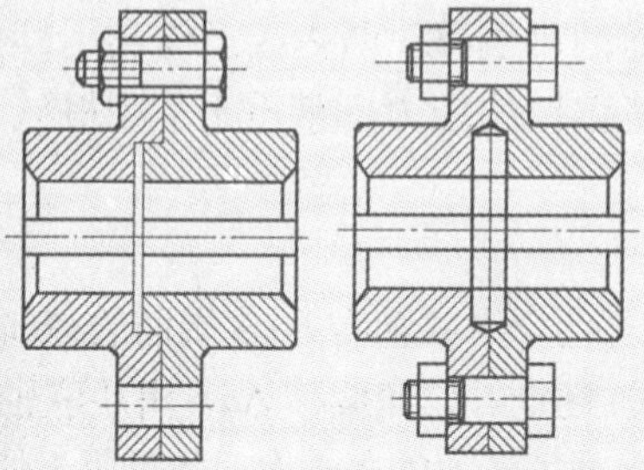	 凸缘联轴器	简单,装拆较方便,可传递较大的转矩。适用于两轴对中性好、低速、载荷平稳和经常拆卸的场合
		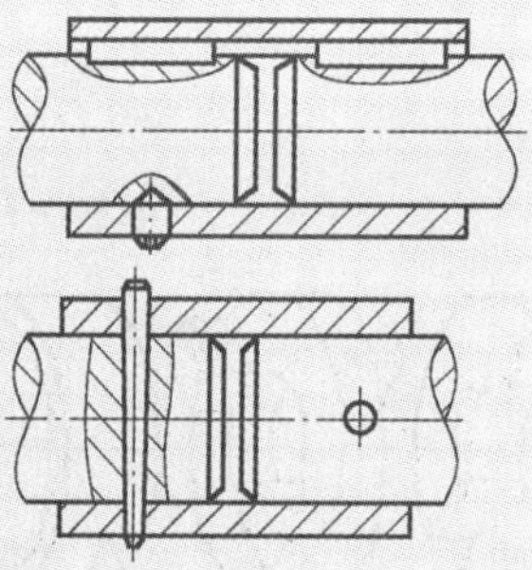	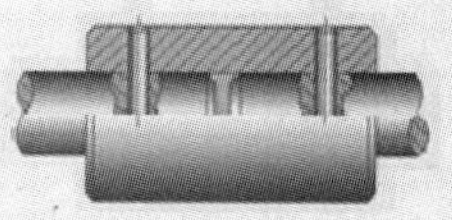 套筒联轴器	结构简单,径向尺寸小,但被连接的两轴拆卸时需作轴向移动。通常用于传递转矩较小的场合,被连接轴的直径一般不大于60~70mm
	可移式刚性联轴器	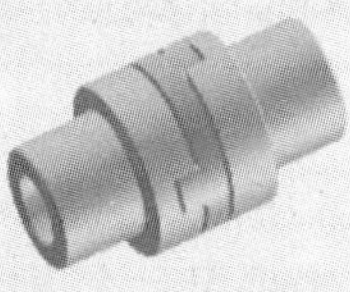	 滑块联轴器	可适当补偿安装和运转时两轴间的相对位移,结构简单,尺寸小,但不耐冲击,易磨损。适用于低速、轴的刚度较大、无剧烈冲击的场合
		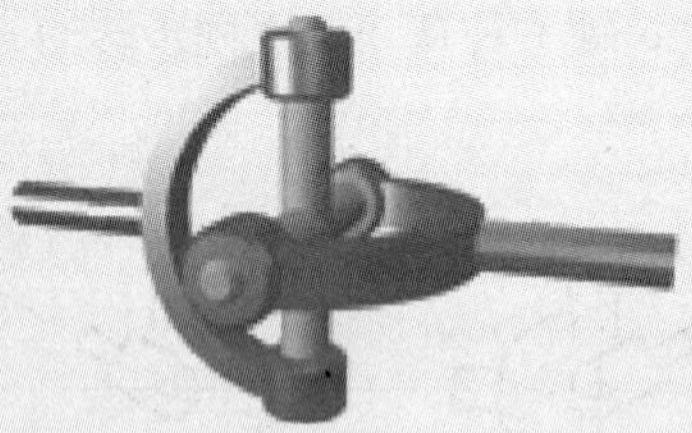	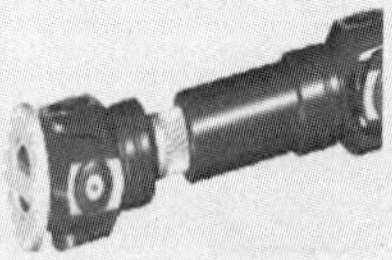 万向联轴器	允许两轴有较大的角位移,传递转矩较大,但传动中将产生附加动载荷,传动不平稳。一般成对使用,广泛应用于汽车、拖拉机和金属切削机床中
			 齿式联轴器	具有良好的补偿性,允许有综合位移。可在高速重载下可靠地工作,常用于正反转变化多、起动频繁的场合

续表

类型	图示	实物	结构特点和应用
弹性联轴器		 弹性套柱销联轴器	结构与凸缘联轴器相似，只是用带有橡胶弹性套的柱销代替了连接螺栓。制造容易，装拆方便，成本较低，但使用寿命短。适用于载荷平稳，起动频繁，转速高，传递中、小转矩的轴
	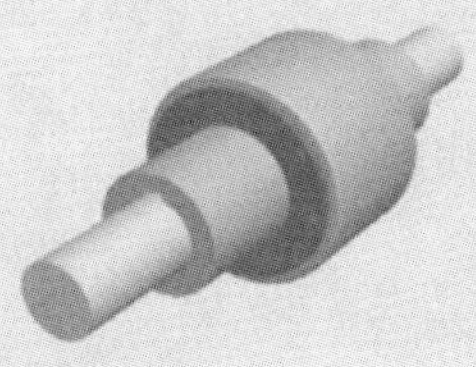	 弹性柱销联轴器	结构比弹性套柱销联轴器简单，制造容易，维护方便。适用于轴向窜动量较大、正反转起动频繁的传动和轻载的场合

1. 类型的选择

选择联轴器类型的原则是使用要求和类型特性一致。例如，当两轴能精确对中、轴的刚性较好时，可选用刚性固定式凸缘联轴器，否则，选用具有补偿能力的刚性可移式联轴器；两轴轴线要求有一定夹角，可选用十字轴式万向联轴器。

由于类型选择涉及因素较多，一般按类比法进行选择。

2. 型号和尺寸的选择

类型选择好后，根据计算得来的转矩、轴径、转速，由手册或标准中选择型号和尺寸。但必须满足以下条件。

（1）计算转矩不超过联轴器的最大许用转矩。转矩的计算式为

$$T_{ca} = KT = K \times 9550 \frac{P}{n} \leqslant [T_n] \tag{11-1}$$

式中，K 为工作情况系数，见表 11-2；T 为理论转矩，N·m；P 为原动机功率，kW；n 为转速，r/min；$[T_n]$ 为联轴器的许用转矩，N·m。

表 11-2　联轴器工作情况系数 K

工作机	原动机为电动机时 K 值
转矩变化很小的机械，如发电机、小型通风机、小型离心泵	1.3
转矩变化较小的机械，如透平压缩机、木工机械、运输机	1.5
转矩变化中等的机械，如搅拌机、增压机、有飞轮的压缩机	1.7
转矩和有中等冲击载荷的机械，如织布机、水泥搅拌机、拖拉机	1.9
转矩和冲击载荷较大的机械，如挖掘机、碎石机、卷扬机、起重机	2.3
转矩变化大和冲击载荷大的机械，如压力机、重型轧机	3.1

（2）轴径不超过联轴器的孔径范围，即

$$d_{min} \leqslant d \leqslant d_{max} \tag{11-2}$$

（3）转速不超过联轴器的许用最高转速，即

$$n \leqslant [n_{max}] \tag{11-3}$$

案例 11-1

汽车离合器 [图 0-3（b）] 用以接合或分离发动机与变速器之间的动力传递。手动挡汽车需要人为脚控离合器，自动挡汽车不需要人为控制离合器。

问题：

汽车离合器的工作原理是什么？

11.2 离 合 器

离合器用来连接两轴，使其一起转动并传递转矩，在机器运转过程中可以随时进行接合或分离。另外，离合器也可用于过载保护等，通常用于机械传动系统的起动、停止、换向和变速等操作，如图 11-7 所示。

离合器的特点是工作可靠、接合平稳、分离迅速而彻底、动作准确、调节和维修方便、操作方便省力、结构简单等。

离合器的类型很多，一般的机械式离合器有啮合式和摩擦式两大类。常用离合器的类型、结构特点和应用见表 11-3。

小 提 示

联轴器和离合器在功能上的共同点：均用于轴与轴之间的连接，使两轴一起转动并传递转矩。

联轴器和离合器在功能上的区别：联轴器只有在机器停止运转后才能将其拆卸，使两轴分离；而离合器可在机器运动过程中随时使两轴接合或分离。

图 11-7　离合器

表 11-3　常用离合器的类型、结构特点和应用

类型	图示	实物	应用
牙嵌式离合器			适用于低速或停机时的接合
齿形离合器			多用于机床变速器

续表

类型	图示	实物	应用
多片式摩擦式离合器	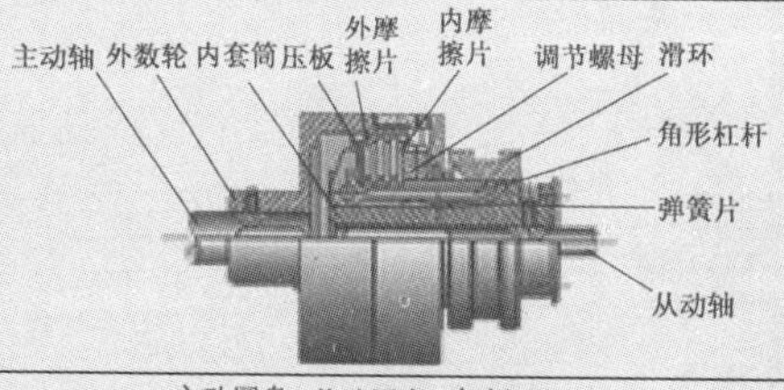 主动轴 外数轮 内套筒 压板 外摩擦片 内摩擦片 调节螺母 滑环 角形杠杆 弹簧片 从动轴		适用于低速或停机时的接合
摩擦式离合器	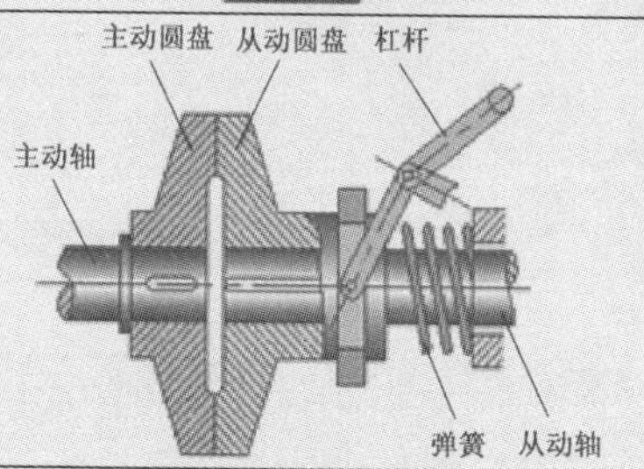 主动圆盘 从动圆盘 杠杆 主动轴 弹簧 从动轴		适用于低速或停机时的接合
超越式离合器	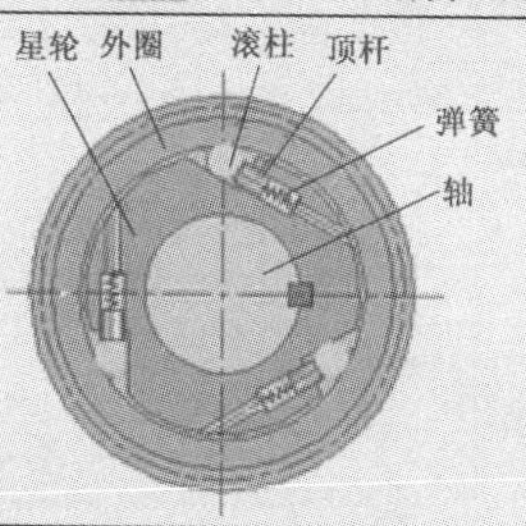 星轮 外圈 滚柱 顶杆 弹簧 轴		适用于低速或停机时的接合

案例 11-1 分析

　　汽车用离合器安装在发动机的飞轮和变速器之间，保证汽车的平稳起步和变速器的顺利换档，同时防止传动系统过载，保证发动机的安全。汽车离合器有摩擦式离合器、液力变矩器（液力耦合器）、电磁离合器等多种。其中，摩擦式离合器又分为湿式和干式两种。

　　湿式摩擦式离合器一般为多盘式，浸在油中便于散热，采用若干个螺旋弹簧作为压紧弹簧，并将这些弹簧沿压盘圆周分布。采用膜片弹簧作为压紧弹簧的离合器称为膜片弹簧离合器。

　　乘用车一般采用膜片弹簧离合器，如案例图 11-1 所示。膜片弹簧像一把小伞，利用其弹性压紧从动盘，将发动机飞轮的驱动力传递给变速器；如果在小伞的顶部加力，小伞四周将向上翘起，这时从动盘与飞轮开始脱离，达到减少接触或完全分离的目的。

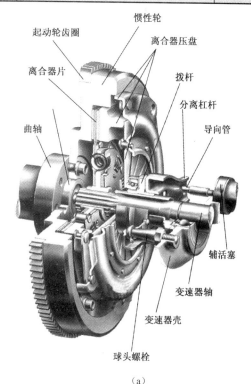

惯性轮
起动轮齿圈
离合器压盘
离合器片
拨杆
分离杠杆
曲轴
导向管
辅活塞
变速器轴
变速器壳
球头螺栓

（a）

案例图 11-1　汽车膜片弹簧离合器

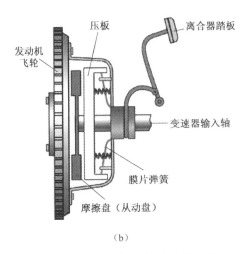

压板

离合器踏板

发动机
飞轮

变速器输入轴

膜片弹簧

摩擦盘（从动盘）

（b）

案例图 11-1　汽车膜片弹簧离合器（续）

11.3　制　动　器

当人们骑车发现前面有情况时就会制动，其目的是让车能尽快地停下。同样，在一些机械设备中，为了降低某些运动部件的转速或使其停止，就要利用制动器。

制动器是具有使运动部件（或运动机械）减速、停止或保持停止状态等功能的装置。它是使机械中的运动件停止或减速的机械零件，

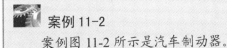

案例 11-2

案例图 11-2 所示是汽车制动器。

问题：

汽车制动器是如何工作的，属于哪一类制动器？

俗称刹车闸。制动器主要由制架、制动件和操纵装置等组成。制动器分为工业制动器和汽车制动器两类。有些制动器还装有制动件间隙的自动调整装置，它对重载汽车的驾驶人有着很好的保驾护航的作用。为了减小制动力矩和结构尺寸，制动器通常装在设备的高速轴上，但对安全性要求较高的大型设备（如矿井提升机、电梯等）则应装在靠近设备工作部分的低速轴上。

散热孔

制动钳

轮毂
制动盘

案例图 11-2　汽车制动器

制动器是利用摩擦力矩来降低机器运动部件的转速或使其停止回转的装置，其构造和性能必须满足以下要求。

（1）能产生足够的制动力矩。

（2）结构简单，外形紧凑。

（3）制动迅速、平稳和可靠。

（4）制动器的零件要有足够的强度和刚度，还要有较高的耐磨性和耐热性。

（5）调整和维修方便。

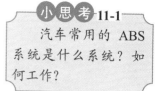

按制动零件的结构特征，制动器一般可分为带式、内涨式、外抱块式等，具体的结构特点和应用见表 11-4。

表 11-4 制动器的结构特点和应用

类型	结构简图	工作简图	结构特点和应用
带式制动器	制动轮 制动带 杠杆 F		当力 F 作用时，利用杠杆机构收紧闸带而抱住制动轮，靠带与轮间的摩擦力达到制动的目的。结构简单，径向尺寸小，但制动力不大。为了增大摩擦作用，闸带材料一般为钢带上覆以石棉或夹铁纱帆布
内涨蹄式制动器（鼓式制动器）			两个制动蹄分别通过两个销轴与机架铰接，制动蹄表面装有摩擦片，制动轮与需制动的轴固连。制动时，由泵产生推力克服弹簧力使制动蹄压紧制动轮，从而使制动轮制动。这种制动器结构紧凑，广泛应用于各种车辆和尺寸受限制的机械中
外抱块式制动器	4 5 3 2 1 2 6 1-制动轮；2-制动块；3-弹簧；4-制动筒；5-推杆；6-松闸器		制动和起动迅速、尺寸小、质量轻，但制动时冲击大，不适用于制动力矩大和需频繁起动的场合
锥形制动器	传动轴 内锥体 外锥体 箱体壁		可依靠锥面的摩擦实现制动。锥形制动器一般应用在较小扭矩的制动上

续表

类型	结构简图	工作简图	结构特点和应用
浮钳盘式制动器	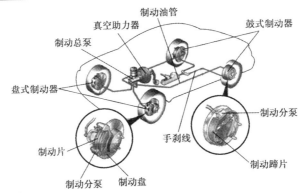		又称点盘式制动器，结构简单，质量小，散热性好，但制动时单位压力很高，摩擦面的温度较高，因此，对摩擦材料的要求也较高

案例图 11-3　汽车用制动器工作原理

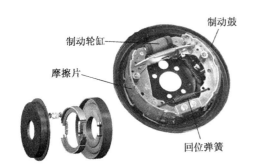

（a）鼓式制动器结构图

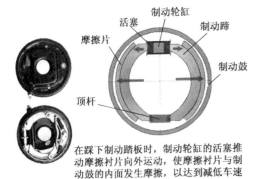

在踩下制动踏板时，制动轮缸的活塞推动摩擦衬片向外运动，使摩擦衬片与制动鼓的内面发生摩擦，以达到减低车速的目的

（b）鼓式制动器工作原理示意图

案例图 11-4　鼓式制动器结构和工作原理

案例 11-2 分析

汽车制动器是指产生阻碍车辆运动或运动趋势的力（制动力）的部件，其中也包括辅助制动系统中的缓速装置。其工作原理就是将汽车的动能通过摩擦转换成热能，如案例图 11-3 所示。

汽车所用的制动器几乎都是摩擦式的，可分为鼓式和盘式两大类。

鼓式制动器主要包括制动轮缸、制动蹄、制动鼓、摩擦片、回位弹簧等部分。主要通过液压装置将摩擦片与随车轮转动的制动鼓内侧面发生摩擦，从而起到制动的效果，如案例图 11-4 所示。

盘式制动器也称碟式制动器，主要由制动盘、制动钳、摩擦片等部分构成。盘式制动器通过液压系统把压力施加到制动钳上，使制动摩擦片与随车轮转动的制动盘发生摩擦，从而达到制动的目的，如案例图 11-5 所示。

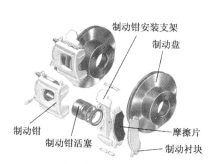

制动钳安装支架
制动盘
制动钳
制动钳活塞
摩擦片
制动衬块

（a）盘式制动器结构图

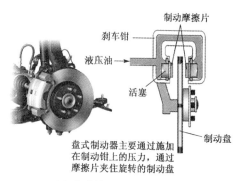

制动摩擦片
刹车钳
液压油
活塞
制动盘

盘式制动器主要通过施加在制动钳上的压力，通过摩擦片夹住旋转的制动盘

（b）盘式制动器工作原理示意图

案例图 11-5 盘式制动器结构和工作原理示意图

小 提 示

ABS（Anti-locked Braking System）即防抱死制动系统。它是一种具有防滑、防锁死等优点的汽车安全控制系统，已广泛应用于汽车上。ABS 主要由 ECU 控制单元、车轮转速传感器、制动压力调节装置和制动控制电路等部分组成，如案例图 11-6 所示。

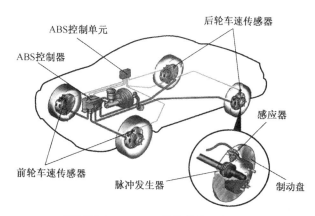

ABS控制单元
ABS控制器
后轮车速传感器
感应器
前轮车速传感器
脉冲发生器
制动盘

案例图 11-6 ABS 系统结构示意图

11.4 工程应用案例：卷扬机

卷扬机常用在船上来拉锚，或者用在升降机、起重机上来拉缆绳。如图 11-8 所示为卷扬机所用凸缘联轴器，已知电动机功率 $P = 10\text{kW}$，转速 $n = 960\text{r/min}$，电动机轴的直径和减速器输入轴的直径均为 42mm，试选择电动机与减速器之间联轴器。

【解】 为了缓和冲击和减轻振动，选用弹性套柱销联轴器。由表 11-2 查得，工作情况系数 $K = 2.3$。因此根据式（11-1）计算转矩为

$$T_{ca} = KT = 2.3 \times 9550 \times \frac{P}{n} = 2.3 \times 9550 \times \frac{10}{960}$$

$$\approx 228.8(\text{N} \cdot \text{m})$$

联轴器

图 11-8 卷扬机

由《机械设计手册》选取弹性套柱销联轴器 TL6，它的额定转矩（即许用转矩）为 250N·m，当半联轴器材料为钢时，许用转速为 3800r/min，允许的轴孔直径为 32～42mm。以上数据均符合本题要求，故所选用的联轴器合适。

习　题

11-1　试比较齿式联轴器、滚子链联轴器和滑块联轴器的优缺点。

11-2　如题 11-2 图所示为起重机小车机构，电动机 1 通过联轴器 A、减速器 2 和联轴器 B 带动两个车轮在凸形钢轨 3 上行驶，因车轮轴太长，安装困难，故用一中间轴 4 通过联轴器 C、D 相连接，两车轮应同步转动，试选 A、B、C、D 四个联轴器的类型。

11-3　如题 11-3 图中所示为用一凸缘联轴器连接两轴，但图未画完全，试将此图完成（用普通螺栓连接）。

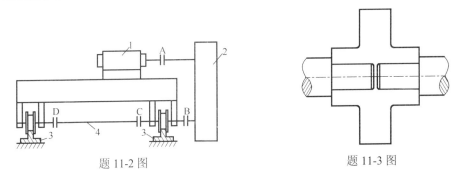

题 11-2 图　　　　　　　　　　题 11-3 图

11-4　如题 11-4 图中所示为弹性柱销齿式联轴器，若柱销中心所在圆直径 $D_0 =$ 120mm，柱销直径 $d = 20$mm，柱销长度 $L = 30$mm，许用切应力 $[\tau] = 10$MPa，在圆周上均匀分布了 6 个柱销。试计算此联轴器能传递的转矩 T。（注：考虑受力不均，按一半柱销受力计算。）

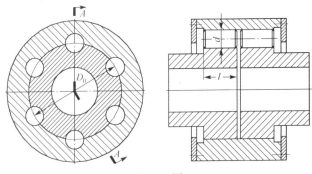

题 11-4 图

扩展阅读：宝马 xDrive 全时四驱系统

从 1985 年第一辆搭载四驱系统的 325iX 面世至今，宝马（BMW）全时四驱技术已经发展了 26 年，而在过去的 26 年内，宝马的智能全时四驱技术为人们在驾驶车辆时提供了更好的驾驶乐趣和更好的安全保证。从起初的前后恒定动力配比到后来更加全面的 xDrive 智能全时四驱技术，宝马的技术人员通过 26 年不断地钻研与积累，为人们带来了现在这套公路性能与越野性能两不耽误的 xDrive 全时智能四驱系统（图 11-9）。

汽车四驱技术发展到今天，已不再只由纯机械式中央差速器负责前后轮的动力分配，由 ECU 行车电脑配合差速器完成动力分配已不是新鲜事了，最先进的公路四驱几乎可以精确分配每个车轮的动力。xDrive 正是这样的四轮起动技术，它采用多片离合器来控制动力分配。前后轴动力的分配由 ECU 精确控制，并且 xDrive 的多片离合以反应快著称，这使得宝马汽车的操控性能提升到了空前的高度。

宝马四驱车型采用的中央分动器，如图 11-10 所示,大致可以分为两种结构，其中原则上传递扭矩在 400N·m 以下的使用齿轮传动式［图（a）］，而传递扭矩在 400N·m 以上的采用链条传动式［图（b）］。

xDrive 的多片式离合器位于变速器和万向轴之间，它可以在前后轴之间自由分配驱动力。像所有 BMW 汽车一样，一根驱动轴通向后轴，而另一根则通向发动机旁边的前轴。电控发动机瞬间即可将离合器碟片压在一起。压力越大，通过链式万向轴传至前轴的动力就越大。压力消失时，离合器碟片分离，所有的动力都传至后轴。

（a）实物图

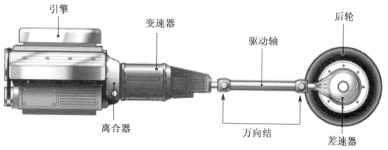

（b）示意图

图 11-9　宝马 xDrive 系统

（a）齿轮传动式分动器　　　　　　　　　（b）链条传动式分动器

图 11-10　宝马四驱车型采用的中央分动器

在正常驾驶条件下，xDrive 系统按照 40∶60 的比例分配发动机动力。在路面情况复杂时，xDrive 通过预测车身姿态的改变，电脑控制液压压合多片离合器，进而进行前后轴的分配。对道路和驾驶条件的变化作出反应，改变纵向驱动力的分配。

行驶过程中，如果系统发现车辆可能转向不足，也就是前轮开始被拖向弯道外侧，就会给前桥减少分配的扭矩，将几乎所有动力都输送至后桥。该系统还不断与动态稳定系统 DSC 交换信息，从而可以从一开始就识别车轮打滑。一旦出现车轮打滑，电动机会锁定 xDrive 的多片式离合器，并通过额外的驱动力矩使车轮拥有更好的附着力，同时空转的车轮也会得到刹车装置的有效控制。这就意味着，无论路面如何突然变化，都会有适量的扭矩被输送到抓地性最好的车轮上，即使是在部分结冰的道路上。

第12章 螺纹连接

从运动角度而言,机械是由构件组成的。从装配角度而言,机械是由零件组成的。有的零件之间存在相对运动,而有的零件之间则没有相对运动。为了对整个机械进行运动学、动力学等其他分析的方便,可在结构上对整个机械进行简化,将其简化为由不同的构件组成。当某一构件由多个零件组成时,就要考虑这些零件如何连接在一起的问题。图12-1所示为汽车车轮与轮胎,其中车轮的轮毂和轮辐由螺栓连接而成。

图 12-1 汽车车轮与轮胎

车轮轮毂和轮辐之间的连接螺栓结构如何,尺寸大小多少,如何进行设计和选用。这些问题,通过本章的学习,都可以得到答案。在机械产品中,是否还有其他零件、其他方式将零件连接起来,还有哪些机械要用到连接结构?在日常生活中,能否找到连接的应用?

本章知识要点 ▶▶

(1)掌握螺纹的结构和尺寸。
(2)了解螺纹的类型和应用场合。
(3)掌握螺纹连接的类型和结构。
(4)掌握螺纹连接零件的设计计算。
(5)掌握提高螺纹连接零件强度的措施。

兴趣实践 ▶▶

观察自行车和管道内部哪些部位存在螺纹连接,分别属于何种螺纹类型和螺纹连接类型。

探索思考 ▶▶

在选用或设计螺纹连接零件时,为什么有的需要进行详细的设计计算,而有的仅需要根据经验选用即可。

预习准备 ▶▶

请预先复习以前学过的制图知识,特别是螺纹紧固件的标准画法。

12.1 螺纹的类型、参数和标注

在机械制造中，连接是指被连接件与连接件的组合。就机械零件而言，被连接件有轴和轴上零件（如齿轮等各种轮类零件）、轮圈与轮心、箱体与箱盖、焊接零件中的钢板与型钢等，如图 12-2 所示。连接件又称紧固件，如螺栓、螺母、销钉、铆钉等。有些连接则没有专门的紧固件，如靠被连接件本身变形组成的过盈连接、利用分子结合力组成的焊接和黏接等。

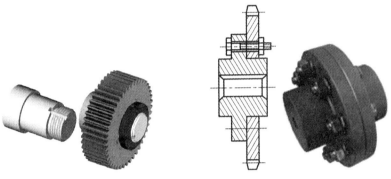

图 12-2 被连接件

连接可分为可拆的和不可拆的。允许多次装拆而无损于连接使用性能的连接称为可拆连接，如螺纹连接、键连接和销连接。若不损坏组成零件就不能拆开的连接则称为不可拆连接，如焊接、黏接和铆接。

12.1.1 螺纹的类型和应用

当看到螺纹时，会发现螺纹是螺旋上升或下降的。因此，可以认为螺纹是某一通过螺纹所在圆柱体轴线的截面随螺旋线上升或下降而成，如图 12-3 所示。截面形状不同，所形成的螺纹类型也不相同。螺纹连接的自锁条件为

$$\psi \leqslant \rho_{v} = \arctan \frac{f}{\cos \beta} \qquad (12\text{-}1)$$

式中，ψ 为螺纹升角；ρ_{v} 为当量摩擦角；f 为内外螺纹旋合时的摩擦系数；β 为不同螺纹类型的牙侧角。因此可知，β 不同，自锁性能也不相同。

（1）按螺纹的牙型即截面形状来分:可分为三角形螺纹、梯形螺纹、矩形螺纹和锯齿形螺纹，如图 12-4 所示。这四种螺纹的截面形状不同，应用场合和功能特点也各不相同。三角形螺纹的牙型角为 60°，两侧的牙侧角均为 30°，当量摩擦角 ρ_{v} 最大，最易自锁，主要用于连接；而后三种螺纹的牙型角和牙侧角均较小甚至为 0°，

 案例 12-1

日常生活中，很多地方都会用到螺纹连接，请仔细观察。

问题:

（1）案例图 12-1 所示的水龙头的螺纹是哪种螺纹？日常用水是怎么输送到千家万户的？

（2）案例图 12-2 中的家具是如何将板料和铰链（合页）连接而成的？

（3）案例图 12-3 所示的旋转圆拖是如何实现手压清洗和脱水功能的？

当量摩擦角 ρ_{v} 较小，不易自锁，主要用于传动。

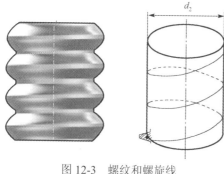

图 12-3　螺纹和螺旋线

案例图 12-1　水龙头

案例图 12-2　家具板材连接

案例图 12-3　旋转圆拖

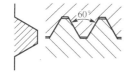 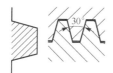  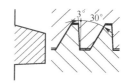

（a）三角形螺纹　　　　（b）梯形螺纹　　　　（c）矩形螺纹　　　　（d）锯齿形螺纹

图 12-4　四种截面形状和螺纹类型

三角形螺纹在用于连接时，可按应用场合分为普通螺纹和管螺纹。普通螺纹主要用于保证连接件和被连接件之间的固定性，而管螺纹主要用于保证密封性。

在国家标准中，把牙型角为 60° 的三角形米制螺纹称为普通螺纹，以大径 d（外螺纹）或 D（内螺纹）为公称直径。同一公称直径下，螺距最大的为粗牙螺纹，其他均称为细牙螺纹。粗牙螺纹应用较为广泛。

梯形螺纹、矩形螺纹和锯齿形螺纹在用于传动时，由于牙侧角大小的不同，传动的效率、加工工艺、牙根强度均不同。

案例 12-1 分析

（1）案例图 12-1 所示的水龙头的螺纹主要用于管道连接，保证其密闭性要求。日常用水是通过管道连接阀门等管道配件由水源地输送到家家户户。燃气、暖气同样如此。

（2）案例图 12-2 中的家具是用螺钉将板料、铰链（合页）连接而成的。

（3）案例图 12-3 所示的旋转圆拖是靠螺纹传动来实现手压清洗和脱水功能的。

（2）按螺旋线的绕行方向来分：可分为左旋螺纹和右旋螺纹，右旋螺纹比较常见。

（3）按螺纹所在的位置来分：可分为外螺纹和内螺纹，在圆柱体外表面上的螺纹为外螺纹，如螺栓、螺钉和螺柱均为外螺纹。在圆柱体内表面，或者内孔圆柱面上形成的螺纹为内螺纹。

（4）按螺纹的作用来分：可分为连接螺纹和传动螺纹。连接螺纹的自锁性能要好。传动螺纹的传动效率尽可能高。

（5）按螺纹的线数来分：可分为单线螺纹和多线螺纹。单线螺纹主要用于连接，而多线螺纹主要用于传动。

12.1.2 螺纹的参数

由螺纹的牙型可知，螺纹有牙顶、牙底、牙侧之分，如图 12-5 所示。

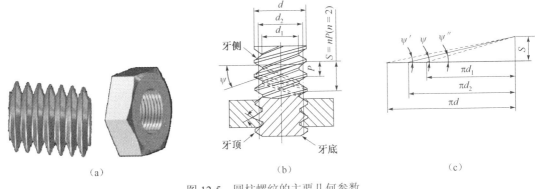

图 12-5 圆柱螺纹的主要几何参数

（1）**大径** d（D）。与外螺纹牙顶（内螺纹牙底）相重合的假想圆柱体的直径，通常为螺纹的公称直径。

（2）**小径** d_1（D_1）。与外螺纹牙底（内螺纹牙顶）相重合的假想圆柱体的直径，数值最小，常作为强度计算时螺杆危险截面的计算直径。

（3）**中径** d_2（D_2）。处于大径和小径之间的一个假想圆柱体的直径。该圆柱体的母线上螺纹牙齿的厚度与牙槽宽度相等，中径主要用于内外螺纹的配合和互换。

（4）**螺距** P。相邻两螺纹牙对应点在中径线上的轴向距离。

（5）**导程** S。在同一条螺旋线上，相邻两螺纹牙对应点在中径线上的轴向距离。也为螺纹上任一点沿同一条螺旋线转一周所移动的轴向距离。多线螺纹 $S = nP$，n 为螺纹的线数。

（6）**螺纹升角** ψ。螺旋线的切线与垂直于螺纹轴线的平面之间的夹角。在螺纹的不同直径处，螺纹的升角不同。通常中径处的升角表示为螺纹升角 ψ，得

$$\tan\psi = \frac{S}{\pi d_2} = \frac{nP}{\pi d_2} \tag{12-2}$$

（7）**牙型角** α 和**牙侧角** β。在螺纹过轴线的截面内，螺纹牙两侧边的夹角为牙型角 α。螺纹牙侧边与螺纹轴线的垂线间的夹角称为牙侧角 β，也称牙型半角。对称牙型的牙型角 $\alpha = 2\beta$，此时牙侧角 β 也称牙型半角。

（8）**线数** n。线数为螺纹的螺旋线数目。沿一根螺旋线形成的螺纹称为单线螺纹。沿两根以上等距螺旋线形成的螺纹称为多线螺纹。在螺距相同的情况下，采用多线螺纹时，传动效率高。

粗牙普通螺纹的基本尺寸见表 12-1。

表 12-1 粗牙普通螺纹的基本尺寸（摘自 GB/T 196—2003） （mm）

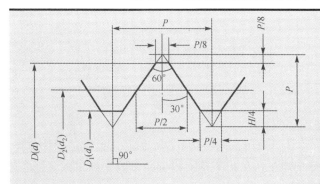

$H = 0.866P$, $d_2 = d - 0.6495P$, $d_1 = d - 1.0825P$

D、d —— 内、外螺纹大径；

D_2、d_2 —— 内、外螺纹中径；

D_1、d_1 —— 内、外螺纹小径；

P —— 螺距。

标记示例：

M24（粗牙普通螺纹、直径 24、螺距 3）

M24×1.5（细牙普通螺纹，直径 24，螺距 1.5）

公称直径（大径）	粗　　牙			细　　牙
D（d）	螺距 P	中径 D_2（d_2）	小径 D_2（d_2）	螺距 P
3	0.5	2.675	2.459	0.35
4	0.7	3.545	3.242	0.5
5	0.8	3.545	4.134	0.5
6	1	5.350	4.918	0.75
8	1.25	7.188	6.647	1，0.75
10	1.5	9.026	8.376	1.25，1，0.75
12	1.75	10.863	10.106	1.5，1.25，1
14	2	12.701	11.835	1.5，1.25，1
16	2	14.701	13.835	1.5，1
18	2.5	16.376	15.294	2，1.5，1
20	2.5	18.376	17.294	
22	2.5	20.376	19.294	
24	3	22.052	20.752	
27	3	25.052	23.752	
30	3.5	27.727	26.211	3，2，1.5，1

12.1.3　螺纹的标注

螺纹类零件采用规定画法后，在图上无法判断螺纹的牙型、螺距和旋向等结构要素，需要在图上对螺纹进行标注。国标规定，应在图上标出螺纹的牙型代号、尺寸代号（大径、导程、螺距线数）、公差带代号（顶径、中径）、螺纹旋合长度代号（短、中、长三种）、旋向代号（左旋、右旋）等。

普通螺纹的牙型代号为 M，有粗牙和细牙之分，粗牙螺纹的螺距可省略不注。中径和顶径的公差带代号相同时，只标注一次。旋合长度为中型（N）时不注，长型用 L 表示，短型用 S 表示。右旋螺纹不标记旋向代号，左旋螺纹旋向代号用"LH"表示。例如，短旋合长度的左旋普通细牙螺纹应标记为 M10×1.5–5g6g–S–LH，表示该螺纹的大径为 10mm，螺距为 1.5mm，顶、中径公差带为 5g 和 6g。

12.2 螺纹连接的基本类型和螺纹紧固件

由连接的定义可知，内外螺纹旋合在一起，才能起到紧固和密闭的作用。因此，可以根据内外螺纹所处圆柱面的具体结构形状，对螺纹连接类型和紧固连接件进行分类。

12.2.1 螺纹连接的基本类型

1. 螺栓连接

当被连接件不太厚、可以加工出通孔，并且可以从两边进行装配时，可以采用螺栓连接。螺栓连接的孔为光孔，不需切制螺纹，结构简单，装拆方便。根据螺栓的光杆和孔壁之间是否有间隙分为普通螺栓连接和铰制孔用螺栓连接。

如图 12-6（a）所示为普通螺栓连接，被连接件的通孔与螺栓光杆间有一定间隙，无论连接承受的是外来轴向载荷还是横向载荷，螺栓都受到拉伸作用。这种连接的优点是通孔的加工精度要求低、结构简单、装拆方便，故应用最为广泛。

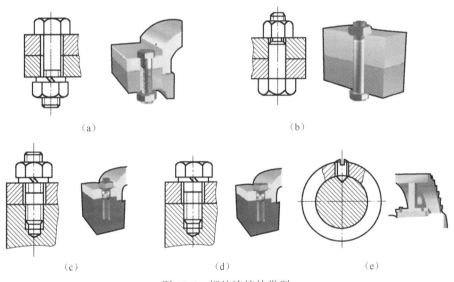

（a）　　　　　　　　　　　　　　　（b）

（c）　　　　　　　（d）　　　　　　　（e）

图 12-6　螺纹连接的类型

如图 12-6（b）所示为铰制孔用螺栓连接，螺栓的光杆和被连接件的孔之间采用基孔制过渡配合，孔的加工精度较大，可视为无间隙，工作时受到剪切和挤压作用，主要用于承受横向载荷或需要精确固定被连接件相对位置的场合。

2. 双头螺柱连接

如图 12-6（c）所示，双头螺柱的两端均有螺纹，其一端旋入被连接件的螺纹孔内，另一端穿过另一被连接件的光孔，旋上螺母完成连接。与普通螺栓相同，螺柱光杆和被连接件的孔壁有间隙，所以不论承受何种载荷，螺柱也都受拉。这种连接用于被连接件之一太厚不宜作成通孔，且需经常装拆或结构上受限制不能采用螺栓连接的场合。

3. 螺钉连接

螺钉连接如图 12-6（d）所示，将螺钉穿过被连接件的光孔，直接拧入另一被连接件的螺纹孔内。与普通螺栓相同，螺钉光杆和被连接件的孔壁有间隙，所以不论承受何种载荷，螺钉都受拉。它主要用于被连接件之一较厚不易作出通孔的场合，由于经常装拆，很容易使螺纹孔损坏，故宜用在不经常装拆的场合。

4. 紧定螺钉连接

如图 12-6（e）所示，紧定螺钉拧入被连接件的螺纹孔，并用螺钉末端顶住另一零件的表面，以固定两零件之间的相互位置，可传递不大的力和转矩，多用于轴与轴上零件的连接。

5. 其他

除以上四种基本连接类型外，还有将机器的底座固定在地基上的地脚螺栓连接［图 12-7（a）］，以及装在机器或大型零、部件的顶盖上便于起吊用的吊环螺钉连接［图 12-7（b）］等。

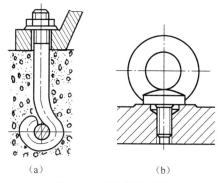

（a） （b）

图 12-7 其他螺纹连接

12.2.2 螺纹紧固件

将具有不同结构形状和相对应的内外螺纹的零件旋合，可以获得不同的螺纹连接类型。这些具有不同结构形状和内外螺纹的零件统称为螺纹紧固件。常见的螺纹紧固件有螺栓（普通螺栓和铰制孔螺栓）、双头螺柱、螺钉、紧定螺钉、螺母（普通螺母和圆螺母）和垫片（弹簧垫片、止动垫片、带翅垫片）等。这些常见紧固件的外形如图 12-8 所示。

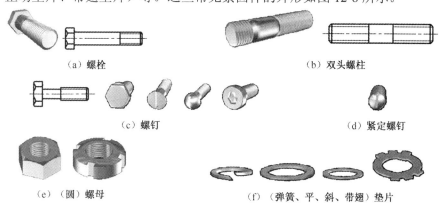

（a）螺栓 （b）双头螺柱

（c）螺钉 （d）紧定螺钉

（e）（圆）螺母 （f）（弹簧、平、斜、带翅）垫片

图 12-8 常见的螺纹紧固件外形

1. 螺栓

螺栓头部形状很多，其中以六角头螺栓应用最广。六角头螺栓又分为标准头和小头两种。小六角头螺栓尺寸小、重量轻，但不宜用于拆装频繁、被连接件抗压强度较低或易锈蚀的场合。

按加工精度不同，螺栓分为粗制和精制。在机械制造中精制螺栓用得较多。螺栓末端应制成倒角。

2. 双头螺柱

双头螺柱两端都制有螺纹，在结构上分为 A 型（有退刀槽）和 B 型（无退刀槽）两种。根据旋入端长度又分为四种规格：$L_1 = d$（用于钢或青铜制螺纹孔）；$L_1 = 1.25d$；$L_1 = 1.5d$（用于铸铁制螺纹孔）；$L_1 = 2d$（用于铝合金制螺纹孔）。

3. 螺钉

螺钉头部形状有半圆头、平圆头、六角头、圆柱头和沉头等。头部起子槽有一字槽、十字槽和内六角孔三种形式。十字槽螺钉头部强度高，对中性好，便于自动装配。内六角孔螺钉能承受较大的扳手力矩，连接强度高，可代替六角头螺栓，用于要求结构紧凑的场合。

4. 紧定螺钉

紧定螺钉的末端形状，常用的有锥端、平端和圆柱端。锥端适用于被紧定零件的表面硬度较低或不经常拆卸的场合；平端接触面积大，不伤零件表面，常用于顶紧硬度较大的平面或经常拆卸的场合；圆柱端压入轴上的凹坑中，适用于紧定空心轴上的零件位置。

5. 螺母与垫片

圆螺母常与带翅垫片配用，装配时将垫片内翅插入轴上的槽内，而将垫圈的外翅嵌入圆螺母的槽内，螺母即被锁紧。常用于滚动轴承的轴向固定。

国家标准规定，螺纹连接件按公差大小分为 A、B、C 三个精度等级。A 级精度等级最高，用于要求配合精确、有冲击振动等重要零件的连接；B 级精度多用于承载较大，经常拆装、调整或承受变载荷的连接；C 级精度多用于一般的螺栓连接。常用的标准螺纹连接件一般选用 C 级精度。

12.3 螺纹连接的预紧和防松

12.3.1 螺纹连接的预紧

绝大多数螺纹连接在装配时需要拧紧，使连接在承受外部工作载荷之前，预先受到拉力的作用，这个预加作用力称为预紧力 F_0。预紧的目的是为了增大连接的紧密性和可靠性，增强连接的刚性和紧密性，以防止受载后被连接件间出现缝隙或发生相对滑移。此外，适当地提高预紧力，还能提高螺栓的疲劳强度。

预紧力也不是越大越好，过大的预紧力会导致连接件在装配或偶然过载时被拉断，影响生产。因此，为了既能保证螺纹有足够的预紧，又不使其过载，对一些重要的连接就需要控制预紧力。

通常规定，螺纹连接的预紧力一般不超过其材料屈服极限 σ_s 的 80%。对于钢制螺栓连接的预紧力 F_0，推荐按下列关系确定：

碳素钢螺栓　　　$F_0 \leqslant (0.6\sim0.7)\sigma_s A_1$

合金钢螺栓　　　$F_0 \leqslant (0.5\sim0.6)\sigma_s A_1$

式中，σ_s 为螺栓材料的屈服极限；A_1 为螺栓危险截面的面积，$A_1 = \pi d_1^2 / 4$，当螺栓局部直径小于其螺杆部分的小径 d_1 时，若有退刀槽或局部空心时，应取最小截面面积计算。

只要螺栓的结构型式、公称直径和材料确定，即可求出预紧力的最大许用值。

预紧时施加的拧紧力矩由两部分组成：螺旋副之间的摩擦力矩 T_1 和螺母支撑面的摩擦力矩 T_2，即

$$T = T_1 + T_2 = F_a \frac{d_2}{2} \tan(\psi + \rho_v) + f_c F_a r_f \tag{12-3}$$

式中，F_a 为轴向力，对于不承受轴向工作载荷的螺纹，F_a 即预紧力 F_0；d_2 为螺纹中径；f_c 为螺母与被连接件支撑面之间的摩擦系数，无润滑时可取 $f_c = 0.15$；r_f 为支撑面摩擦半径，$r_f = \dfrac{D_0 + d_0}{4}$，其中 D_0 为螺母支撑面的外径，d_0 为螺栓孔直径，如图 12-9 所示。

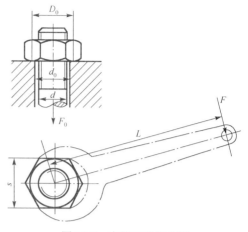

图 12-9　支撑面摩擦力矩

将相关参数代入式（12-3）整理后可得 M10–M64 粗牙普通螺纹的钢制螺栓，拧紧力矩 T 为

$$T = 0.2 F_a d \qquad (12\text{-}4)$$

式中，d 为螺栓的公称直径，mm；F_a 为预紧力，N。

对于一定公称直径 d 的螺栓，当所要求的预紧力 F_0 已知时，可用式（12-4）确定扳手的拧紧力矩 T。

为了保证预紧力 F_0 不致过小或过大，应在拧紧螺栓过程中控制拧紧力矩 T 的大小。其方法有采用测力矩扳手［图 12-10（a）］、定力矩扳手［图 12-10（b）］和装配时测定螺栓伸长［图 12-10（c）］等。

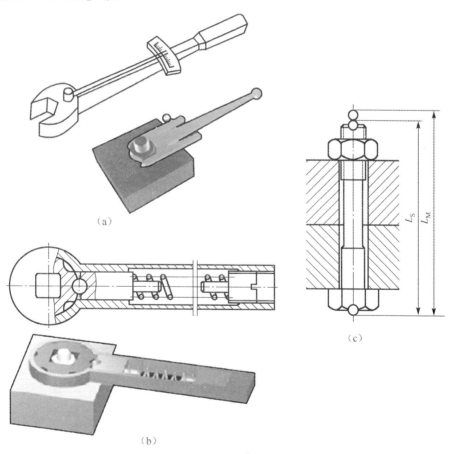

（a）

（c）

（b）

图 12-10　控制拧紧力矩 T 的方法

12.3.2 螺纹连接的防松

在静载荷作用下，连接螺纹升角较小，能满足自锁条件，但在受冲击、振动或变载荷和温度变化大时，连接有可能自动松脱，容易发生事故。因此在设计螺纹连接时，必须考虑防松问题。

防松的根本问题在于防止螺纹副的相对转动。按工作原理有三种防松方式：①利用摩擦力防松；②利用机械元件直接锁住防松；③破坏螺纹副的永久防松。常用的防松方法见表 12-2。

表 12-2 螺纹连接常用的防松方法

防松方法		结构形式	特点和应用
摩擦防松	对顶螺母	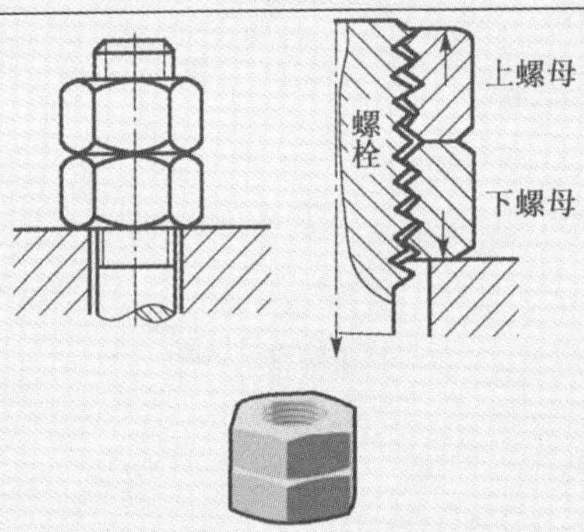	两螺母对顶拧紧后，使旋合螺纹间始终受附加的压力和摩擦力的作用。工作载荷有变动时，该摩擦力仍然存在，旋合螺纹间的接触情况如图所示，下螺母螺纹牙受力较小，其高度可小些，但为了防止装错，两螺母的高度取成相等为宜。结构简单，适用于平稳、低速和重载的连接
	弹簧垫圈	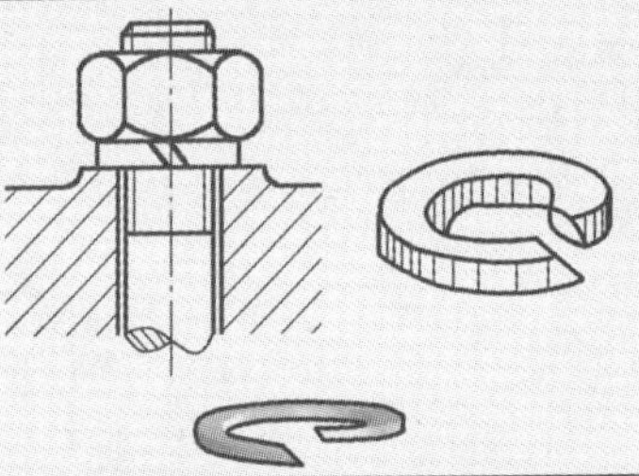	螺母拧紧后，靠垫圈压平而产生的弹性反力使旋合螺纹间压紧。同时垫圈斜口的尖端顶住螺母与被连接件的支撑面，也有防松作用。结构简单，防松方便，但由于垫圈的弹力不均，在冲击、振动的工作条件下，其防松效果较差，一般用于不甚重要的连接
	自锁螺母	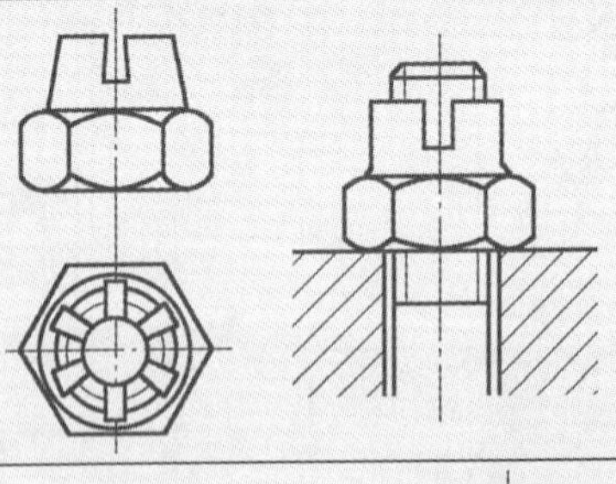	螺母一端制成非圆形收口或开缝后径向收口。当螺母拧紧后，收口涨开，利用收口的弹力使旋合螺纹间压紧。结构简单，防松可靠，可多次装拆而不降低防松性能。适用于较重要的连接
机械防松	开口销与槽形螺母	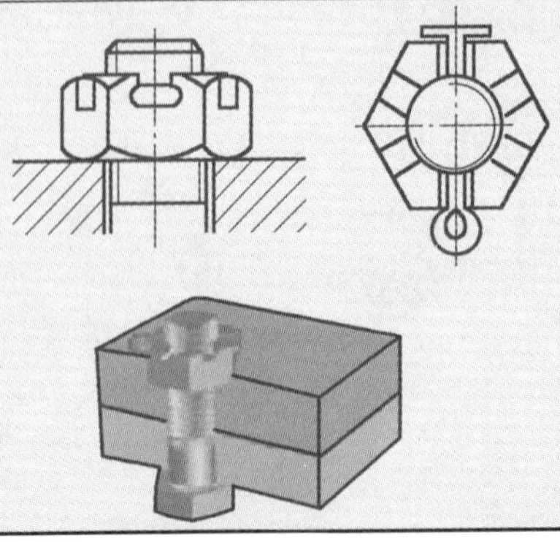	槽形螺母拧紧后将开口销穿入螺栓尾部小孔和螺母的槽内。并将开口销尾部扒开与螺母侧面贴紧。也可用普通螺母代替槽形螺母，但需拧紧螺母后再配钻销孔。适用于较大冲击、振动的调速机械中的连接

防松方法		结构形式	特点和应用
机械防松	止动垫圈	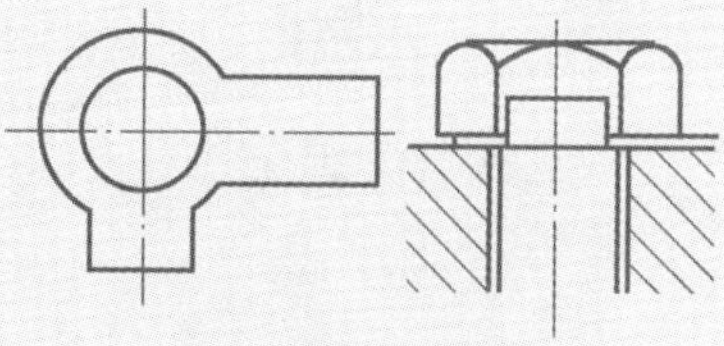 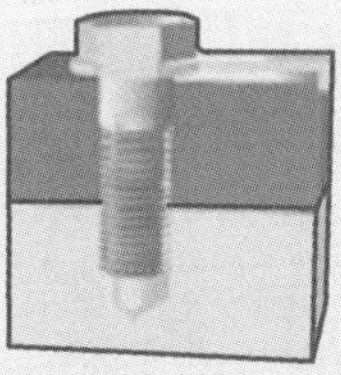	螺母拧紧后，将单耳或双耳止动垫圈分别向螺母和被连接件的侧面折弯贴紧，即可将螺母锁住。若两个螺栓需要双联锁紧时，可采用双联止动垫圈，使两个螺母相互制动。 结构简单、使用方便、防松可靠
	串联钢丝	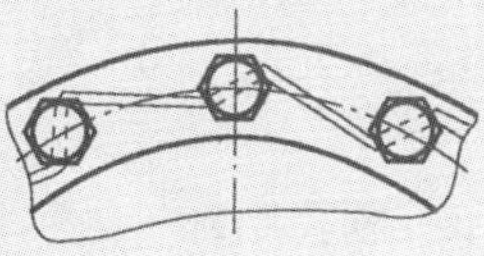 （a）正确 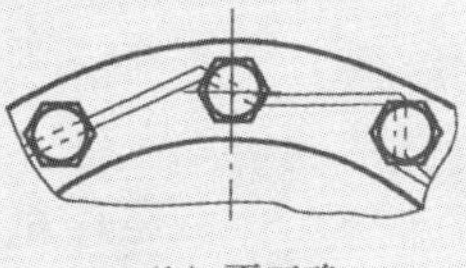 （b）不正确 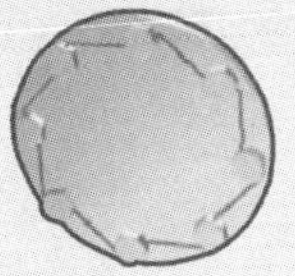	用低碳钢丝穿入各螺钉头部的孔内，将各螺钉串联起来，使其相互制动，使用时必须注意钢丝的穿入方向［（a）图正确、（b）图错误］。 适用于螺钉组连接，防松可靠，但装拆不便
永久防松	端铆	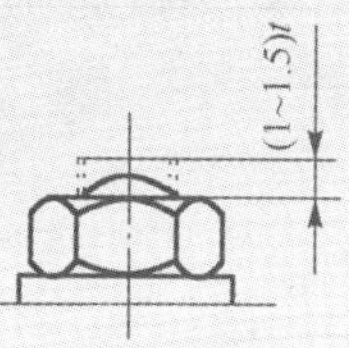	螺母拧紧后，把螺栓末端伸出部分铆死，防松可靠，但拆卸后连接件不能重复使用。适用于不需拆卸的特殊连接
	冲点	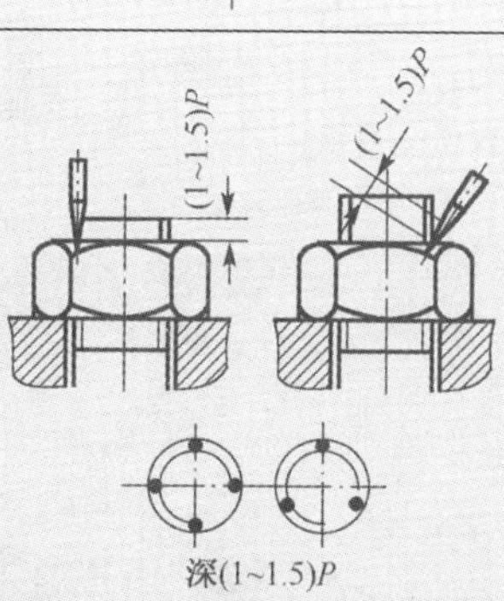 深$(1\sim1.5)P$	螺母拧紧后，利用冲头在螺栓末端与螺母的旋合缝处打冲。利用冲点防松。 防松可靠，但拆卸后连接件不能重复使用，适用于不需拆卸的特殊连接
	涂黏合剂	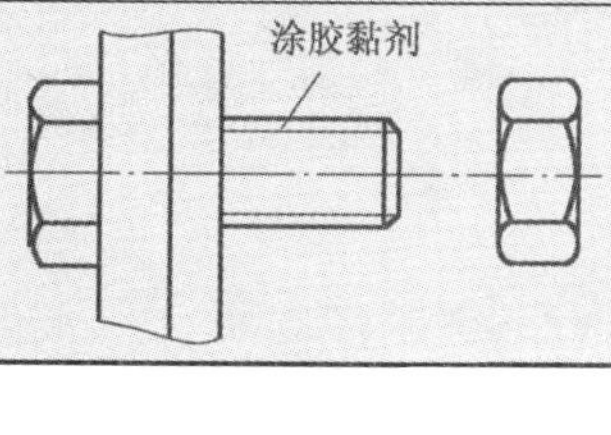	用黏合剂涂于螺纹旋合表面，拧紧螺母后黏合剂能自行固化，防松效果良好

12.4　螺栓的强度计算

本节以单个螺栓连接为代表讨论单个螺纹连接件的强度计算方法。普通螺栓连接的强度计算方法对双头螺柱连接和螺钉连接也同样适用。

12.4.1　螺栓的失效形式和设计准则

对于单个螺栓，所受工作载荷主要是平行于螺栓轴线的轴向工作载荷和垂直于螺栓轴线的横向工作载荷两大类。在承受横向工作载荷时，可选用普通螺栓连接和铰制孔用螺栓连接。而在承受轴向工作载荷时，选用结构较简单、加工要求低的普通螺栓连接。

在承受轴向工作静载荷时，普通螺栓受拉，螺栓的主要失效形式是螺栓杆和螺纹部分的塑性变形和断裂。在轴向外部变载荷的作用下，螺栓的失效形式为螺栓杆的疲劳断裂，且常发生在螺纹根部和有应力集中的部位。

在承受横向外部载荷时，普通螺栓连接和铰制孔用螺栓连接的结构不同，受力形式也不同。普通螺栓光杆和孔壁有间隙，如图 12-6（a）所示，承受横向工作载荷时，主要靠接合面上的摩擦力来抵消横向工作载荷，而接合面的摩擦力是由预紧产生的，此时螺栓仍然受拉，所受拉力为预紧拉力 F_0，失效形式与承受轴向载荷的情况一样。而采用铰制孔用螺栓时，螺栓光杆和孔壁没有间隙，如图 12-6（b）所示，主要依靠螺栓杆和孔壁的挤压以及螺栓杆的剪切来抵消工作载荷，失效形式主要是接触面的压溃和螺栓杆的剪断。

因此，螺栓的设计准则为：对于受拉螺栓，需保证螺栓有足够的拉伸强度；对于受剪螺栓，则保证连接的挤压强度和螺栓的剪切强度，其中连接的挤压强度对连接可靠性起决定性作用。

当螺栓的材料一定时，螺栓强度的计算实质上是确定螺栓的直径或核算其危险截面的强度。螺母、垫圈不必进行强度计算，可直接按公称尺寸选择合适的标准件。

螺栓工况所决定的螺栓的受力、失效形式都不一样。根据工作之前是否受载，将螺栓连接分为松螺栓连接和紧螺栓连接。

案例 12-2

在现实生活和工业生产中会用到各种螺纹连接件，这些螺纹所承受的载荷也各不相同。在实际运用中，需要根据载荷的大小和性质选用不同的螺纹连接方式和螺纹大小。

问题：

案例图 12-4 所示的单个螺栓连接分别承受什么载荷？

（a）凸缘联轴器　　　　　（b）法兰连接

案例图 12-4　螺纹连接的应用

12.4.2　松螺栓连接

装配时不需拧紧的螺栓连接，称为松螺栓连接，例如，吊钩所用螺栓连接。这种螺栓仅在工作时受载，主要受轴向工作载荷 F 的作用。这种连接应用范围有限，如拉杆装置、起重吊钩、定滑轮连接螺栓等，如图 12-11 所示。其强度计算条件为

$$\sigma = \frac{F}{\dfrac{\pi d_1^2}{4}} \leqslant [\sigma] \qquad (12\text{-}5)$$

式中，σ 为螺栓的拉应力，MPa；d_1 为螺栓危险截面直径即螺纹小径，mm；$[\sigma]$ 为螺栓材料的许用拉应力，MPa。

图 12-11　松螺栓连接

12.4.3　紧螺栓连接

装配时必须预紧的螺栓连接，称为紧螺栓连接，这种螺栓在工作之前已经受预紧力 F_0 的作用。在大多数螺栓连接中，工作之前都需要拧紧。因此本章学习的重点是紧螺栓连接。

在拧紧力矩的作用下，螺栓危险截面上除受到预紧力 F_0 的拉伸而产生拉伸应力外，还要受到螺纹副间摩擦力矩的扭转而产生扭转切应力。此时，螺栓处于拉伸应力和扭转应力的复合作用下。由于螺栓材料为塑性材料，根据第四强度理论，螺栓在预紧时的当量应力为

$$\sigma_{ca} = \sqrt{\sigma^2 + 3\tau^2} \approx 1.3\sigma \qquad (12\text{-}6)$$

由此可见，对于紧螺栓连接，在拧紧时虽然同时承受拉伸和扭转的联合作用，但在计算时可以只按拉伸强度计算，并将所受的拉应力增大 30% 来考虑扭转的影响。只要采用紧螺栓连接，在对受拉螺栓进行强度计算时，计算应力或当量应力为原拉伸应力的 1.3 倍。

因此，预紧后单个螺栓受拉，拉力 F_a 为预紧拉力 F_0，其强度条件为

$$\sigma = \frac{1.3 F_a}{\pi d_1^2 / 4} \leqslant [\sigma] \qquad (12\text{-}7)$$

1. 受横向工作载荷的螺栓连接

在图 12-12 中，单个螺栓承受垂直于螺栓轴线方向的横向工作载荷。如上所述，当分别采用普通螺栓和铰制孔用螺栓时，因为连接结构和光杆孔壁间隙的不同，普通螺栓和铰制孔用螺栓承担横向工作载荷的方式不同。

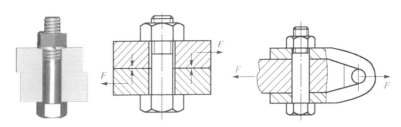

图 12-12　螺栓承受横向工作载荷

1）普通螺栓连接

当采用普通螺栓时，依靠螺栓预紧后在接合面间产生的摩擦力来抵抗横向工作载荷。这时，螺栓仅受预紧拉力 F_0 的作用，并且在施加横向工作载荷前后螺栓所受拉力不变，均等于预紧力 F_0。为了保证连接可靠，防止被连接件之间发生相对滑动，接合面之间的最大摩擦力必须大于横向工作载荷 F，即要满足如下条件：

$$mfF_0 \geqslant CF$$

即

$$F_a = F_0 \geqslant \frac{CF}{mf} \tag{12-8}$$

式中，m 为接合面个数；f 为接合面的摩擦系数，对于钢和铸铁被连接件通常 $f = 0.1 \sim 0.15$，其数值见表 12-3；F_0 为预紧力，N；C 为可靠性系数通常取 $C = 1.1 \sim 1.3$。

当已知单个螺栓的外载荷 F 时，可求出为保证工作可靠，单个螺栓上所需施加的预紧力 F_0，即单个螺栓承受的轴向拉力 F_a，所以当材料已知时，螺栓的小径为

$$d_1 \geqslant \sqrt{\frac{4 \times 1.3 F_a}{\pi[\sigma]}} \tag{12-9}$$

表 12-3　连接接合面间的摩擦系数 f

被连接件	接合面的表面状态	摩擦系数 f
钢或铸铁零件	干燥的加工表面	0.10~0.16
	有油的加工表面	0.06~0.10
钢结构件	轧制表面，钢丝刷清理浮钢	0.30~0.35
	涂富锌漆	0.35~0.40
	喷砂处理	0.45~0.55
铸铁对砖料、混凝土或木材	干燥表面	0.40~0.45

由式（12-8）可知，当 $m = 1$、$f = 0.15$、$C = 1.2$ 时，$F_0 > 8F$，即预紧力为横向载荷的 8 倍，所以螺栓连接依靠摩擦力来承担横向载荷时，尺寸较大。

通常情况下，当用普通螺栓来承担较大的横向载荷时，可用减载键、减载销或减载套筒来承担横向工作载荷，而螺栓仅起连接作用，如图 12-13 所示。

2）铰制孔用螺栓连接

当图 12-12 中采用铰制孔用螺栓连接时，依靠螺栓杆受剪切及螺栓杆与被连接件的挤压来抵抗横向载荷。此连接仅需较小的预紧力，预紧力与挤压力和剪切力相比可忽略不计。若忽略接合面间的摩擦，则剪切和挤压的强度条件分别为

$$\tau = \frac{F}{m\frac{\pi}{4}d_0^2} \leqslant [\tau] \tag{12-10}$$

$$\sigma_{\mathrm{P}} = \frac{F}{d_0 h_{\min}} \leqslant [\sigma_{\mathrm{P}}] \tag{12-11}$$

式中，F 为单个螺栓所受的工作剪力，N；d_0 为螺栓杆的直径，mm；$h_{\min}$ 为螺栓杆与孔壁挤压面的最小高度，mm；$[\sigma_{\mathrm{P}}]$ 为螺栓杆与孔壁中较弱材料的许用挤压应力，MPa；$[\tau]$ 为螺栓材料的许用切应力，MPa。

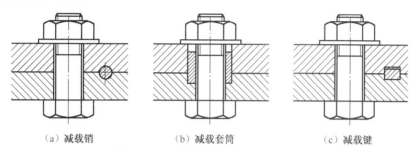

（a）减载销 （b）减载套筒 （c）减载键

图 12-13 减载销、减载套筒和减载键

2. 受预紧力和轴向工作载荷的螺栓连接

承受轴向工作载荷的螺栓连接主要采用普通螺栓连接。这种受力形式在紧螺栓连接中比较常见，因此也是最重要的一种。连接装配时需要预紧，螺栓承受预紧力 F_0。螺栓工作时，由于螺栓和被连接件的弹性变形，螺栓所受总拉力并不等于预紧力 F_0 与工作载荷 F 之和，这与很多因素有关。当螺栓和被连接件的变形在弹性变形范围内，连接的各零件受力应按力的平衡和变形协调条件进行分析。

单个螺栓在承受轴向工作载荷前后的受载情况如图 12-14 所示。

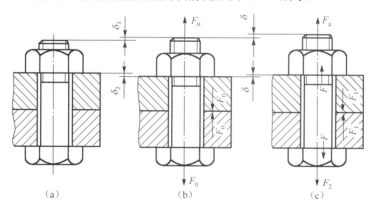

（a） （b） （c）

图 12-14 单个螺栓承受轴向工作载荷

图 12-14（a）所示为螺母刚拧到和被连接件相接触，但尚未拧紧。螺栓和被连接件均不受力，无变形。

图 12-14（b）所示为已拧紧，但尚未施加工作载荷。此时螺栓仅受预紧力 F_0 的拉伸作用，刚度为 k_{b}，拉伸变形量为 δ_1，被连接件受压缩力 F_0 的作用，刚度为 k_{m}，压缩变形量为 δ_2。此时两个被连接件接合面之间的压力为 F_0。

图 12-14（c）所示为承受工作载荷 F 后，此时单个螺栓所受拉力由 F_0 增大至 F_{a}，螺栓的伸长变形量增大 δ。被连接件和螺母因螺栓伸长而有所放松，其压缩变形量减小 δ，压力由 F_0 减至 F_1，F_1 称为残余预紧力。由此可知，施加工作载荷后螺栓所受总拉力 F_{a} 等于工作载

案例 12-2 分析

案例图 12-4（a）为凸缘联轴器，主要承受转矩，转矩作用在垂直于螺栓轴线的方向上，因此，单个螺栓承受的载荷为横向载荷。

案例图 12-4（b）所示为法兰连接，当管道内通入带有压力的流体时，将会对螺栓连接组施加一个平行于轴线方向的作用载荷，因此，单个螺栓承受的载荷为轴向载荷。

荷 F 与残余预紧力 F_1 之和，即

$$F_a = F_1 + F \qquad (12\text{-}12)$$

为了保证连接的紧密性，例如，压力容器和管道的螺栓连接要求不泄漏，防止外载荷 F 过大而预紧力不足，导致被连接件的接合面间出现缝隙，受轴向载荷的紧螺栓连接必须维持一定的残余预紧力 F_1，其大小可按连接的工作条件根据经验选定。

对于一般连接，外载荷稳定时，可取 $F_1 = (0.2 \sim 0.6)F$；外载荷有变动时，$F_1 = (0.6 \sim 1.0)F$；对于压力容器等要求密闭性的螺纹连接，可取 $F_1 = (1.5 \sim 1.8)F$。对于地脚螺栓连接，可取 $F_1 = F$。

求出螺栓所受的总拉力 F_a 后，即可进行螺栓连接的强度计算。考虑到连接可能在外载荷的作用下补充拧紧，与受横向载荷的紧连接相似，螺栓危险截面的强度条件为

$$\sigma = \frac{4 \times 1.3 F_a}{\pi d_1^2} \leqslant [\sigma] \qquad (12\text{-}13)$$

在一般计算过程中，可先根据连接的工作要求规定残余预紧力 F_1，其次由式（12-12）求出总拉伸载荷 F_a，然后按式（12-13）计算螺栓强度。

若轴向工作载荷为 $0 \sim F$ 周期性稳定循环变化，例如，内燃机气缸盖的螺栓连接，则螺栓所受总拉伸载荷应在 $F_0 \sim F_a$ 变化，螺栓的拉应力为变应力。此时除按式（12-13）作静强度计算外，还应对螺栓的疲劳强度进行校核。

小思考 12-1

为什么单个普通螺栓的强度计算方法同样适用于双头螺柱连接和螺钉连接？

12.4.4 单个螺栓的强度计算总结

由 12.4.3 分析可知，单个螺栓的强度计算方法主要取决于所采用螺栓的类型和工作载荷的方向。采用普通螺栓还是铰制孔用螺栓、工作载荷沿轴向还是垂直于轴向，工况不同，螺栓受力和工作载荷的关系、失效形式、强度计算的公式均不相同。采用不同螺栓类型和工作载荷方向时，单个螺栓的受载分析和强度计算公式见表 12-4，表中的载荷均为静载荷且为紧螺栓连接。

表 12-4　单个螺栓的受载分析和强度计算

螺纹连接件	普通螺栓、螺钉、双头螺柱	铰制孔用螺栓	
受载类型	光杆与孔壁有间隙，受拉	光杆与孔壁无间隙，受剪切与挤压	
工作载荷方向	轴向载荷 F	横向载荷 F	
单个螺栓受载与工作载荷关系	$F_a = F_1 + F$	$mf F_0 \geqslant CF, \quad F_a = F_0$	—
强度条件	$\sigma = \dfrac{4 \times 1.3 F_a}{\pi d_1^2} \leqslant [\sigma]$	$\tau = \dfrac{F}{m \dfrac{\pi}{4} d_0^2} \leqslant [\tau]$	$\sigma_P = \dfrac{F}{d_0 h_{\min}} \leqslant [\sigma_P]$

12.4.5 螺纹连接件的材料

在螺栓的强度设计计算过程中，已确定强度公式左侧的计算应力值之后，就可以根据螺栓的材料和加工等确定螺栓的许用应力。国家标准规定了螺纹连接件材料的力学性能，如

表 12-5 所示。螺栓、螺柱、螺钉的性能等级分为 10 级，为 3.6～12.9。小数点前的数字代表材料的抗拉强度极限的 1/100（$\sigma_B/100$），小数点后的数字代表材料的屈服极限与材料的抗拉强度极限之比的 10 倍。例如，性能等级 4.6，其中 4 表示材料的抗拉强度极限为 400MPa，6 表示屈服极限与抗拉强度极限之比为 0.6。螺母的性能等级分为 7 级，为 4～12。选用时，需注意所用螺母的性能等级应不低于与其相配螺栓的性能等级。

表 12-5　螺栓、螺柱、螺钉和螺母的力学性能等级

	性能等级	3.6	4.6	4.8	5.6	5.8	6.8	8.8	9.8	10.9	12.9
螺栓、螺钉、螺柱	抗拉强度极限 σ_B/MPa	300	400	400	500	500	600	800	900	1000	1200
	屈服极限 σ_S/MPa	180	240	320	300	400	480	640	720	900	1080
	推荐材料	低碳钢	低碳钢或中碳钢					低碳合金钢，中碳钢		中碳钢，低、中碳合金钢，合金钢	合金钢
螺母	性能等级	4	5		6	8	9		10		12
	相配螺栓的性能等级	3.6, 4.6, 4.8 ($d>16$)	3.6, 4.6, 4.8 ($d\geqslant16$); 5.6, 5.8		6.8	8.8	8.8 ($d>16\sim39$); 9.8 ($d\leqslant16$)		10.9		12.9 ($d\leqslant39$)

适合制造螺纹连接件的材料品种很多，常用材料有低碳钢和中碳钢。对于承受冲击、振动或变载荷的螺纹连接件，可采用低合金钢和合金钢。标准规定 8.8 和 8.8 级以上的中碳钢、低碳或中碳合金钢都必须经淬火并回火处理。对于特殊用途（如防锈蚀、防磁、导电或耐高温等）的螺纹连接件，可采用特种钢或钠合金、铝合金等，并经表面处理，如氧化、镀锌钝化、磷化等。普通垫圈的材料推荐采用 Q235、15 钢、35 钢，弹簧垫圈用 65Mn 制造，并经热处理和表面处理。

12.4.6　螺纹连接件的许用应力

螺纹连接件的许用应力与载荷性质、装配情况和螺纹连接件的材料、结构尺寸等因素有关。螺纹连接件的许用拉应力为

$$[\sigma]=\frac{\sigma_s}{S} \tag{12-14}$$

螺纹连接件的许用切应力和许用挤压应力分别按式（12-14）确定为

$$[\tau]=\frac{\sigma_s}{S_\tau} \tag{12-15}$$

对于钢有

$$[\sigma_p]=\frac{\sigma_s}{S_p} \tag{12-16}$$

对于铸铁有

$$[\sigma_p]=\frac{\sigma_B}{S_p} \tag{12-17}$$

式中，σ_s，σ_B 分别为材料的屈服极限和强度极限，常用铸铁连接件的 σ_B 可取 200~250MPa；S，S_τ，S_p 为安全系数，见表 12-6。

表 12-6　螺纹连接的安全系数

受载类型		静载荷			变载荷		
松螺栓连接		1.2~1.7					
紧螺栓连接	受轴向和横向载荷的普通螺栓连接 不控制预紧力的计算		M6~M16	M16~M30	M30~M60		M6~M16	M16~M30	M30~M60

紧螺栓连接的表格采用重构：

受载类型			静载荷			变载荷		
松螺栓连接			1.2~1.7					
紧螺栓连接	受轴向和横向载荷的普通螺栓连接	不控制预紧力的计算	M6~M16	M16~M30	M30~M60		M6~M16	M16~M30	M30~M60
			碳钢	4~5	2.5~4	2~2.5	碳钢	8.5~12.5	8.5	8.5~12.5
			合金钢	5~5.7	3.4~5	3~3.4	合金钢	6.8~10	6.8	6.8~10
		控制预紧力的计算	1.2~1.5			2.5~4		
	铰制孔用螺栓连接		钢：$S_\tau = 2.5$，$S_p = 1.25$			钢：$S_\tau = 3.5 \sim 5$，$S_p = 1.5$		
			铸铁：$S_p = 2 \sim 2.5$			铸铁：$S_p = 2.5 \sim 3$		

12.5　螺栓连接的结构设计

上节介绍了单个螺栓连接的计算。在实际工程应用中，螺栓往往成组使用，形成螺栓组连接。计算螺栓组连接时，首先要根据连接的结构和工作情况等确定螺栓的分布和数目；再按连接的工作载荷和结构情况，求出受力最大的螺栓所承受的载荷；然后根据单个螺栓连接的计算方法确定直径。为了减少零件的尺寸规格数目和便于制造装配，其他受力较小的螺栓通常也取相同的直径。

12.5.1　螺栓组连接的结构

螺栓组连接的结构设计内容主要在于合理地选择连接接合面的形状和螺栓组的布置形式，使得连接接合面和各个螺栓受力较均匀，并便于制造装配。为此设计时需综合考虑以下几方面的问题。

（1）连接接合面的形状应设计成中心对称的简单几何形状，如图 12-15 所示。各个螺栓在接合面上对称布置，螺栓组对称中心与接合面形心相重合。例如，螺栓沿圆周均布，则分布在同一圆周上的螺栓数目应取成 4、6、8 等偶数，以便于在圆周上钻孔时的分度和画线。

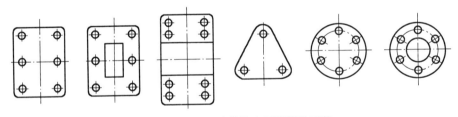

图 12-15　螺栓组连接接合面常用的形状

（2）靠剪切传力时，一般不应在平行于外力的方向排列 8 个以上的螺栓，以免各个螺栓受力不均。

（3）当螺栓组连接承受弯矩或转矩时，应使螺栓的位置适当靠近接合面的边缘，以减小螺栓的受力，如图 12-16 所示。

（4）螺栓的排列应有合理的间距、边距。最小的间距和边距应按扳手所需活动空间的大小来决定。如图 12-17 所示的扳手空间尺寸可查阅有关标准。

（5）避免螺栓承受偏心载荷。图 12-18 所示为螺栓承受偏心载荷情况，这将严重降低螺栓的强度，应在结构设计和制造工艺上避免偏心载荷的产生。例如，在铸、锻件的粗糙表面上装配螺栓时应制成凸台或沉头座；在倾斜表面装配螺栓时，应增设斜面垫圈，如图 12-19 所示。

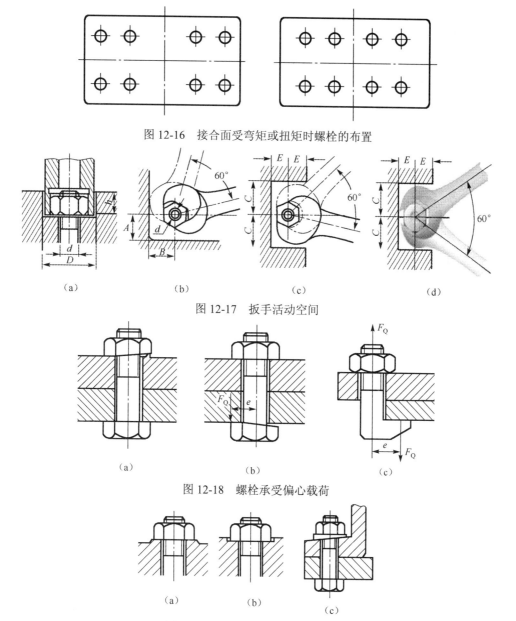

图 12-16 接合面受弯矩或扭矩时螺栓的布置

图 12-17 扳手活动空间

图 12-18 螺栓承受偏心载荷

图 12-19 凸台、沉头座和斜面垫圈

12.5.2 螺栓组连接的受力分析

在实际应用时，螺栓连接常采用多个螺栓，称为螺栓组。螺栓组所受的工作载荷包括轴向载荷、横向载荷、转矩、倾覆力矩和复合载荷等多种类型。根据对螺栓组的受力分析，可求出螺栓组中受力最大的螺栓，从而使整个螺栓组的强度计算简化成受力最大的单个螺栓的强度计算，设计计算过程见第 12.4 节，其他螺栓与受力最大螺栓的规格型号、尺寸完全一致。

为简化计算，常假定如下：①各螺栓直径、长度、材料和预紧力均相同；②螺栓的应变在弹性范围内；③被连接件为刚体，受力后连接接合面仍保持为平面。下面以几种典型的螺栓受载情况进行分析。

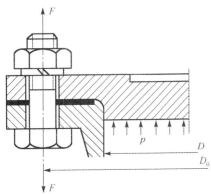

图 12-20　压力容器的螺栓连接

1. 螺栓组受单一轴向工作载荷 F_Σ

图 12-20 所示的压力容器螺栓连接是这种连接的典型实例，螺栓组连接承受轴向的工作载荷 F_Σ。在压力容器内部通入压力流体之前，缸体和缸盖的连接螺栓必须拧紧以保证密闭性。轴向工作载荷只通过螺栓组对称中心并与各螺栓轴线平行。由于螺栓均布，各螺栓分担的工作载荷 F 相等。设螺栓的数目为 z，压力容器通入压强为 p 的压力流体，缸体和缸盖的连接螺栓数目为 z，则每个螺栓平均承受的轴向工作载荷 F 为

$$F = \frac{F_\Sigma}{z} \qquad (12\text{-}18)$$

单个螺栓的工作载荷方向与螺栓轴线平行。加载后，缸体和缸盖之间的接合面仍必须保证有一定的压紧力。

2. 螺栓组受横向工作载荷 F_Σ

横向工作载荷指载荷作用线所在平面与螺栓轴线垂直的载荷。螺栓在工作时通常是成组受载，螺栓组受载情况主要有单一横向工作载荷（图 12-21）、单一转矩（图 12-22）。在图 12-21（a）中，所使用螺栓为普通螺栓，而图 12-21（b）中，所使用螺栓为铰制孔用螺栓。这两类螺栓都可以用于该种工作场合，用来承受横向工作载荷。

1）螺栓组受横向工作载荷 F_Σ

在图 12-21 中，由四个螺栓组成的螺栓组承担总横向工作载荷 F_Σ，单个螺栓均匀分担一部分横向工作载荷。当分别采用普通螺栓和铰制孔用螺栓时，因为连接结构、光杆孔壁间隙的不同，普通螺栓和铰制孔用螺栓承担横向工作载荷的方式不同。由图 12-21 可知，单个螺栓所分担的横向工作载荷为

$$F = \frac{F_\Sigma}{4} \qquad (12\text{-}19)$$

当螺栓组中采用普通螺栓即受拉螺栓时，依靠接合面之间的摩擦力来承受横向工作载荷。因此，结合式（12-8）确定单个螺栓为承受横向工作载荷 F 所施加的预紧力 F_0，即确定螺栓所受拉力 F_a，最后根据式（12-9）进行设计与校核。

当螺栓组中采用铰制孔螺栓即受剪和受挤压螺栓时，依靠螺栓光杆和孔壁的挤压、螺栓受剪来承受横向工作载荷。虽然预紧力和摩擦力同样存在，但忽略不计。因此，当确定了单个铰制孔螺栓所分担的横向载荷 F 后，直接代入式（12-10）、式（12-11）就可设计与校核铰制孔螺栓。

2）螺栓组受转矩 T

联轴器是螺栓组承受转矩最典型的应用实例，各个螺栓轴线与联轴器轴线距离均相等。但在某些场合下，这个距离并不一定相等，如图 12-22 所示的机座底板的螺栓组连接。在旋转力矩 T 的作用下，底板有绕通过底板接合面形心的轴线（简称旋转中心）旋转的趋势。每个螺栓连接都受有横向力，可通过两种方式传递载荷。

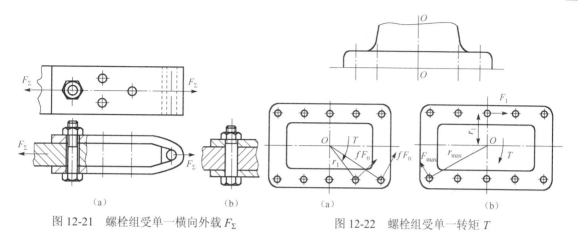

图 12-21　螺栓组受单一横向外载 F_Σ　　　　图 12-22　螺栓组受单一转矩 T

（1）普通螺栓组连接。

如图 12-22（a）所示，图中的螺栓为普通螺栓，拧紧每个螺栓，使螺栓受预紧拉力 F_0，并压紧接合面从而产生相应的摩擦力矩来平衡旋转力矩 T。所有螺栓拧紧后产生接合面之间的摩擦力矩应大于等于旋转力矩 T，即

$$F_0 f r_1 + F_0 f r_2 + \cdots + F_0 f r_z \geqslant CT$$

即

$$F_0 \geqslant \frac{CT}{f r_1 + f r_2 + \cdots + f r_z} \tag{12-20}$$

当确定普通螺栓预紧后所受预紧拉力 F_0 与工作载荷 T 的关系后，又由于螺栓所受拉力即预紧拉力 F_0，再根据式（12-9）对普通螺栓进行拉伸强度校核与设计。

（2）铰制孔螺栓组连接。

如图 12-22（b）所示，图中的螺栓为铰制孔螺栓。靠螺栓杆与被连接件接触承受外加力矩 T。如图 12-22（b）所示，连接中各个螺栓的工作剪力 F_i 与螺栓中心与底板旋转中心 O 的连线垂直，连接中的预紧力与摩擦力忽略不计。则各螺栓的工作剪力对旋转中心的力矩总和等于平衡旋转力矩 T，即

$$F_1 r_1 + F_2 r_2 + F_3 r_3 + \cdots F_z r_z = T \tag{12-21}$$

根据螺栓的变形协调条件，各螺栓的剪切变形量 δ_i 与其中心到底板的旋转中心 O 的距离 r_i 成正比。由于各个螺栓的剪切刚度相同，故各螺栓的工作剪力 F_i 也与该距离 r_i 成正比，即

$$\frac{F_{max}}{r_{max}} = \frac{F_i}{r_i} \tag{12-22}$$

因此，由式（12-21）和式（12-22）可得

$$F_{max} = \frac{T r_{max}}{\sum\limits_{i=1}^{z} r_i^2} \tag{12-23}$$

因此，当确定受力最大铰制孔螺栓所承受的工作剪力即横向载荷 F_{max} 后，直接代入式（12-10）和式（12-11）就可设计与校核铰制孔螺栓连接。

承受旋转力矩的螺栓组连接应用较普遍，凸缘联轴器便是一个典型实例。如图 12-23 所

示，螺栓组中每个螺栓中心与接合面几何中心距离相等，所以式（12-23）中 r_i 均相等，均为螺栓的分布圆直径 D_0 的一半。

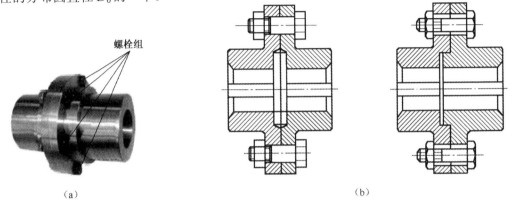

（a）　　　　　　　　　　（b）

图 12-23　凸缘联轴器中的螺栓组

3. 螺栓组受倾覆力矩 M

图 12-24 所示为一受翻转力矩 M 的底板螺栓组连接。M 作用在通过 x-x 线并垂直于底板接合面的对称平面内。承受载荷前，螺栓组已预紧，底板左、右侧预紧力与地基压缩力处于平衡状态，如图 12-24（b）所示。在 M 作用下，底板有绕 O-O 线翻转的趋势，但仍保持接合面为平面。此时底板左侧螺栓承受的拉力进一步增大，左侧地基承受的压缩力相应减小，右侧地基承受的压缩力则进一步增大，右侧螺栓承受的拉力相应减小，如图 12-24（c）所示。于是底板左侧受有向下的作用力，即螺栓工作载荷相当于底板左侧螺栓承受拉力的增加量与左侧地基压力减小量之和。底板右侧受有向上的作用力，即右侧地基压力的增加量与右侧底板螺栓拉力的减少量之和。这些作用于底板上的工作载荷对 O-O 线力矩的总和平衡倾覆力矩 M，即

$$\sum_{i=1}^{z} F_i L_i = M \qquad （12-24）$$

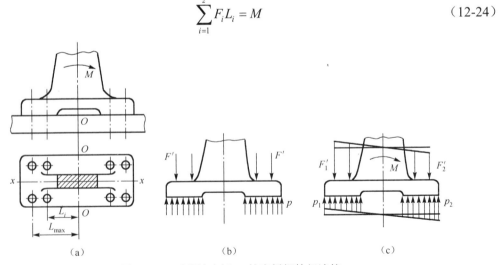

（a）　　　　　　　　　　（b）　　　　　　　　　　（c）

图 12-24　受翻转力矩 M 的底板螺栓组连接

按螺栓变形协调条件，可得

$$\frac{F_i}{L_i} = \frac{F_{max}}{L_{max}}$$

即

$$F_{\max} = \frac{M L_{\max}}{\displaystyle\sum_{i=1}^{z} L_i^2}$$

（12-25）

式中，$F_{\max}$ 为最大工作载荷；z 为螺栓总数目；L_i 和 $L_{\max}$ 的意义见图 12-24（a）。

对受力最大的螺栓进行拉伸强度校核，需确定其总拉力，即

$$F_a = F_1 + \frac{k_b}{k_b + k_m} F_{\max}$$

（12-26）

为防止接合面受压最大处被压溃，受压最小处出现缝隙，还需检验地基接合面的牢固性，即地基接合面最大压应力值不超过允许值，最小压应力值大于零。常用校核公式为

$$
\begin{cases}
p_{\max} \approx \dfrac{zF_1}{A} + \dfrac{M}{W} \leqslant [p] \\[2mm]
p_{\min} \approx \dfrac{zF_1}{A} - \dfrac{M}{W} \geqslant 0
\end{cases}
$$

（12-27）

式中，A 为接合面面积，mm^2；W 为接合面有效抗弯截面模量，mm^3；$[p]$ 为接合面的许用挤压应力，Mpa，对于钢取 $0.8\sigma_s$，铸铁取 $(0.4 \sim 0.5)\sigma_b$，混凝土取 2~3MPa，砖（水泥浆缝）为 1.5~2MPa，木材为 2~4MPa。

4. 螺栓组受组合载荷

综上所述为螺栓组承受单一载荷的受力分析方法和设计计算过程，包括单一轴向工作载荷、单一横向工作载荷（包括纯横向工作载荷和单一转矩）和倾覆力矩。而在实际中，螺栓组的受力状态可能是几种受力状态的组合，因此需针对实际情况具体分析。但不论受力状态如何复杂，都可以简化成上述几种简单受力状态，再按力的叠加原理求出受力最大螺栓的受力大小，然后对受力最大螺栓连接的强度进行计算。如图 12-25 所示为几种组合受力状态。

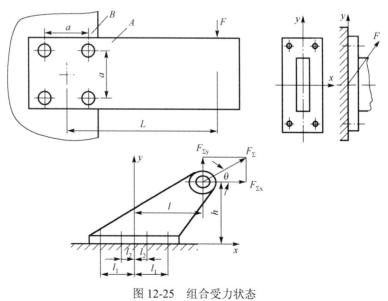

图 12-25 组合受力状态

12.6 提高螺纹连接强度的措施

以螺栓连接为例，螺栓连接的强度主要取决于螺栓的强度，因此，研究影响螺栓强度的因素和提高螺栓强度的措施，对提高连接的可靠性有着重要的意义。

影响螺栓强度的因素很多，主要涉及应力变化幅度、螺纹牙的载荷分配、应力集中、附加应力、材料的机械性能和制造工艺等几个方面。下面分析各种因素对螺栓强度的影响和提高强度的相应措施。

1. 降低影响螺栓疲劳强度的应力幅

根据理论与实践可知，受轴向变载荷的紧螺栓连接，在最小应力不变的条件下，应力幅越小，则螺栓越不容易发生疲劳破坏，连接的可靠性越高。当螺栓所受的工作拉力在 $0 \sim F$ 变化时，则螺栓的总拉力将在 $F_0 \sim F_a$ 变动。由此可知，在保持预紧力 F_0 不变的条件下，减小螺栓刚度 k_b 或增大被连接件刚度 k_m，都可以达到减小总拉力 F_a 的变动范围即减小应力幅 σ_a 的目的。

但在预紧力 F_0 给定的条件下，减小螺栓刚度 k_b 或增大被连接件的刚度 k_m 都将引起残余预紧力 F_1 减小，从而降低了连接的紧密性。因此，若在减小 k_b 和增大 k_m 的同时，适当增加预紧力 F_0，就可以使 F_1 不致减小太多或保持不变。这对改善连接的可靠性和紧密性是有利的。但预紧力不宜增加过大，必须控制在所规定的范围内，以免过分削弱螺栓的静强度。

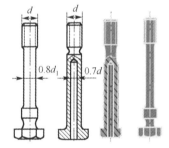

图 12-26 腰状螺栓和空心螺栓

为了减小螺栓的刚度 k_b，可适当增加螺栓的长度，或采用图 12-26 所示的腰状螺栓和空心螺栓。如果在螺母下面安装上弹性元件，如图 12-27 所示，其效果与采用腰状杆螺栓或空心螺栓时相似。

为了增大被连接件的刚度，可以不用垫片或采用刚度较大的垫片。对于需要保持紧密性的连接，从增大被连接件刚度的角度来看，采用较软的气缸垫片并不合适，如图 12-28（a）所示。此时采用刚度较大的金属垫片或密封环比较好，如图 12-28（b）所示。

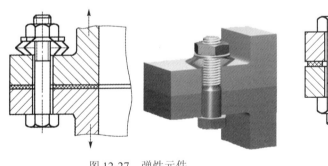

图 12-27 弹性元件

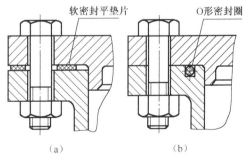

图 12-28 气缸密封元件

2. 改善螺纹牙间的载荷分布

不论螺栓连接的具体结构如何，螺栓所受的总拉力 F_a 都是通过螺栓和螺母的螺纹牙齿面相接触来传递的。由于螺栓和螺母的刚度和变形性质不同，即便制造和装配都很精确，各圈牙上的受力也不同。如图 12-29 所示，当连接受载时螺栓受拉，外螺纹的螺距增大；而螺母受压缩，内螺纹的螺距减小。由图 12-29 可知，螺纹螺距的变化差以旋合的第一圈处最大，以后各圈递减。旋合螺纹间的载荷分布如图 12-30 所示。实验证明，约有 1/3 的载荷集中在第一圈上，第八圈以后的螺纹牙几乎不承受载荷。因此采用螺纹牙数过多的加厚螺母，并不能提高连接的强度。

为了改善螺纹牙上的载荷分布不均程度，常采用悬置螺母或环槽螺母。

图 12-31（a）为悬置螺母，螺母的旋合部分全部受拉，其变形性质与螺栓相同。从而可以减小二者的螺距变化差，使螺纹牙上的载荷分布趋于均匀。图 12-31（b）、图 12-31（c）和图 12-31（d）为环槽螺母，这种结构可以使螺母内缘下端局部受拉，作用和悬置螺母相似，但其载荷均布效果不如悬置螺母。

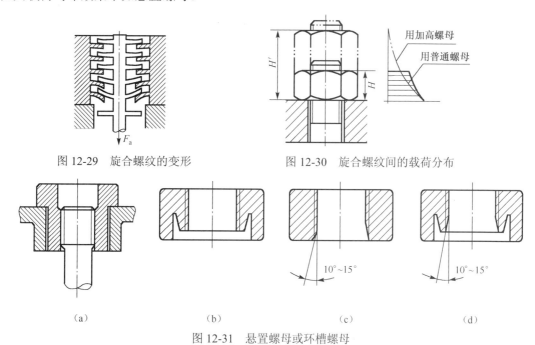

图 12-29　旋合螺纹的变形　　　　图 12-30　旋合螺纹间的载荷分布

（a）　　　　　　　（b）　　　　　　　（c）　　　　　　　（d）

图 12-31　悬置螺母或环槽螺母

3．减小应力集中的影响

螺栓上的螺纹（特别是螺纹的收尾）、螺栓头和螺栓杆的过渡处，以及螺栓横截面面积发生变化的部位等，都要产生应力集中，是产生断裂的危险部位。为了减小应力集中的程度，可以采用较大的圆角和卸载结构，或将螺纹收尾改为退刀槽等。

4．避免或减小附加应力

由于设计、制造或安装上的疏忽，可能使螺栓受到附加弯曲应力，如图 12-32 所示，这对螺栓疲劳强度的影响很大，应设法避免。例如，在铸件或锻件等加工表面上安装螺栓时，常采用凸台或沉头座等结构，经切削加工后可获得平整的支撑面，如图 12-33 所示；或者采用斜面或球面垫圈（图 12-34）等来保证螺栓连接的装配精度。

采用冷镦螺栓头部和滚压螺纹的工艺方法，可以显著提高螺栓的疲劳强度。这是因为除可降低应力集中外，冷镦和滚压工艺不切断材料纤维，金属流线的走向合理，如图 12-35 所示，而是有冷作硬化的效果，并使表层留有残余应力。因而滚压螺纹的疲劳强度可比切削螺纹的疲劳强度提高 30%~40%。如果热处理后再滚压螺纹，其疲劳强度可提高 70%~100%。这种冷镦和滚压工艺还具有材料利用率高、生产效率高和制造成本低等优点。

此外，在工艺上采用氮化、氰化、喷丸等处理，都是提高螺纹连接件疲劳强度的有效方法。

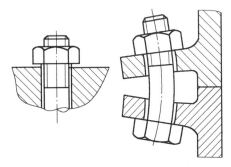

图 12-32　引起附加应力的原因

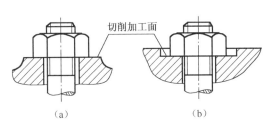

（a）　　　　　　（b）

图 12-33　凸台或沉头座

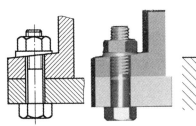

图 12-34　斜面或球面垫圈

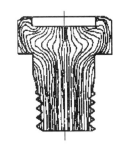

图 12-35　冷镦和滚压加工工艺中的金属流线

12.7　工程应用案例：卷扬机和法兰结构

12.7.1　卷扬机

如图 12-36 所示的卷扬机所用凸缘联轴器，允许传递最大转矩 T 为 600N·m（静载），用 6 个 M16 普通螺栓连接左右半联轴器，螺栓分布圆直径 $D_0 = 120$mm，左右半联轴器接合面摩擦系数 $f = 0.2$，确定所选用螺栓、螺母的性能等级。

联轴器

图 12-36　卷扬机

【解】　由题意可知，普通螺栓组所承担的外载荷类型为转矩，载荷作用面与螺栓轴线垂直，因此单个螺栓承受横向外载荷。在工作之前，必须拧紧，依靠预紧后接合面产生的摩擦力来抵消转矩的作用。

（1）单个螺栓分担横向外载荷。

$$F = \frac{2T}{zD_0} = \frac{2 \times 600 \times 10^3}{6 \times 120} \approx 1667(\text{N})$$

（2）单个螺栓所受拉伸载荷。

根据公式（12-8）可知，为承担横向载荷必须施加的预紧力 $F_0 = \dfrac{C}{mf}F$。

由题意可知 $m = 1$，$f = 0.2$，暂取可靠性系数 $C = 1.2$。

单个螺栓所受拉伸载荷为

$$F_a = F_0 = \frac{C}{mf} = \frac{1.2 \times 1667}{1 \times 0.2} \approx 10 (\text{kN})$$

（3）允许的螺栓材料的屈服强度 $\sigma_s = S[\sigma]$。

假定安装时不要求严格控制预紧力，取安全系数 $S = 4$。查表 12-1 得，M16 的普通螺栓小径 $d = 13.835\text{mm}$。根据公式（12-14），代入数值得

$$\sigma_s = S[\sigma] = 4 \times \frac{4 \times 1.3 F_a}{\pi d^2} = 4 \times \frac{5.2 \times 10000}{\pi \times 13.835^2} \approx 4 \times 86.5 = 346 (\text{MPa})$$

由螺栓的性能等级系列可知，5.8 级的普通螺栓 $\sigma_s = 400\text{MPa}$，符合要求，相配螺母的性能等级为 5 级。

12.7.2　法兰结构

法兰结构是管道施工的重要连接方式，法兰连接结构如图 12-37 所示，管道内径 $D = 250\text{mm}$，为保证气密性要求，采用 12 个 M18 的普通螺栓，螺纹内径为 15.294mm、中径为 16.376mm，许用拉应力 $[\sigma] = 120\text{MPa}$，求法兰所能承受的最大压强。

【解】　本题是典型的受轴向载荷作用的普通螺栓组连接，对连接有气密性要求。因此应按先受预紧力再受工作拉力的受力状况来计算最大载荷或最大压强。

（1）单个螺栓允许的总拉力。

根据公式（12-13）可知，由拉伸强度决定的螺栓拉力为

$$F_a \leqslant \frac{\pi d^2 [\sigma]}{4 \times 1.3} = \frac{\pi 15.294^2 \times 120}{4 \times 1.3} = 16959 (\text{N})$$

（2）单个螺栓的工作拉力。

取残余预紧力为工作拉力的 1.5 倍，即 $F_1 = 1.5F$，根据公式（12-12）可知螺栓总拉力 $F_a = F_1 + F = 2.5F$，得

$$F = F_a / 2.5 = 16958 / 2.5 \approx 6783 (\text{N})$$

（3）法兰所能承受的最大压强。

$$p = \frac{4zF}{\pi D^2} = \frac{4 \times 12 \times 6783}{\pi \times 250^2} \approx 1.658 (\text{MPa})$$

图 12-37　法兰连接

习　　题

12-1　常用螺纹的主要类型有哪些？其主要用途是什么？

12-2　普通螺纹为什么广泛应用于螺纹连接？与粗牙螺纹相比，细牙螺纹有什么特点？

12-3　受拉松螺栓连接和紧螺栓连接有何区别？在计算中如何考虑这些区别？在紧螺栓连接强度计算公式里，数字 1.3 有什么意义？

12-4　试以 6.8 级螺栓说明螺栓机械性能等级，并说明其屈服极限 σ_S 为多少？

12-5　连接螺纹是具有自锁性的螺纹，为什么还需防松？防松的根本问题是什么？按防松原理不同，防松的方法可分为几类？

12-6 为什么说螺栓的受力与被连接件承受的载荷既有联系又有区别？被连接件受横向载荷时，螺栓是否一定受剪切作用？

12-7 试画出承受横向力 F 的两块板用普通螺栓连接和铰制孔用螺栓连接的结构，画出一个螺栓即可，分析其工况、主要失效形式和强度计算准则，列出强度计算公式。

12-8 推导题 12-8 图中受转矩 T 作用的螺栓组连接的螺栓受力计算公式：（1）当用普通螺栓时。（2）当用铰制孔用螺栓时。

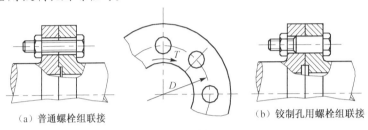

| （a）普通螺栓组联接 | （b）铰制孔用螺栓组联接 |

题 12-8 图

12-9 如题 12-9 图所示为轴承盖用 4 个螺钉固定于铸铁箱体上，已知作用于轴承盖上的力 $F_Q = 10.4\text{kN}$，螺钉材料为 Q235 钢，屈服极限 $\sigma_s = 240\text{MPa}$，取残余预紧力 F_1 为工作拉力的 0.4，不控制预紧力，取安全系数 $S = 4$，求螺栓所需最小直径。

12-10 如题 12-10 图所示用两个 M10（小径 $d_1 = 8.376\text{mm}$，中径 $d_2 = 9.026\text{mm}$）的螺钉固定一牵引钩。若螺钉材料为 Q235 钢，屈服极限 $\sigma_s = 240\text{MPa}$，装配时控制预紧力（安全系数取 $[S_s] = 1.6$），考虑摩擦传力的可靠性系数（防滑系数）$K_f = 1.2$，接合面摩擦系数 $\mu = 0.2$，求其允许的牵引力 F_R（取计算直径 $d_c = d_1$）。

12-11 如题 12-11 图所示为凸缘联轴器，用 4 个 M16 六角头铰制孔用螺栓连接，其受剪螺栓直径为 $d_0 = 17\text{mm}$，螺栓长为 65mm，螺纹段长为 28mm。螺栓材料为 Q235 钢，屈服极限 $\sigma_s = 240\text{MPa}$，联轴器材料为 HT250，强度极限 $\sigma_b = 250\text{MPa}$。联轴器传递转矩 $T = 2000\text{N·m}$，载荷较平稳，试校核螺纹连接强度。若采用 6 个 M20 的普通螺栓，其强度如何？（附：受剪螺栓连接许用切应力 $[\tau] = \dfrac{\sigma_s}{2.5}$；许用挤压应力（静载）：对钢 $[\sigma_p] = \dfrac{\sigma_s}{1.5}$，对铸铁 $[\sigma_p] = \dfrac{\sigma_b}{1.25}$）

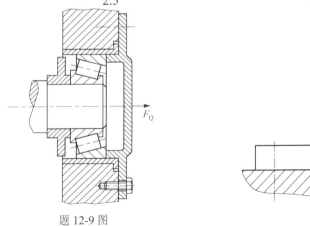

题 12-9 图　　　　　　　　　　　题 12-10 图

12-12 如题 12-12 图所示的螺栓连接中，采用两个 M16（小径 $d_1 = 13.835\text{mm}$，中径 $d_2 = 14.701\text{mm}$）的普通螺栓，螺栓材料为 45 钢，8.8 级，$\sigma_s = 240\text{MPa}$，连接时不严格控制

预紧力（取安全系数 $S = 4$），被连接件接合面间的摩擦系数 $\mu = 0.2$。若考虑摩擦传力的可靠性系数 $C = 1.2$，试计算该连接允许传递的静载荷 F_R。

12-13 有一储气罐，罐盖用 12 个 M20 的普通螺栓（小径 $d_1 = 17.294\text{mm}$，中径 $d_2 = 18.376\text{mm}$）均布连接。安装时每个螺栓的预紧力 $F_0 = 20000\text{N}$，不严格控制预紧力，取安全系数 $[S] = 4$，气罐内径 $D = 400\text{mm}$，气压 $p = 1\text{MPa}$，螺栓采用 8.8 级，45 钢，$\sigma_s = 640\text{MPa}$，螺栓的相对刚度 $\dfrac{C_1}{C_1 + C_2} = 0.8$，试校核螺栓强度。

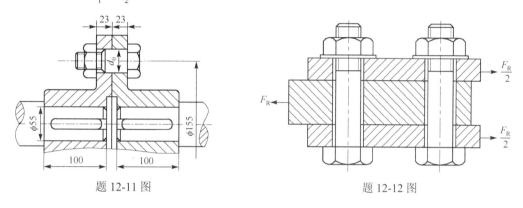

题 12-11 图　　　　　　　　　　　　　题 12-12 图

12-14 试改正题 12-14 图中螺纹连接的错误结构，另画一正确图即可。

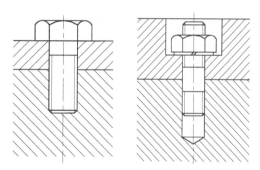

题 12-14 图

扩展阅读：截止阀

在日常生活中，经常能见到管道上所使用的截止阀，如图 12-38 所示。

截止阀，又称截门阀，属于强制密封式阀门，是使用最广泛的一种阀门之一。截止阀依靠阀杆压力，使阀瓣密封面与阀座密封面紧密贴合，阻止介质流通，因只许介质单向流动，所以安装时有方向性。

由于截止阀属于强制密封式阀门，所以在阀门关闭时，必须向阀瓣施加压力，以强制密封面不泄漏。当介质由阀瓣下方进入阀门时，操作力所需要克服的阻力，是阀杆和填料的摩擦力与由介质的压力所产生的推力，关阀门的力比开阀门的力大，所以阀杆的直径要大，否则会发生阀杆顶弯的故障。从自密封的阀门出现后，截止阀的介质流向就改由阀瓣上方进入阀腔，这时在介质压力作用下，关阀门的力小，而开阀门的力大，阀杆的直径可以相应的减少，同时，在介质作用下，这种形式的阀门也较严密。我国阀门生产规定，截止阀的流向，一律采用自上而下。

截止阀之所以广受欢迎，是由于开闭过程中密封面之间摩擦力小，比较耐用，开启高度不大，制造容易，维修方便，不仅适用于中低压，而且适用于高压。但是，截止阀的结构长度大于闸阀，同时流体阻力大，长期运行时，密封可靠性不强。

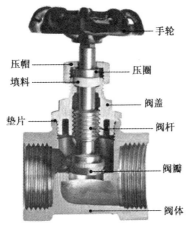

图 12-38　丝扣截止阀

第13章 键 和 销

观察自行车时会发现，自行车的中轴与链轮曲柄的连接采用的是曲柄销。在机械设备中，常见轴上的带轮、齿轮等轴上零件能与轴一起转动。不论采用何种连接方式，目的就是保证轴与轴上零件稳定可靠地连接，以传递运动和扭矩。

机器都是由各种零件装配而成的，零件与零件之间存在着各种不同形式的连接，如图 13-1 所示。根据连接后是否可拆分为可拆连接和不可拆连接。在机械连接中属于可拆连接的有键连接、销连接和螺纹连接等；属于不可拆连接的有焊接、铆接和胶接等。本章主要介绍键连接和销连接。

（a）键连接

（b）销连接

图 13-1 连接的应用

📖 本章知识要点 ▶▶

（1）了解键和花键的用途、特点和分类。
（2）掌握平键的工作原理、主要失效形式和设计计算。
（3）了解半圆键、楔键和切向键的工作特点。
（4）了解花键的工作特点、失效形式和设计计算。
（5）了解销的用途、特点和分类。

📖 兴趣实践 ▶▶

观察自行车和常见机械设备内部哪些部位存在键、销连接，分别属于何种键？

📖 探索思考 ▶▶

观察普通减速器、汽车变速器及重型机械变速器的工作过程，分析齿轮与轴的周向定位分别采用什么类型的键连接，为什么？

📖 预习准备 ▶▶

结合前面学习过的轴、轴承、联轴器等章节，思考传动装置中键零件的用途和位置。

13.1 键 连 接

键连接可实现轴与轴上零件（如齿轮、带轮等）之间的周向固定，并传递运动和扭矩。键连接具有结构简单、装拆方便、工作可靠和标准化等特点，故在机械中应用极为广泛。

键连接的分类如下。

$$
\text{键连接} \begin{cases} \text{松键连接} \begin{cases} \text{平键连接} \\ \text{半圆键连接} \\ \text{花键连接} \end{cases} \\ \text{紧键连接} \begin{cases} \text{楔键连接} \\ \text{切向键连接} \end{cases} \end{cases}
$$

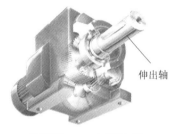

伸出轴

案例图 13-1 减速电机

案例 13-1

案例图 13-1 所示是减速电机。

问题：

该减速电机的伸出轴和联轴器用什么连接在一起传递运动和动力？

13.1.1 平键连接

平键连接的特点是靠平键的两侧面传递转矩。因此，键的两侧面是工作面，对中性好；而键的上表面与轮毂上的键槽底面留有间隙，以便装配，如图 13-2 所示。根据用途不同，平键分为普通平键、导向平键和滑键等。

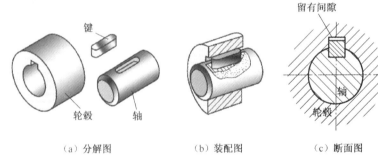

（a）分解图　　　　　（b）装配图　　　　　（c）断面图

图 13-2　平键的工作原理和连接结构

小 提 示

在普通平键标准中，键宽与键高有明确的对应关系，因此，在标记中只要标出键宽，则键高即可确定。

标准规定，在普通平键标记中 A 型（圆头）键的键型可省略不标，而 B 型（方头）键和 C 型（单圆头）键的键型必须标出。

1. 普通平键

普通平键按键的端部形状不同分为圆头（A 型）、方头（B 型）和单圆头（C 型）三种形式，如图 13-3 所示。圆头普通平键（A 型）因在键槽中不会发生轴向移动，因而应用最广，单圆头普通平键（C 型）则多应用在轴的端部。

普通平键的材料通常采用 45 钢；当轮毂是有色金属或非金属时，普通平键可用 20 钢或 Q235 钢制造。普通平键工作时，轴和轴上零件沿轴向没有相对移动。

普通平键是标准件，只需根据用途、轴径、轮毂长度选取键的类型和尺寸，普通平键的尺寸如图 13-4 所示。普通平键的规格采用 $b \times L$ 标记，截面尺寸 $b \times h$ 根据轴径尺寸选取，键长根据轮毂确定，由轮毂宽度减掉 5～10mm。普通平键的尺寸系列见表 13-1。

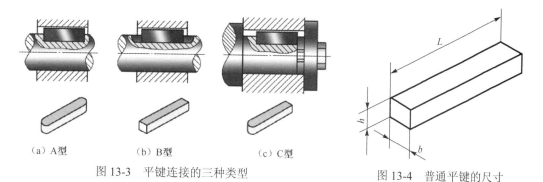

（a）A型　　　　　　（b）B型　　　　　　（c）C型

图 13-3　平键连接的三种类型

图 13-4　普通平键的尺寸

表 13-1　普通平键和键槽的尺寸（摘自 GB/T 1095—2003）　　　　　　（mm）

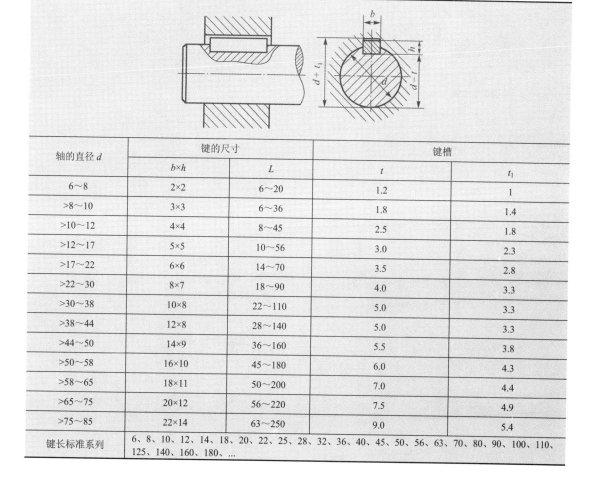

轴的直径 d	键的尺寸		键槽	
	$b \times h$	L	t	t_1
6～8	2×2	6～20	1.2	1
>8～10	3×3	6～36	1.8	1.4
>10～12	4×4	8～45	2.5	1.8
>12～17	5×5	10～56	3.0	2.3
>17～22	6×6	14～70	3.5	2.8
>22～30	8×7	18～90	4.0	3.3
>30～38	10×8	22～110	5.0	3.3
>38～44	12×8	28～140	5.0	3.3
>44～50	14×9	36～160	5.5	3.8
>50～58	16×10	45～180	6.0	4.3
>58～65	18×11	50～200	7.0	4.4
>65～75	20×12	56～220	7.5	4.9
>75～85	22×14	63～250	9.0	5.4
键长标准系列	6、8、10、12、14、18、20、22、25、28、32、36、40、45、50、56、63、70、80、90、100、110、125、140、160、180、…			

普通平键作为标准零件，国家标准对其规格型号进行了标记与规定，其标记为：键型 键宽×键长 标准号。例如，键 16×100 GB/T 1096—2003，表示国标 GB/T 1096—2003 规定的键宽为16mm，键长为100mm 的 A 型普通平键。

普通平键连接采用基轴制配合，按键宽与槽宽配合的松紧程度不同，分为松键连接和紧键连接两种。

2. 导向平键

当轮毂需要在轴上沿轴向移动时可采用导向平键和滑键连接。导向平键比普通平键长，为防止松动，通常用紧定螺钉固定在轴上的键槽中，键与轮毂槽采用间隙配合，因此，轴上零件能作轴向滑动。为便于拆卸，键上设有起键螺孔，如图 13-5 所示。由于键太长制造困难，导向平键常用于轴上零件移动量不大的场合，例如，机床变速器中的滑移齿轮。

> **案例 13-1 分析**
>
> 由案例图 13-1 可知，减速电机输出轴和联轴器用 A 型普通平键连接在一起。

3. 滑键

滑键固定在轮毂上，如图 13-6 所示，轮毂带动滑键在轴上的键槽中作轴向滑移。滑键的键长不受滑动距离的限制，只需在轴上铣出较长的键槽，而键可作得较短。

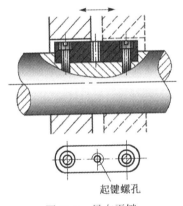

起键螺孔

图 13-5　导向平键

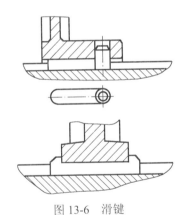

图 13-6　滑键

13.1.2　半圆键连接

半圆键工作面是键的两侧面，因此与平键一样，有较好的对中性，如图 13-7 所示。半圆键可在轴上的键槽中绕槽底圆弧摆动，适用于锥形轴与轮毂的连接。它的缺点是键槽对轴的强度削弱较大，只适用于轻载连接。

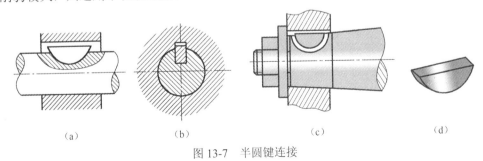

(a)　　　　　(b)　　　　　(c)　　　　　(d)

图 13-7　半圆键连接

13.1.3 楔键和切向键连接

1. 楔键

在传递有冲击和振动的较大转矩时，楔键能保证连接的可靠性。楔键在楔紧后，轴和轮毂的配合产生偏心和偏斜，破坏了轴与轮毂的同轴度，故这种连接主要用于对中精度要求不高和低速的场合，如图 13-8 所示。

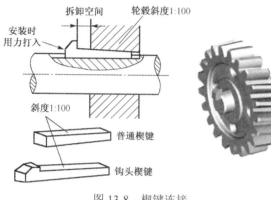

图 13-8　楔键连接

案例 13-2

如图 0-3（c）所示是汽车变速器，汽车变速器可实现不同的换挡，以匹配发动机最佳转速。

问题：

手动变速器是如何实现手动变挡调速的？

2. 切向键

切向键连接如图 13-9 所示，它由两个普通楔键组成。装配时两个键分别自轮毂两端楔入，使两键以其斜面互相贴合，共同楔紧在轴和轮毂之间。切向键的工作面是上下互相平行的窄面，其中一个窄面在通过轴心线的平面内，使工作面上产生的挤紧力沿轴的切线方向作用，故能传递较大的转矩。图 13-9（a）传递单向转矩；图 13-9（b）可传递双向转矩。

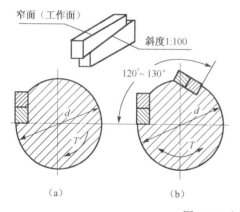

（a）　　　　（b）

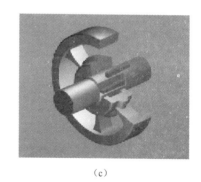

（c）

图 13-9　切向键连接

13.1.4 平键连接的设计计算

1. 键的选择

根据键连接的结构、使用特性和工作条件，考虑需要传递的转矩大小、连接的对中性要求、是否需要轴向固定和在轴上的位置等选择键的类型。

根据轴径 d 从标准中选择键的截面尺寸 $b \times h$，根据轮毂宽选择键长 L。

2. 强度设计计算

对于普通平键连接（静连接），其主要失效形式是工作面的压溃，有时也会出现键的剪断，但一般只对连接的挤压强度校核。

对于导向平键连接和滑键连接，其主要失效形式是工作面的过度磨损，通常按工作面上的压力进行条件性的强度校核计算。

设载荷均匀分布，可得平键连接的强度条件为

$$\sigma_p = \frac{4T}{dhl} \leqslant [\sigma_p] \tag{13-1}$$

对于导向平键连接（动连接），计算依据是限制磨损，即限制压强为

$$p = \frac{4T}{dhl} \leqslant [p] \tag{13-2}$$

式中，T 为转矩，N·mm；d 为轴径，mm；h 为键的高度，mm；l 为键的工作长度，mm；$[\sigma_p]$ 为许用挤压应力，MPa，如表 13-2 所示；$[p]$ 为许用压强，MPa，如表 13-2 所示。

表 13-2　连接件的许用挤压应力和许用压强　　　　　　　　　　　　　　　　（MPa）

许用值	轮毂材料	载荷性质		
		静载荷	轻微冲击	冲击
$[\sigma_p]$	钢	125～150	100～120	60～90
	铸铁	70～80	50～60	30～45
$[p]$	钢	50	40	30

若强度不足时，可采用两个键，相隔 180° 布置。考虑载荷分布的不均匀性，在强度校核时可按 1.5 个键计算。

13.2　花　键　连　接

花键连接是平键在数量上发展和质量上改善的一种连接，它由轴上的外花键和毂孔的内花键组成，如图 13-10 所示，工作时靠键的侧面互相挤压传递转矩。花键的工作面是其侧面。与平键相比，花键具有以下特点。

（a）　　　　　　　（b）　　　　　　　（c）　　　　　　　（d）

图 13-10　花键连接

（1）多个齿、槽在轴和轮毂上直接制出，受力较为均匀。

（2）齿槽浅，对轴的强度削弱和应力集中小。

（3）由多齿传递载荷，承载能力高。

（4）轮毂和轴的定心和导向性能好。

（5）可采用磨削的方法提高加工精度和连接质量。

（6）有时需要用专用设备（如拉床等），加工成本较高。

因此，花键经常被用于定心精度要求高、载荷大或经常滑移的连接。在飞机、汽车、拖拉机、机床和农业机械中，花键都有广泛的应用。

13.2.1　花键的分类和应用

常用的花键按其齿形的不同，可分为矩形花键、渐开线花键和三角形花键，如图 13-11 所示。花键已标准化，花键连接的齿数、尺寸、配合等均应按标准选取。

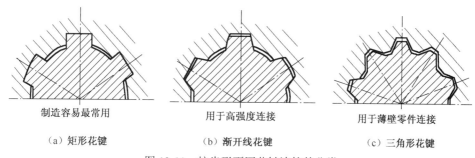

制造容易最常用	用于高强度连接	用于薄壁零件连接
（a）矩形花键	（b）渐开线花键	（c）三角形花键

图 13-11　按齿形不同花键连接的分类

1. 矩形花键

为适应不同载荷情况，矩形花键按齿高的不同，在标准中规定了两个尺寸系列：轻系列和中系列。轻系列多用于轻载连接或静连接；中系列多用于中载连接。根据定心要求的不同，矩形花键有三种不同的定心方式：大径 D 定心、小径 d 定心、按键宽 B 定心（侧面定心）。大径定心适用于内花键用拉床拉制的场合，精度由拉刀保证，轮毂材料硬度应小于 350HBS；侧面定心能更好地保证键齿的接触，传力性能较好；为了与国际标准规定一致，国家标准规定矩形花键用小径定心。采用小径定心时，轴、孔的花键定心面均可进行磨削，定心精度高，有利于简化加工工艺，降低生产成本。

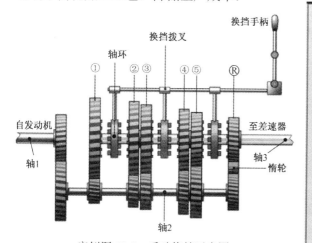

案例图 13-2　手动换挡示意图

案例 13-2 分析

如案例图 13-2 所示，发动机轴即轴 1 驱动轴 2，轴 2 及上面的齿轮则驱动轴 3 上的齿轮。齿轮通过换挡拨叉上的轴环驱动轴 3。在案例图 13-2 中，轴 3 上的所有齿轮都在转动，但只是在轴 3 上空转，对轴 3 的转动并不产生影响。

当轴环位于两个齿轮之间时，变速器为空挡状态。当换挡拨叉换挡时，轴环可以和轴 3 上不同的齿轮进行连接，以获得不同的输出转速。轴环上有内花键与轴 3 连接，将运动和动力传递给差速器。

2. 渐开线花键

渐开线花键的齿形为渐开线，可用加工齿轮的方法加工，工艺性较好。渐开线花键齿根部较厚，键齿强度高；由于采用齿形定心（侧面定心），在各齿面径向力的作用下可实现自动定心，各齿受载均匀；当载荷大且轴径也大时宜采用渐开线花键。但拉制所用的花键孔拉刀的制造成本较高，压力角为 45° 的渐开线花键由于键齿数多而细小，故适用于轻载和直径较小的静连接，特别适用于薄壁零件的连接。

13.2.2 花键连接的强度计算

花键连接的强度计算与平键连接相似，静连接时的主要失效形式为齿面压溃，动连接时的主要失效形式为工作面磨损。计算时，假定载荷在键的工作面上均匀分布，各齿面上压力的合力作用在平均半径 r_m 处，载荷不均匀系数 $K = 0.7 \sim 0.8$。花键连接的强度条件为

静连接 $$T = Kzhl'r_m[\sigma_p]$$

动连接 $$T = Kzhl'r_m[p]$$

式中，z 为花键齿数，l' 为齿的接触长度，h 为齿面工作高度，mm；$[\sigma_p]$ 为许用挤压应力，$[p]$ 为许用压强，MPa。

花键连接的零件多用强度极限不低于 600MPa 的钢料制造，多数需热处理，特别是在载荷下频繁移动的花键齿，应通过热处理获得足够的硬度以抗磨损。

13.3 销 连 接

销连接一般用来传递不大的载荷或作安全装置；另一作用是起定位作用。销按形状分为圆柱销、圆锥销和异形销三类。

1. 圆柱销

普通圆柱销是利用微量的过盈配合固定在光孔中，多次装拆将有损于连接的紧固和定位精度，如图 13-12 所示。

2. 圆锥销

圆锥销具有 1:50 的锥度，小端直径是标准值，定位精度高，自锁性好，用于经常装拆的连接，如图 13-13 所示。常用圆柱销和圆锥销的形式及应用特点见表 13-3。

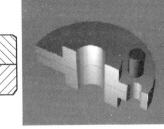

（a）　　　　　　（b）

图 13-12　圆柱销

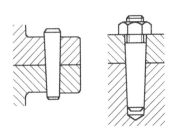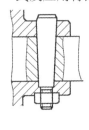

（a）　　　　　（b）　　　　　（c）　　　　　（d）

图 13-13　圆锥销

表 13-3　常用圆柱销和圆锥销的形式及应用特点

类型		应用图例	特点和说明
圆柱销	普通圆柱销	传递横向力　　传递转矩	公差带有 m6、h8、h11、n8 四种,以满足不同的使用要求
	内螺纹圆柱销		适用于不通孔的场合,螺纹供拆卸用。 公差带只有 m6 一种,按结构不同分为 A、B 两种类型,B 型有通气平面
圆锥销	普通圆锥销		圆锥销有 1:50 的锥度,装配方便,定位精度高。 按加工精度不同分为 A、B 两种类型,A 型精度较高
	带螺纹圆锥销	内螺纹　大端带螺纹　小端带螺纹	带内螺纹和大端带螺纹的圆锥销适用于不通孔的场合,螺纹供拆卸用。 小端带螺纹的圆锥销可用螺母销紧,适用于有冲击、振动的场合

13.4　工程应用案例：带式运输机

带式运输机如图 13-14 所示。在电动机轴和滚筒之间用直齿圆柱齿轮减速器进行减速,齿轮的精度为 7 级,安装在齿轮轴的两个支承点之间,齿轮与轴用键来连接。装齿轮处的轴径 $d = 70\text{mm}$,齿轮轮毂宽为 100mm,需传递的转矩 $T = 2200\text{N·m}$,载荷有轻微冲击。齿轮和轴的材料均为锻钢。试设计此键连接。

【解】　(1)选择键连接的类型和尺寸。

一般 8 级精度以上的齿轮有定心精度要求,应选择平键连接。

滚筒

电动机

图 13-14　带式运输机

由于齿轮不在轴端，故选用 A 型普通平键。

根据 $d = 70\text{mm}$ 从平键尺寸表 13-1 中查得键的截面尺寸：宽度 $b = 20\text{mm}$，高度 $h = 12\text{mm}$。由轮毂宽度 100mm 并参考键的长度系列，取键长 $L = 90\text{mm}$。

（2）校核键连接的强度。

由于键、轴和轮毂的材料都是锻钢，由表 13-2 可查得许用挤压应力为 100～120Mpa，取其平均值 110MPa。键的工作长度 $l = L-b = 90\text{mm}–20\text{mm} = 70\text{mm}$。

由挤压应力计算公式（13-1）可得

$$\sigma_\text{p} = \frac{4T \times 10^3}{dhl} = \frac{4 \times 2200 \times 10^3}{70 \times 12 \times 70} \approx 149.7(\text{MPa}) > 110(\text{MPa})$$

可见键连接的挤压强度不够。考虑到相差较大，因此改用双键，相隔 180° 布置。双键的工作长度 $l = 1.5 \times 70\text{mm} = 105\text{mm}$。

由挤压应力计算公式（13-1）可得

$$\sigma_\text{p} = \frac{4T \times 10^3}{dhl} = \frac{4 \times 2200 \times 10^3}{70 \times 12 \times 105} \approx 99.8(\text{MPa}) < 110(\text{MPa})，合适$$

所以选用键的标记为：键 20×90 GB/T 1096—2003。一般 A 型键可不标出"A"；对于 B 型或 C 型键，必须将"键"标为"键 B"或者"键 C"。

习　题

13-1 材料组合相同，轴径相同，键的接触长度相等，同一形式的平键连接，假设一个用于电梯升降的卷扬轴，一个用于带式运输机的滚筒轴，并设额定转矩相同，哪个平键连接应该有较高的强度？为什么？

13-2 在键连接中为什么采用两个平键时，宜在周向相隔 180°布置；采用两个楔键时常相隔 90°～120°；而采用两个半圆键时则布置在轴向同一母线上？（对楔键要求导出两键相隔角为 θ 时传递力矩 T 的公式，据此公式进行分析）

13-3 轴径 $d = 58\text{mm}$，分别在图上注出有关尺寸及其极限偏差。

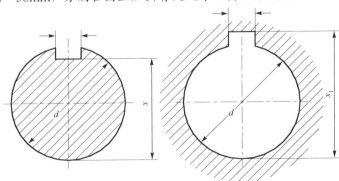

题 13-3 图

附：键槽尺寸及其极限偏差见下表。

公称直径 d	公称尺寸 $b{\times}h$	轴上键宽 极限偏差	轴上键深 t 及 其极限偏差	毂上键宽 极限偏差	毂上键深 t_1 及 其极限偏差
>50~58	16×10	+0.043 0	$t=6^{+0.2}_{0}$	+0.120 +0.050	$t_1=4.3^{+0.20}_{0}$

直径偏差：毂 $\text{H7}^{+0.030}_{0}$，轴 $\text{h7}^{0}_{-0.030}$。

13-4 试校核 A 型普通平键连接铸铁轮毂的挤压强度。已知键宽 $b=18\text{mm}$，键高 $h=11\text{mm}$，键（毂）长 $L=80\text{mm}$，传递转矩 $T=840\text{N·m}$，轴径 $d=60\text{mm}$，铸铁轮毂的许用挤压应力 $[\sigma_p]=80\text{MPa}$。

13-5 题 13-5 图示为转轴上直齿圆柱齿轮，采用平键连接。已知传递功率 $P=5.5\text{kW}$，转速 $n=200\text{r/min}$，连接处轴和轮毂尺寸如图所示，工作时有轻微振动，齿轮用锻钢制造并经热处理。试确定平键连接的尺寸，并校核其强度。

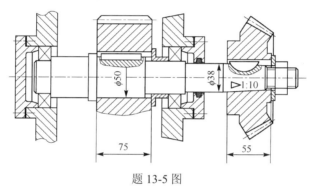

题 13-5 图

扩展阅读：手动变速器换挡杆下的玄机

一台变速器的好坏以及它与发动机的匹配程度，会对车辆的动力性和平顺性等产生直接的影响。相比市面上常见的自动变速器，传统的手动变速器虽然看着更为"简单"、"原始"，但在其冰冷的机械部件中却暗藏着各种玄机。

总的来说，变速器是一种能够改变汽车发动机的转速、扭矩以及动力旋转方向，并且将驱动力传递给传动系统的一种装置。手动变速器的基本结构包括了动力输入轴和输出轴，再加上构成变速器的齿轮。动力输入轴与离合器相连，从离合器传递来的动力直接通过输入轴传递给齿轮组，齿轮组是由直径不同的齿轮组成的，不同的齿轮组合则产生不同的传动比，平常驾驶中的换挡也就是指换传动比。输入轴的动力通过齿轮间的传递，再由输出轴传递给车轮，这就是一台手动变速器的基本工作原理。

一般来说，汽车发动机通过燃烧燃油来获取动力，在发动机的整个转速范围内，其输出的扭矩和功率始终是在变化的，从车辆对驱动力的需求来看，单纯依靠发动机产生的扭矩不能满足汽车行驶中所要面对的各种复杂路况条件。由于发动机的这种不完美的特性，变速器便应运而生。变速器在不同的工况下使用不同的变速比，从而使得车辆和发动机在各种工况下都可以发挥其最佳的动力性能。比如在起步或者爬坡的时候，通过变速器的低挡位可以在车速较低的情况下将发动机的转速拉高以输出较大的扭矩。在车辆高速巡航时，通过变速器的高挡位来降低发动机的转速和扭矩输出，从而减少燃油的消耗。

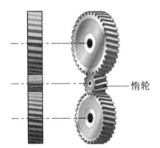

惰轮

通过增加一个惰轮，即可实现改变动力传动方向的功能

图 13-15　汽车倒挡的玄机——惰轮

图 13-16　二轴式手动变速器

一台发动机在设计之初就决定了曲轴的旋转方向，所以要想使车辆倒退，也只能寄希望于变速器，通过外啮合齿轮的反向旋转特性就可以轻松完成这项使命（图 13-15）。

操作某些手动变速器挂入倒挡时会有个特殊的动作，或要按住换挡杆上的某个按钮，或要微微提起换挡杆。这是为什么呢？为了防止车辆前进时误挂入倒挡，进而对变速器齿轮造成极大冲击，导致零件损坏，通常会在手动变速器中设置倒挡锁止机构。当把换挡杆摆到极限位置时，锁止机构中的限位块会被挡板挡住，导致无法挂上倒挡。此时只有按住倒挡按钮，限位块才能越过挡板继续移动，从而挂入倒挡。

将手动变速器按照齿轮的传动方式进行分类，目前常见的有二轴式（图 13-16）和三轴式两种。二轴式手动变速器只有两个轴，分别是输入轴和输出轴。三轴式手动变速器除了输入轴和输出轴外，还有中间轴，而中间轴主要用来固定安装各挡位的变速传动齿轮。

那么，一台优秀的手动变速器需要具备哪些特点呢？首先变速器必须拥有良好的换挡手感，挡位清晰不含糊，拥有合理的横向和纵向行程，入挡的阻力小且带有吸入感。除此之外更重要的是各挡位之间的齿比排布要合理，因为各个挡位间的传动比分布直接影响车辆行进中动力衔接的畅顺性，通常要求低挡时能加速有力，高挡时能经济省油。

习题参考答案

第 1 章

1-1 （a）的机构运动简图如右。

1-2 （a）构件 3、4、5 在 D 处形成一个复合铰链，没有局部自由度和虚约束。

$$F = 3n - 2P_L - P_H = 3 \times 5 - 2 \times 7 - 0 = 1$$

（b）没有复合铰链、局部自由度和虚约束。

$$F = 3n - 2P_L - P_H = 3 \times 9 - 2 \times 13 - 0 = 1$$

（c）A 处为复合铰链，没有局部自由度和虚约束。

$$F = 3n - 2P_L - P_H = 3 \times 7 - 2 \times 10 - 0 = 1$$

（d）A 处为复合铰链，没有局部自由度和虚约束。

$$F = 3n - 2P_L - P_H = 3 \times 7 - 2 \times 10 - 0 = 1$$

（e）B 处为局部自由度，没有复合铰链和虚约束。

$$F = 3n - 2P_L - P_H = 3 \times 5 - 2 \times 7 - 1 = 0$$

（f）C 处为复合铰链，E 处为局部自由度，没有虚约束。

$$F = 3n - 2P_L - P_H = 3 \times 7 - 2 \times 9 - 1 = 2$$

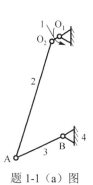

题 1-1（a）图

第 2 章

2-1 （a）双曲柄机构；（b）曲柄摇杆机构；（c）双摇杆机构；（d）双摇杆机构。

2-2 （1）$150 \leqslant l_{AD} \leqslant 310$。（2）$10 < l_{AD} < 150$ 或 $310 < l_{AD} < 450$。（3）无解。

2-3 $l_{BC} = 479.55\text{mm}$，$l_{AD} = 873.75\text{mm}$，$\gamma_{\min} = 30°$（连杆与机架拉伸共线位置）。

2-4 $l_{AB} = 26.87\text{mm}$，$l_{BC} = 54.05\text{mm}$。

2-5 $l_{AB} = 121.49\text{mm}$，$l_{CD} = 518.56\text{mm}$。

2-7 设 $l_{AB} = 100\text{mm}$，则其余杆长：$l_{BC} = 158.29$，$l_{CD} = 158.15\text{mm}$，$l_{AD} = 125.12$。

2-8 由图测量 AC_1 和 AC_2 的距离，$l_{AC_1} = l_{BC} - l_{AB}$，$l_{AC_2} = l_{BC} + l_{AB}$，可求得 $l_{AB} = 77.85\text{mm}$，$l_{BC} = 1115.32\text{mm}$。

第 3 章

3-5

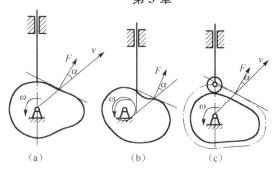

（a）　　　　　　　（b）　　　　　　　（c）

3-6 （1）$r_b = 10\text{mm}$；$h = 40\text{mm}$。（2）$\delta_t = 180°$；$\delta_h = 180°$；$\delta_s = 0°$；$\delta_s' = 0°$。

（3）$\alpha_{max} = \alpha_{min} = 0°$。（4）$s = 20(1 - \cos\delta)$；$v = 20\omega\sin\delta$；$a = 20\omega^2\cos\delta$。

（5）$v = \pm 200\text{mm/s}$。

3-7 （1）$h = 16.2\text{mm}$；$\delta_t = 74.5°$；$\delta_h = 57.8°$。（2）$\alpha_{max} = 32.2°$；（3）$\alpha_{max}' = 71°$。

第 4 章

4-1 该棘轮主要尺寸：齿距 $p = 15.7\text{mm}$，齿顶圆 $D = 70\text{mm}$，齿高 $h = 3.75\text{mm}$，齿顶厚 $a = 5\text{mm}$，齿槽夹角选 $\theta = 60°$，棘爪长度 $L = 31.4\text{mm}$。作图过程参考教材图 4-7。

4-2 $\tau = 0.33$。

4-3 拨盘转动一圈的时间 $t_1 = 3\text{s}$，转速 $n_1 = 20\text{r/min}$。

4-4 $Z = 4$，$K = 2$；或 $Z = 3$，$K = 3$。

第 5 章

5-3 $L = 2076.4\text{ mm}$；$\alpha_1 = 155°$

5-7 $d_1 = 106.51\text{ mm}$，$d_{a1} = 113.89\text{ mm}$，$d_{f1} = 96.35\text{ mm}$，$a = 31p$。

$d_2 = 267.97\text{ mm}$，$d_{a2} = 276.08\text{ mm}$，$d_{f2} = d_2 - d_1(\text{滚子外径}) = 257.81\text{mm}$。

第 6 章

6-10 （1）轴 1 的转向箭头向下（顺时针），轴 2 转向箭头向左（逆时针），斜齿轮 3 为左旋（顺时针），4 为右旋；

（2）F_{r2} 方向向右；F_{t2} 方向垂直纸面向里；F_{a2} 方向向下；F_{r3} 方向向左；F_{t3} 方向垂直纸面向里；F_{a3} 方向向上。

6-11 （1）齿轮 3 左旋，齿轮 4 右旋；

（2）$\alpha = \dfrac{1}{2}\dfrac{m_n(z_1 + z_2)}{\cos\beta}$，$\cos\beta_3 = \dfrac{m_n(z_1 + z_2)}{2a} = \dfrac{3 \times (22 + 50)}{2 \times 110} = 0.9818$，$\beta_3 = 10°56'33''$

（3）齿轮 3、4 在啮合处受各分力的方向：F_{r3} 方向向上；F_{t3} 方向垂直纸面向里；F_{a3} 方向向右；F_{r4} 方向向下；F_{t4} 方向垂直纸面向里；F_{a4} 方向向左。

齿轮 3 所受各分力的大小为：

$$T_3 = 9550000 \cdot \frac{P}{n} \cdot \frac{z_2}{z_1} = 9550000 \times \frac{3}{970} \times \frac{53}{25} = 62616.5\text{N} \cdot \text{mm}$$

$$T_{t3} = \frac{2T_3}{d_3} = \frac{2T_3 \cos\beta_3}{m_n \cdot z_3} \approx 1863\text{N}$$

$$F_{a3} = F_{t3} \cdot \tan\beta_3 = 1863\tan 10°56'33'' \approx 360\text{N}$$

$$F_{r3} = F_{t3} \cdot \tan\alpha_n / \cos\beta_3 \approx 690.7\text{N}$$

6-13 $P = T_1 \cdot \dfrac{\pi n_1}{30} = \dfrac{\pi \times 195.182 \times 970}{30} = 19826\text{ W} = 19.826\text{ kW}$

第 7 章

7-6 （1）模数 $m = 8\text{ mm}$，导程角 $\gamma = 11.31°$，蜗轮齿数 $z_2 = 36$，分度圆螺旋角 $\beta = 11°18'36''$

（2）蜗轮分度圆直径 $d_2 = mz_2 = 288\text{ mm}$，蜗杆传动中心距 $a = \dfrac{1}{2}m(q + z_2) = 184\text{ mm}$

7-8 取 $\eta = 0.8$，$\alpha_t = 15\text{W/(m}^2 \cdot \text{°C})$，$\Delta t = 40\text{°C} \leqslant 60\text{°C}$，且 $t = 60\text{°C} < 90\text{°C}$，满足要求。

7-9 蜗杆的螺旋线方向与蜗轮相同，为右旋；蜗杆顺时针转动；蜗杆圆周力与蜗轮轴向力方向相同，水平向左；蜗轮圆周力与蜗杆轴向力方向相同，垂直直面向外；蜗杆和蜗轮的径向力均指向各自的轮心。

第 8 章

8-1　$i_{15} = 600$，从手轮上方看，手轮需要顺时针转动。

8-2　$i_{1H} = \dfrac{n_1}{n_H} = 1 + \dfrac{Z_3}{Z_1} = 4.67$；$n_H = 1284.8 \text{r/min}$；$n_1$ 和 n_H 转向相同。

8-3　$i_{H1} = 10000$

8-4　$n_H = 14.7 \text{r/min}$，与 n_1 转向相同。

8-5　（1）$Z_3 = 15$；（2）$n_H = 75 \text{r/min}$，同 n_1 转向；（3）$n_H = -8.33 \text{r/min}$，同 n_1 转向。

8-6　$i_{41} = \dfrac{\omega_4}{\omega_1} = -\dfrac{3}{2}$

8-7　$n_H = 6.5 \text{r/min}$，转向与 n_1 一致。

8-8　$n_H = 888 \text{r/min}$，转向与 n_1 一致。

8-9　$i_{1H} = -39406$

8-10　$n_1 = 2000 \text{r/min}$，与 n_6 同向；$n_4 = -2000 \text{r/min}$，与 n_6 反向。

8-11　（1）$z_4 = 70$；（2）$i_{17} = 41$；（3）蜗轮 7 顺时针方向回转。

第 9 章

9-5　正确的图示如右：

第 1 处不合理：轴肩直径大于轴承内圈外径，不利于拆卸，在此设计阶梯；

第 2 处不合理：与齿轮配合处轴头宽度超过轮毂宽度，不利于定位，缩短；

第 3 处不合理：轴套外径大于轴承内圈外径，不利于拆卸，在此设计阶梯轴套；

第 4 处不合理：轴承内圈配合处不能有螺纹，易损坏轴承，在此设计退刀槽；

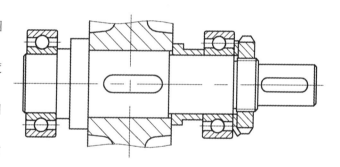

第 5 处不合理：没有倒角，不利于螺母装配，与螺母装配处要有倒角。

9-6　（1）同一轴上的键槽应开在同一母线上。

（2）轴承盖与轴之间应有间隙。

（3）应有密封圈。

（4）轴承内圈不需要键。

（5）轴承外圈内侧不需要定位。

（6）套筒左侧外径太大，轴承无法拆卸。

（7）齿轮无法装入。

（8）轴肩应右移（齿轮过定位）。

（9）轴肩太高轴承内外圈过定位。

（10）轴承内圈不需要键。

（11）此处应有调整密封垫。

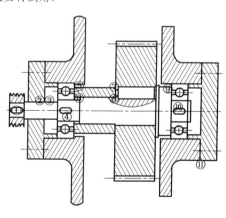

9-7　（1）弹性挡圈为多余零件；

（2）装轴承段应无键槽；

（3）轴肩太高，不便拆卸；

（4）应无轴环，齿轮无法从右装入，改为套筒固定；

（5）应有键槽，周向固定；

（6）此处应加工成阶梯轴；

（7）端盖不应与轴接触；

（8）端盖密封槽形状应为梯形；

（9）平键顶部与轮毂槽间应有间隙；

（10）联轴器无轴向固定，且与端盖间隙
　　　太小，易接触；

（11）轴端部与端盖间应有一定间隙；

（12）应该有调整垫片。

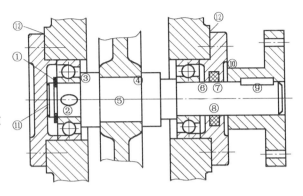

9-8　$d \approx 67\text{mm}$

第 10 章

10-2　（1）6205：6—深沟球轴承；2—尺寸系列代号，表示轴承直径系列或宽度系列的组合；05—内径
　　　　　代号，表示内径为 25mm。

（2）N208/P4：N—圆柱滚子轴承；2—尺寸系列代号；08—内径代号，表示内径为 40mm；P4—
　　　公差等级为 4 级。

（3）7312AC：7—角接触球轴承；3—尺寸系列代号；12—内径 60mm；AC—接触角为 25°。

（4）30208：3—圆锥滚子轴承；02—尺寸系列代号；08—内径代号，表示内径为 40mm。

10-6
$$L_\text{h} = \frac{10^6}{60 \times 960} \left(\frac{15800}{1.1 \times 4000} \right)^3 = 804\text{h}$$

故在规定的条件下，6304 轴承的寿命为 804 小时，轴承达到此寿命的概率为 0.9。

第 11 章

11-2　A 弹性套柱销联轴器（或齿轮联轴器）；B 十字沟槽联轴器（或齿轮联轴器）；C、D 齿轮联轴器。

11-3

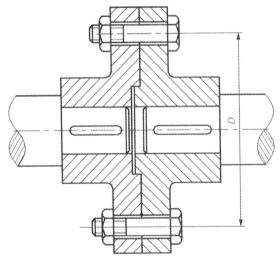

11-4　$T_{\max} = 1.08 \times 10^3 \text{N} \cdot \text{m}$

第 12 章

12-9　$d_1 \geqslant \sqrt{\dfrac{4 \times 1.3 F_2}{\pi [\sigma]}} = \sqrt{\dfrac{4 \times 1.3 \times 3640}{\pi 60}} = 10.021\text{mm}$

12-10 $F_R \leqslant \dfrac{\pi d_1^2 [\sigma]}{4 \times 1.3 \times 3} = \dfrac{\pi \times 8.376^2 \times 150}{4 \times 1.3 \times 3} = 2119\text{N}$

12-12 $F_R \leqslant \dfrac{2}{3} \times 18502 = 12334.7\text{N}$

12-13 $d_1 \geqslant \sqrt{\dfrac{4 \times 1.3 F_2}{\pi [\sigma]}} = \sqrt{\dfrac{4 \times 1.3 \times 28377.6}{\pi \times 160}} = 17.134\text{mm} < 17.294\text{mm}$，安全。

12-14

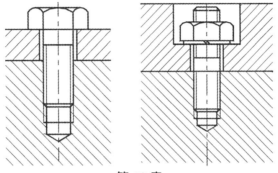

第 13 章

13-3

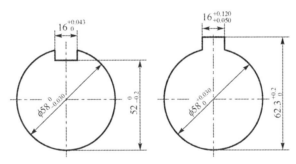

13-4 $T = \dfrac{1}{4} hld[\sigma_P] = \dfrac{1}{4} \times 11 \times 62 \times 60 \times 80 = 818400\text{N} \cdot \text{mm} = 818.4\text{N} \cdot \text{m} < 840\text{N} \cdot \text{m}$，该 A 型平键连接不安全。

13-5 $\sigma_P = \dfrac{4T}{hl'd} = \dfrac{4 \times 262.6 \times 10^3}{10 \times 54 \times 50} = 38.9\text{MPa} \leqslant [\sigma_P]$，安全。

参考文献

侯书林，尹丽娟. 2013. 机械设计基础. 北京：中国农业大学出版社.

机械工程手册编委会. 1980. 机械工程手册. 北京：机械工业出版社.

刘江南，郭克希. 2009. 现代机械设计基础. 2 版. 长沙：湖南大学出版社.

濮良贵，纪名刚. 2001. 机械设计. 7 版. 北京：高等教育出版社.

曲秀全. 2007. 基于 MATLAB/Simulink 平面连杆机构的动态仿真. 哈尔滨：哈尔滨工业大学出版社．

孙桓，陈作模. 2001. 机械原理. 6 版. 北京：高等教育出版社.

汪萍，侯慕英. 1986. 机械优化设计. 3 版. 武汉：中国地质大学出版社.

杨可桢，程光蕴. 2006. 机械设计基础. 5 版. 北京：高等教育出版社.

张晓玲. 2010. 实用机构设计与分析. 北京：北京航空航天大学出版社.

郑文纬，吴克坚. 1997. 机械原理. 7 版. 北京：高等教育出版社.

中国机械设计大典编委会. 2002. 中国机械设计大典. 南昌：江西科技出版社.